“十四五”高等职业教育
电子与信息大类专业系列教材

C语言
程序设计
案例教程

李　英　申志强　向　魏◎主　编
周宝林　阮小方　远俊红◎副主编
刘　惠　杨　博◎参　编

中国铁道出版社有限公司
CHINA RAILWAY PUBLISHING HOUSE CO., LTD.

内 容 简 介

本书依据最新的C语言教学要求和标准，结合作者教学实践经验，精心设计了涵盖C语言核心知识点的内容体系。全书共分15个单元，内容包括：程序及C语言简介，变量、常量和数据类型，输入/输出语句，运算符与表达式，条件语句，循环语句，一维数组，函数，字符数组和字符串，指针，预处理和内存管理，结构体、枚举及共用体，位运算等。

本书采用理论结合实践、任务驱动的方式进行阐述。通过学习本书，学生可有效完成基本的实践任务。

本书适合作为高等职业教育（含职业本科）电子与信息大类专业的教材，也可作为编程爱好者的入门参考书。

图书在版编目（CIP）数据

C语言程序设计案例教程 / 李英，申志强，向魏主编. 北京 : 中国铁道出版社有限公司，2025. 7. -- (“十四五”高等职业教育电子与信息大类专业系列教材).

ISBN 978-7-113-31861-1

Ⅰ. TP312.8

中国国家版本馆CIP数据核字第20254FR987号

书　　名：C语言程序设计案例教程
作　　者：李　英　申志强　向　魏

策　　划：徐海英　　编辑部电话：（010）63560043
责任编辑：何红艳　彭立辉
封面设计：刘　颖
责任校对：苗　丹
责任印制：赵星辰

出版发行：中国铁道出版社有限公司（100054，北京市西城区右安门西街8号）
网　　址：https://www.tdpress.com/51eds
印　　刷：东港股份有限公司
版　　次：2025年7月第1版　2025年7月第1次印刷
开　　本：787 mm×1 092 mm 1/16　印张：18.75　字数：477千
书　　号：ISBN 978-7-113-31861-1
定　　价：59.80元

前　言

C 语言作为计算机科学领域的基础语言之一，不仅因其高效、灵活而被广泛应用于系统软件、嵌入式系统、游戏开发等多个领域，更因其语法结构清晰、控制流程直接而成为学习其他高级编程语言的桥梁。C 语言摒弃了复杂的语法结构，使得初学者可以更快地理解编程的基本概念。其学习曲线平缓，适合初学者逐步建立编程思维，不需要一开始就面对复杂的抽象概念。同时，C 语言提供了对硬件的底层访问能力，在嵌入式开发和物联网开发领域的应用也非常广泛。

本书由长期在职业院校从事软件开发课程教学的教师和科技公司拥有丰富软件开发经验的工程师共同编写，可帮助学生快速入门程序开发，掌握 C 语言的基本知识。

本书具体特色如下：

1. 理论结合实践，任务驱动学习

本书每个单元分为多个知识点进行讲解，每个知识点均有配套的任务。在学习完知识点后，能够利用所学知识完成一个实践任务，在巩固所学知识的同时，也能深刻理解这些知识在开发实践中的应用。在教学过程中，教师可以根据任务完成情况评估学生对于知识点的掌握程度，也便于教师及时发现学生在学习过程中的困难和误区，从而给予个性化指导和帮助。

2. 配套数字资源，教学更加高效

本书为每个知识点和任务都配有讲解视频，读者可以通过扫描对应位置的二维码进行在线观看，不受物理空间的限制。通过数字资源，读者可以根据自身学习情况选择内容，实现个性化的学习体验。此外，本书还为教师教学提供了教学课件、随堂案例等资源，使教学更加高效。

3. 软件版本较新，适应发展趋势

本书以 Visual Studio 2022 作为 C 语言的编程工具进行案例讲解，不仅提供较新、实用的教学内容，还能够激发学生的学习兴趣，促进教学方法创新，加强实践能力培养，提升教材的专业度，适应教育技术的发展趋势，并满足学生对于新技术的期待。

本书由云南林业职业技术学院李英、昭阳职业技术学院申志强、重庆足下科技有限公司向魏任主编，周宝林、阮小方、远俊红任副主编，刘惠、杨博参与编写。其中：单

元1、单元2、单元10、单元12由李英编写，单元3、单元4由周宝林编写，单元5、单元6由申志强编写，单元7、单元9由向魏编写，单元8、单元11由远俊红编写，单元13由阮小方编写，单元14由杨博编写，单元15由刘惠编写。全书由李英负责内容结构的设计和统稿工作。

在本书编写过程中，我们得到了许多人的帮助与支持，在此表示衷心的感谢。感谢所有参与本书编写与审校的专家、学者和同人。感谢广大读者对本书的关注与期待。我们衷心希望本书能够成为广大读者学习C语言的好帮手，也期待在未来的日子里，能够与更多志同道合的朋友一起，共同探索计算机科学的奥秘，为推动科技进步贡献我们的力量。

限于编者水平，书中难免存在疏漏与不妥之处，恳请广大读者批评指正。

编　者

2024年10月

目　录

单元 1

程序及 C 语言简介

本单元将对程序开发和 C 语言进行简要介绍。先介绍程序开发和算法，让学习者对程序和算法有一定认识，然后讲解流程图与算法的关系以及如何绘制流程图，帮助学习者熟悉用计算机思维来解决实际问题；再讲解常用的 C 语言编写工具，使学习者熟悉 C 语言的开发环境；最后讲解 C 语言的结构，初步了解程序开发。

本单元关键词

请在预习前学习下列单词，将其写在横线上。

（1）main（[mein] 主要部分、主要的、重要的）：________________

（2）include（[in'klu:d] 包括、包含）：________________

（3）Microsoft（['maikrəusɔft] 微软公司）：________________

（4）visual（['vizjuəl] 视觉的、形象的、栩栩如生的）：________________

（5）studio（['stju:diəu] 工作室）：________________

（6）error（['erə] 错误、误差）：________________

（7）warning（['wɔ:niŋ] 警告、预告）：________________

（8）build（[bild] 建立、建筑）：________________

（9）void（[vɔid] 空的、没有的）：________________

（10）stdio[标准输入 / 输出（standard input/output）]：________________

（11）head（[hed] 头、顶点）：________________

（12）printf（['printf] 格式化输出）：________________

预习任务

（1）简单说明什么是程序。

（2）简单说明什么是算法。

（3）流程图中常用的图形有哪些？它们的作用分别是什么？

学习导图

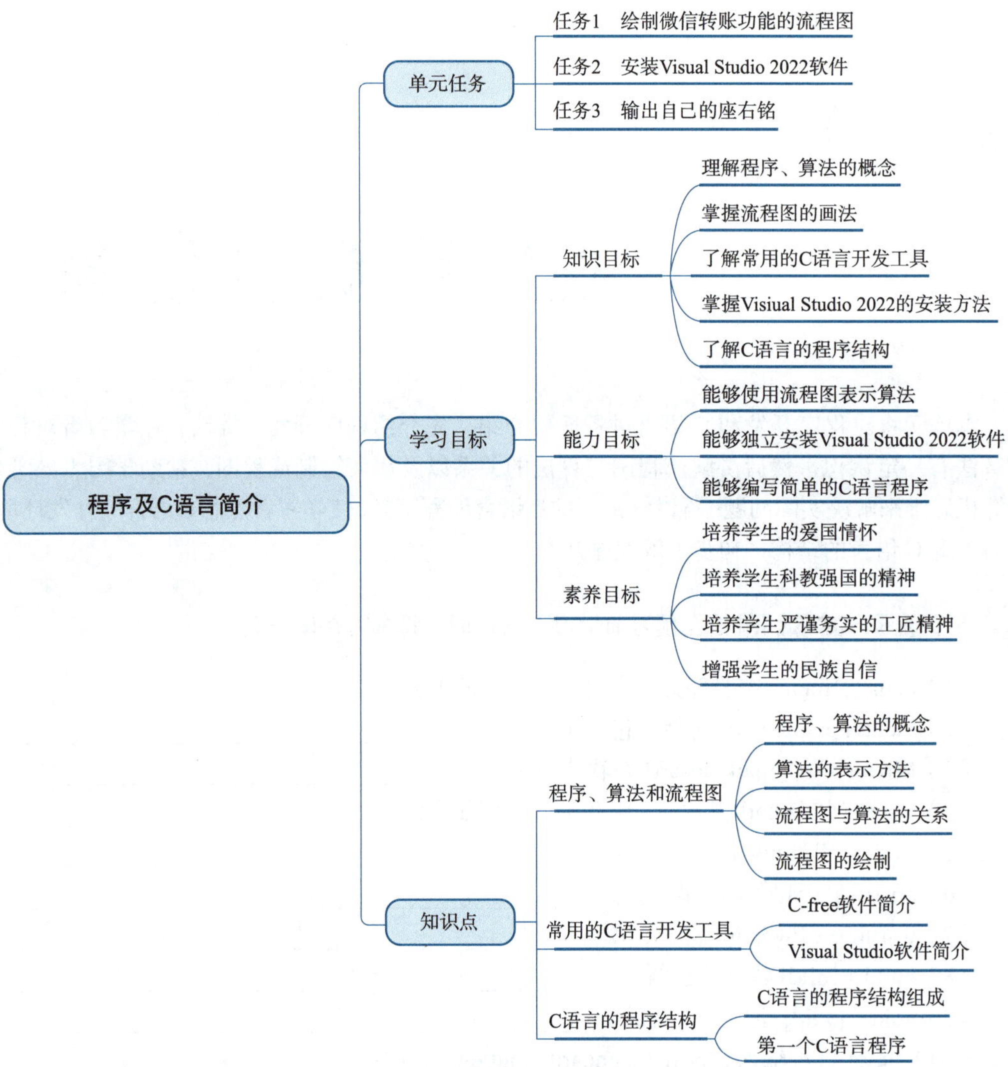

1.1　程序、算法和流程图

1.1.1　程序的概念

视频

程序、算法和流程图

软件开发，通常称为“编程”，也就是编写程序的简称。那么，程序是什么?

程序就是一组指令，目的是让计算机执行特定的任务。程序可以是简单的，如计算两个数字的和，也可以是复杂的，如模拟整个太阳系的运动。程序是由一系列语句组成的，这些语句是按照一定的顺序编写的，它们告诉计算机应该如何处理数据和执行操作。这些语句就是通常所说的“代码”。

程序的主要组成部分包括:

（1）变量：变量是用来存储数据的容器。在程序中，需要先定义一个变量，然后才能使用它来存储数据或执行操作。

（2）函数：函数是一组一起执行的指令。可以把函数看作一种工具，它可以用来执行一些常见的任务。

（3）控制结构：控制结构用来控制程序的流程。常见的控制结构有 if... else 语句、for 循环和 while 循环等。

（4）数据结构：数据结构用来存储和组织数据。常见的数据结构有数组、列表、字典和集合等。

（5）错误处理：错误处理用来处理程序中出现的错误。在编写程序时，需要考虑可能出现的各种错误情况，并编写相应的错误处理代码。

程序的设计和编写需要一定的知识和技能，包括编程语言的理解、算法和数据结构的掌握、逻辑思维能力等。

1.1.2　算法简介

做任何事情都有一定的步骤。例如，去商店购物，首先进入商店挑选自己想要的物品，然后到收银台付款结账，之后才能带着商品离开商店。人们从事各种工作和活动都必须事先想好步骤，然后按部就班地执行，才能避免产生错乱。在日常生活中，由于人们已经养成习惯，所以并没有意识到每件事情都需要事先设计出“行动步骤”。例如，吃饭、上学、打球、做作业等，事实上这些事情都是按照一定的步骤进行的，只是人们不必每次都重复考虑它而已。

不要认为只有“计算”的问题才有算法。广义地说，为解决一个问题而采取的方法和步骤就称为“算法”。例如：描述太极拳动作的图解，就是“太极拳算法”；一首歌曲的乐谱，也可以认为是该歌曲的算法，因为乐谱规定了演奏该歌曲的步骤，按照它的规定就能演奏出预定的曲子。

对于同一个问题，可以有不同的解题方法和步骤。

例 1.1　求 $1\times2\times3\times4\times5$。

最原始的方法：

步骤 1：先求 1×2，得到结果 2。

步骤 2：将步骤 1 得到的乘积 2 乘以 3，得到结果 6。

步骤 3：将 6 再乘以 4，得 24。

步骤 4：将 24 再乘以 5，得 120。

试想，如果是 $1\times2\times3\times4\times5\times\cdots\times1\,000$ 呢？这样的算法虽然可行，但太烦琐。

改进的算法：可以设置两个变量，一个变量代表被乘数，一个变量代表乘数。不用另设变量存放乘积结果，直接将每一步骤的乘积放在被乘数变量中。实现代码如下，代码中的 5 可以改为 1 000，最终变量 m 的值即为结果。

```
#include <stdio.h>
int main()
{
    int m=1;
    for(int i=2;i<=5;i++)
    {
        m=m*i;                          /*每一步骤的乘积放在被乘数变量中*/
```

```
    }
    printf("%d\n",m);                        /*最后输出运算结果*/
    return 0;
}
```

说明：这段程序代码中包含的 for 循环、赋值运算符等仅作为算法示例，不是本单元要学习的内容，将在后续单元中讲解。

程序运行结果如图 1.1 所示。

图 1.1　程序运行结果

算法具有如下特性：

（1）有穷性：一个算法应包含有限的操作步骤，而不能无限地执行。

（2）确定性：算法中每一个步骤应当是确定的，不能是含糊的、模棱两可的。

（3）输入项：有零个或多个输入。

（4）输出项：有一个或多个输出。

（5）有效性：算法中每一个步骤应当能有效地执行，并得到确定的结果。

对于程序设计人员，必须会设计算法，并根据算法写出程序。

1.1.3　算法的表示方法

算法可以有不同的表示方法。常用的表示方法有自然语言、伪代码、流程图、计算机语言等。

1. 用自然语言表示算法

自然语言就是人们日常使用的语言，可以是汉语、英语或者其他语言。用自然语言表示算法虽然通俗易懂，但是文字冗长，容易出现歧义。自然语言表达的含义可能不够准确，要根据上下文才能判断其正确的含义。例如这样一句话：“李先生对张先生说他的孩子考上了大学”。请问是张先生的孩子考上了大学，还是李先生的孩子考上了大学？仅从这句话本身难以判断。此外，用自然语言来描述包含分支和循环的算法非常不方便。

2. 用伪代码表示算法

伪代码是指用介于自然语言和计算机语言之间的文字和符号来描述算法。例如：

```
if a为正数
输出a为正数
if a为负数
输出a为负数
```

3. 用流程图表示算法

流程图是人们描述解决问题的方法、思路或算法的方式。

流程图的优点：

（1）采用简单规范的符号，画法简单。

（2）结构清晰，逻辑性强。

（3）便于描述，容易理解。

流程图常采用的符号如图 1.2 所示。

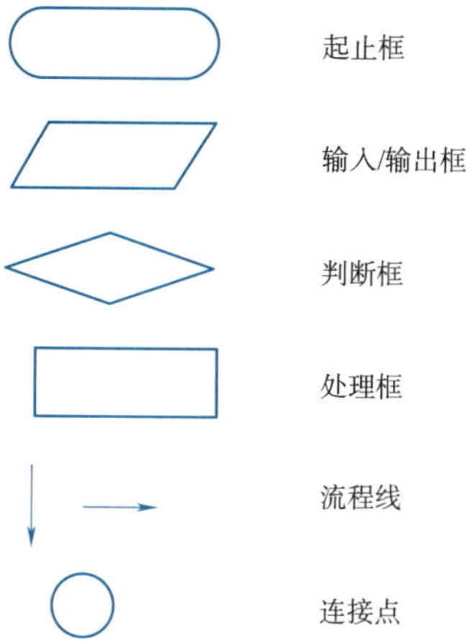

图 1.2 流程图常采用的符号

例 1.2 判断一个数是奇数还是偶数，用流程图表示算法。

输入一个数字 x，y=x%2。如果 y=0 则输出 x 是偶数，否则输出 x 不是偶数。将这个程序用流程图表示。

首先，需要知道流程图的符号有哪些，要分析在这个问题中有哪些步骤能用流程图表示。例如，把这个问题拆分如下：

表示输入 / 输出的有：

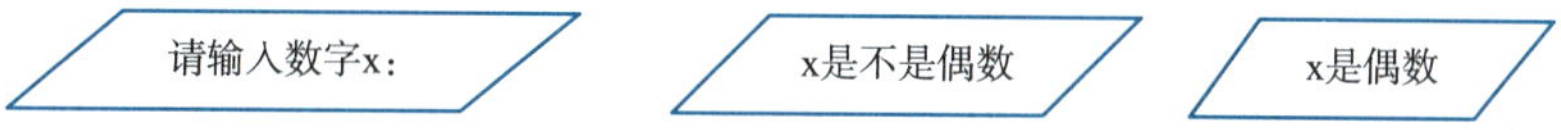

表示要运算的有：

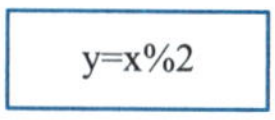

表示判断的有：

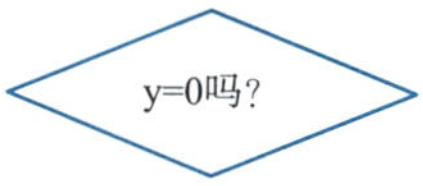

然后，把这些部分根据程序执行步骤用流程线连接起来，就形成了流程图，如图 1.3 和图 1.4 所示。

注意：本例中的流程图可以不使用“连接点”符号，在这里使用是为了演示“连接点”符号。

4. 用计算机语言表示算法

例 1.3 判断一个数是正数还是负数，用计算机语言表示算法。

```
#include <stdio.h>
int main()
{
```

```
    double x;
    printf("请输入一个数:");
    scanf("%lf",&x);
    if(x>0)
    {
        printf("x为正数\n");
    }
    return 0;
}
```

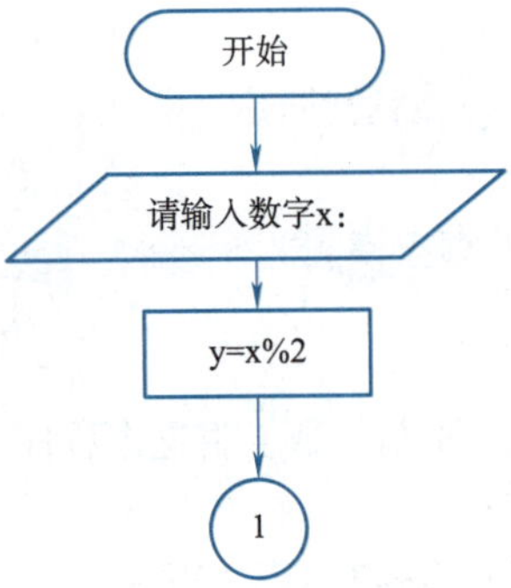

图 1.3　判断一个数是奇数还是偶数的流程图的上半部分

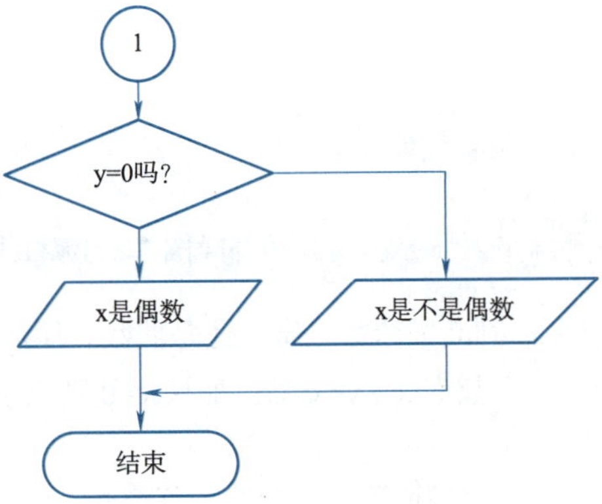

图 1.4　判断一个数是奇数还是偶数的流程图的下半部分

上面这段程序要求用户输入一个数字，如果输入的数大于0，则输出“x 为正数”，如果输入的数小于0，则直接退出程序。程序运行结果如图 1.5 所示。

图 1.5　程序运行结果

【任务 1】绘制微信转账功能的流程图

视频

绘制微信转账的流程图

1. 任务情景

随着移动互联网的高速发展，手机支付成了目前进行日常消费和资金往来的一种重要手段。微信支付作为目前手机支付领域的一种常用方法，在业务逻辑的严谨性和整体安全性方面都做得非常好。

2. 任务描述

分析微信转账的流程，充分考虑各种安全隐患，然后绘制微信转账功能的流程图。

3. 任务分析

任务分析见表 1.1。

表 1.1　任务分析

任务准备	（1）知识准备：熟悉微信转账的流程
	（2）工具准备：WPS 或 Office 等能够绘制流程图的软件
任务步骤	（1）分析微信转账的流程
	（2）按照流程图的绘制要求，绘制微信转账的流程图

4. 任务实施

（1）微信转账大家应该都不陌生，基本流程就是找到要转账的联系人，然后打开转账界面，输入转账金额，选择支付方式，最后输入支付密码或验证指纹、验证面容即可完成。

（2）分析基本流程，根据流程图的绘制方法，绘制如图 1.6 所示流程图。

（3）对基本流程中可能出现问题的地方进行处理。加入密码错误或指纹、面容识别错误的情况，修改流程图如图 1.7 所示。

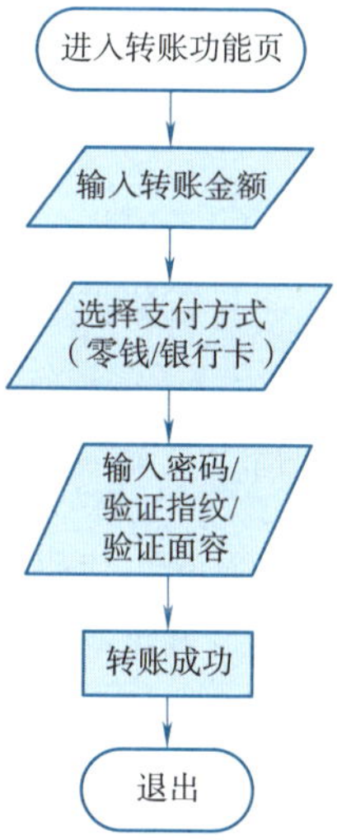

图 1.6　基本流程图

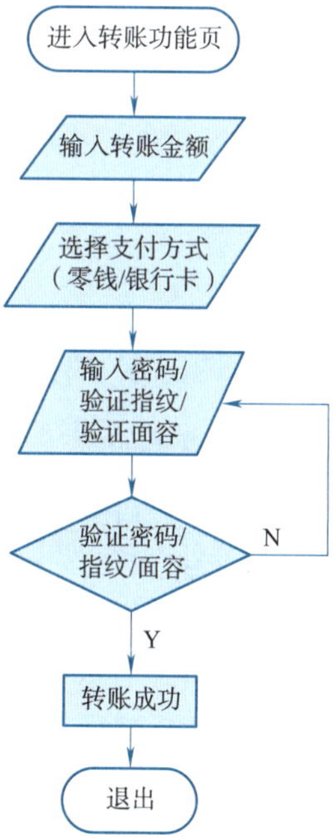

图 1.7　流程图

（4）加入转账时支付方式余额不足的处理方式。需要更换支付方式或取消支付，修改流程图，最终结果如图 1.8 所示。

5. 任务总结

对于当前任务，需要对通过微信转账这一功能进行程序流程的全面思考。本任务仅完成了一般会遇到的各种情况处理，实际的微信转账处理流程比这个复杂，还包括了风险监控、账户异常监控等处理。

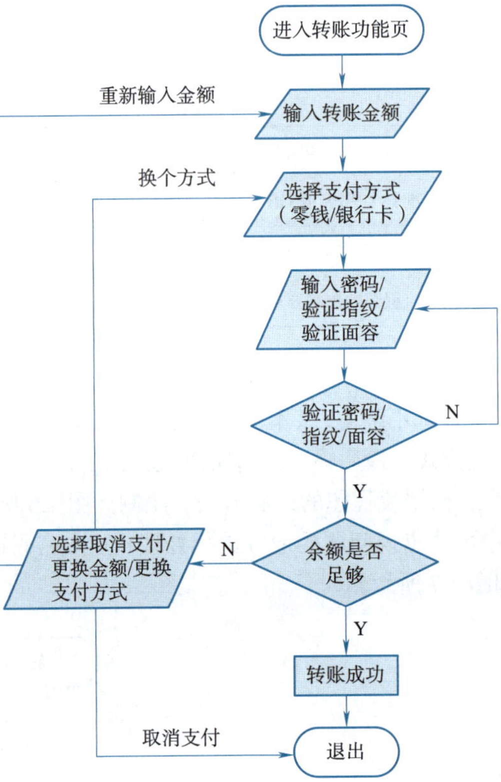

图 1.8　最终流程图

1.2　常用的 C 语言开发工具

1.2.1　C-Free 软件简介

C-Free 是一款面向 C/C++ 的集成开发环境（IDE）。它提供了丰富的功能和工具，帮助开发者更高效地进行编程。

首先，C-Free 具备代码编辑器。它支持语法高亮、自动补全、代码折叠等功能，使代码编写更为便捷。同时，它还具备调试器，支持单步调试、断点调试等功能，方便开发者找到并解决代码中的错误。

其次，C-Free 集成了多种编译器。对于 C/C++ 开发者来说，这无疑是其一大优点，因为这意味着他们可以使用 C-Free 编译和运行多种类型的 C/C++ 程序。它支持的编译器包括 GCC、Clang 等，使得开发者可以轻松地在不同的编译器之间切换，以满足特定项目的需求。

再次，C-Free 具有项目管理功能。它可以帮助开发者创建和管理项目，可以轻松地添加源文件、头文件等，使得项目管理更为直观和便捷。此外，它还支持版本控制，开发者可以使用 C-Free 管理和跟踪项目的版本变化。

最后，C-Free 还提供了丰富的插件和扩展支持。开发者可以通过安装插件来增强 C-Free 的功能。例如，一些插件可以提供额外的代码补全、语法检查等功能。

1.2.2　Visual Studio 软件简介

Visual Studio（简称 VS）是微软公司研发的一个基本完整的开发工具集，包括软件整个生命周期中所需要的大部分工具，如 UML 工具、代码管控工具、集成开发环境等。

Visual Studio IDE 是一种创新启动板，可用于编辑、调试并生成代码，然后发布应用。除了大多数 IDE 提供的标准编辑器和调试器之外，Visual Studio 还包括编译器、代码完成工具、图形设计器和许多其他功能，以加强软件开发过程。

Visual Studio.NET 是用于快速生成企业级 ASP.NET Web 应用程序和高性能桌面应用程序的工具。Visual Studio 包含基于组件的开发工具（如 Visual C#、Visual J#、Visual Basic 和 Visual C++），以及许多用于简化基于小组的解决方案的设计、开发和部署的其他技术。

Visual Studio 是一款功能强大的开发工具，为开发者提供了一站式的集成开发环境，适用于各种类型的应用程序开发。

本书将采用 Visual Studio 2022 作为开发环境进行讲解。

【任务 2】安装 Visual Studio 2022 软件

1. 任务情景

学习任何一门新的开发语言之前，都需要先了解该语言的开发工具有哪些，然后安装一款使用方便的工具。这里将安装 Visual Studio 2022。

视 频

安装Visual Studio 2022 软件

2. 任务描述

本任务需要下载 Visual Studio 2022 的安装包，然后在个人计算机上进行安装。

3. 任务分析

任务分析见表 1.2。

表 1.2　任务分析

任务准备	工具准备：一台装有 Windows 7 及以上版本操作系统的个人计算机
任务步骤	（1）下载 Visual Studio 2022 安装程序
	（2）运行安装程序，根据指引完成安装

4. 任务实施

（1）访问微软官方的 Visual Studio 工具界面，单击社区版块的“免费下载”按钮，如图 1.9 所示。

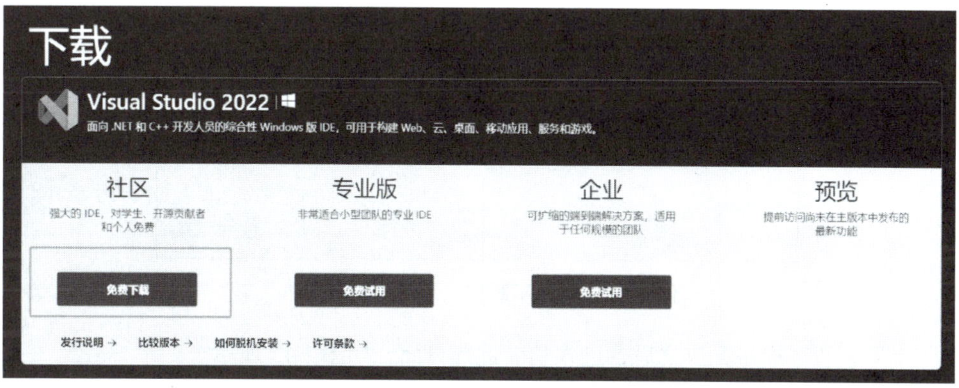

图 1.9　Visual Studio 工具下载界面

（2）单击后会跳转到产品介绍界面，并会自动开启下载，如图 1.10 所示。

图 1.10　产品介绍界面

（3）下载完成后，运行安装程序，启动界面如图 1.11 所示，单击“继续”按钮。

图 1.11　安装启动界面

（4）自动下载安装后续的安装程序，如图 1.12 所示。

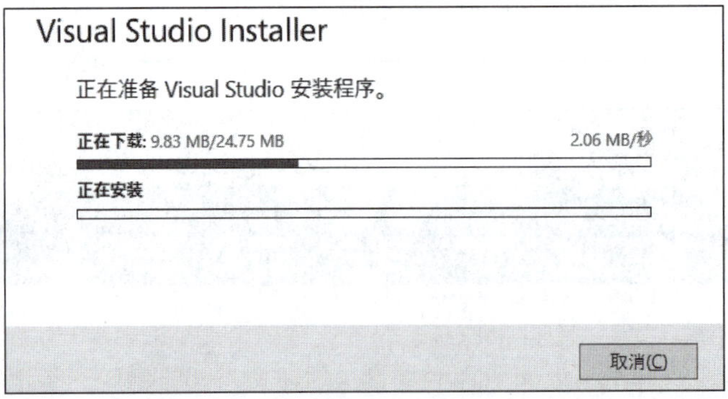

图 1.12　自动下载安装后续的安装程序

（5）安装程序准备完成之后，进入功能选择界面，如图 1.13 所示。

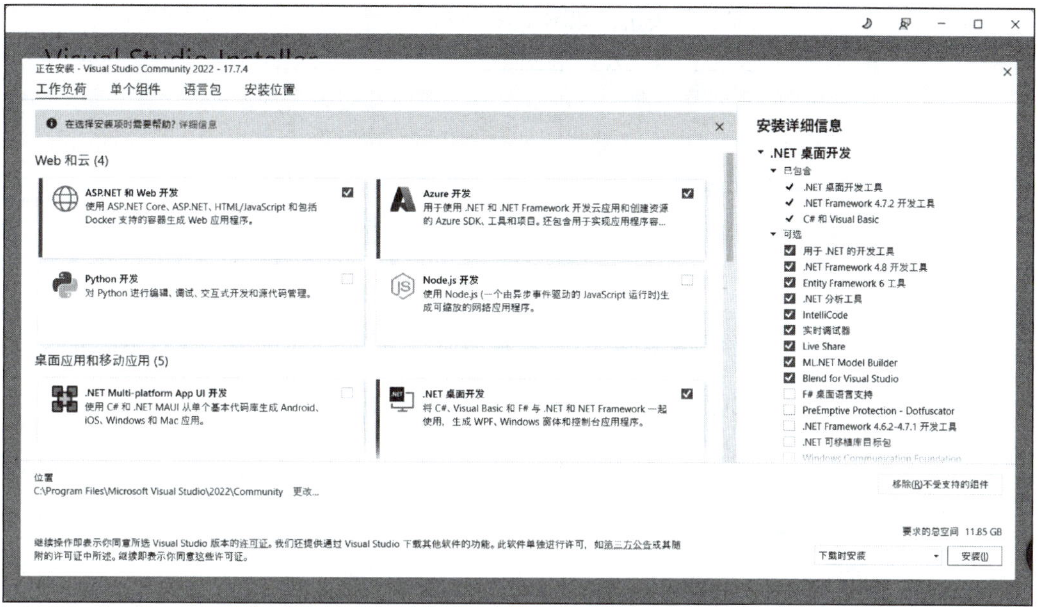

图 1.13　功能选择界面

（6）往下滑动，找到 C++ 桌面应用板块，选中“使用 C++ 的桌面开发”复选框，如图 1.14 所示。

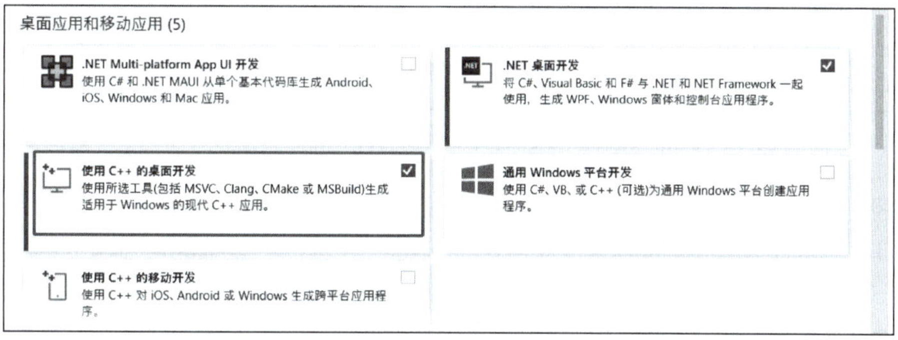

图 1.14　选中“使用 C++ 的桌面开发”复选框

（7）选择安装位置，建议不要安装在 C 盘。可单击如图 1.15 所示的“更改”按钮，更改安装位置。

图 1.15　更改安装位置

（8）单击右下角的“安装”按钮，如图 1.16 所示。

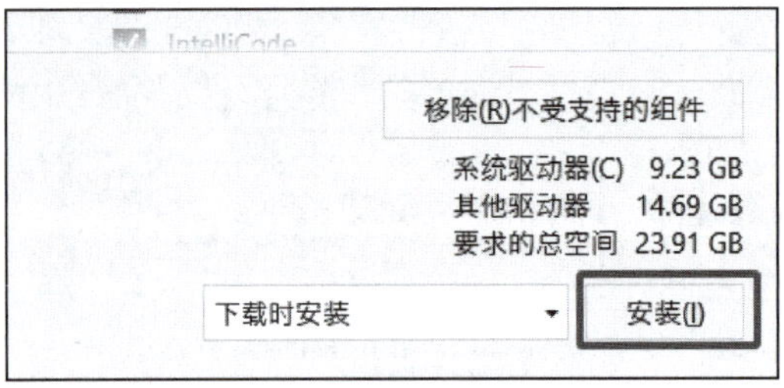

图 1.16 “安装”按钮示意

（9）开始安装程序，安装过程如图 1.17 所示。

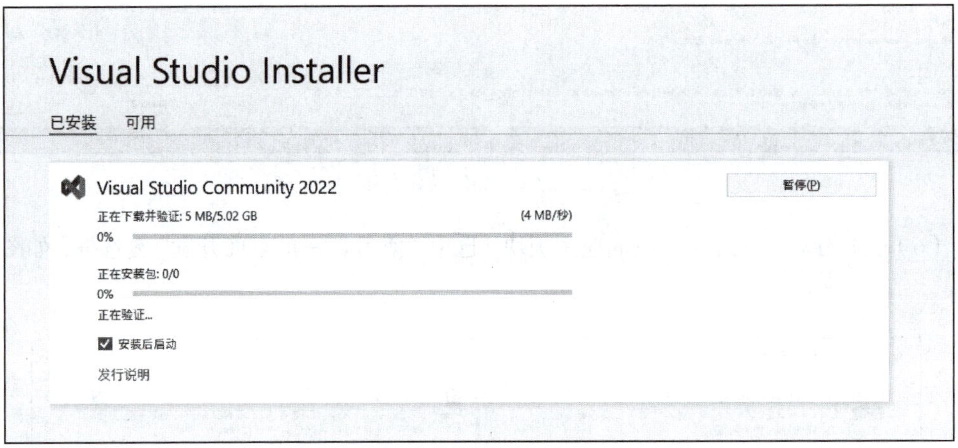

图 1.17 安装过程

（10）安装完成后如图 1.18 所示。

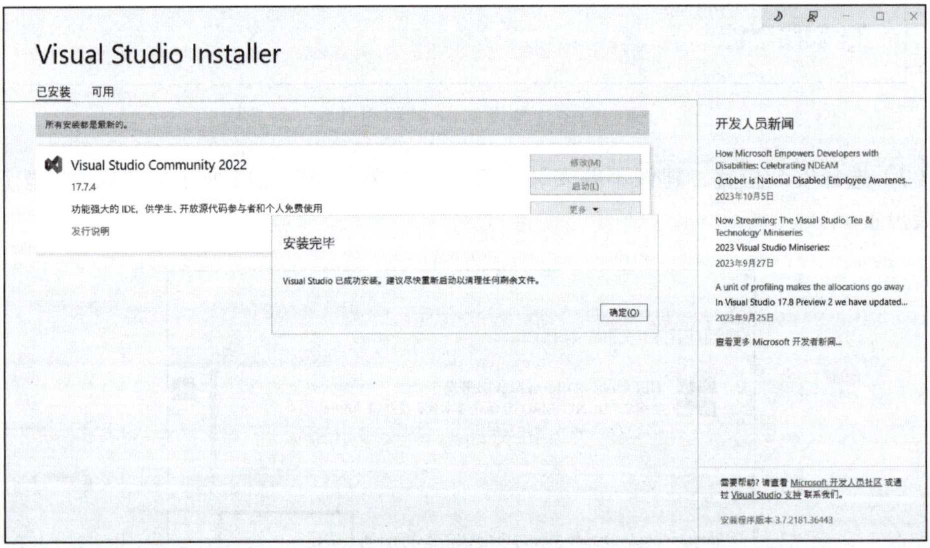

图 1.18 安装完成

5. 任务总结

当前任务虽然比较简单，但值得注意的是，在选择产品时，要选择 C 语言编写的“C++ 桌面应用”，这不是默认选项。如果第一次安装时忘了选择，可以再次启动安装程序完成修改。

1.3　C 语言的程序结构

C 语言的程序结构通常包括以下几部分：

视 频

C语言的程序结构

（1）头文件：包含程序中使用的外部函数和变量的声明。在程序中，需要使用 #include 指令将头文件包含到程序中。

（2）函数声明：包括函数名、返回类型和参数列表。函数声明必须在程序执行之前进行，以便编译器知道如何调用函数。

（3）主函数：它是程序的入口点，即程序执行的起点。通常，主函数的函数名为 main()，并返回一个整数值。

（4）变量声明：包括变量的类型和名称。变量必须在使用之前进行声明。

（5）语句块：指一组逻辑上相关的语句，通常用于实现一个特定的功能或操作。语句块以花括号 {} 开始和结束。

（6）注释：用于解释程序中的代码，不会影响程序的执行。在 C 语言中，使用“//”符号注释一行，使用“/**/”符号注释多行。

（7）返回值：函数的返回值是一个表达式，代表函数执行的结果。在主函数中，返回值通常用来表示程序的执行状态。

（8）函数调用：指程序执行函数的过程。函数调用时，需要传递适当的参数，并使用函数返回的结果进行后续操作。

（9）程序注释：用于解释程序的功能和操作方式，通常包括输入 / 输出示例、算法说明等。

例 1.4　简单的 C 语言程序。

```
#include <stdio.h>
//入口主函数
int main(){
    printf("hello world");
    return 0;
}
```

上述代码中，第一行是头文件的引用；第二行以“//”开始的是程序注释；第三行是程序的主函数；第四行是输出内容的语句；最后一行是程序主函数的结束。程序运行结果如图 1.19 所示。

图 1.19　程序运行结果

【任务3】输出自己的座右铭

视频

输出自己的座右铭

1. 任务情景

座右铭的作用主要是激励、警戒和提醒自己，作为行动指南。它可以帮助人们更好地认识自己、提高自我、指导行动。同时，座右铭还可以让人们树立正确的价值观和人生观，指导人们在面对困难和挑战时更加坚定和自信。

2. 任务描述

本任务需要利用 C 语言，在控制台输出自己的座右铭。

3. 任务分析

任务分析见表 1.3。

表 1.3 任务分析

任务准备	（1）工具准备：Visual Studio 2022
	（2）知识准备：VS 工具的使用、C 语言程序的基本结构
任务步骤	（1）使用 VS 工具新建项目
	（2）编写代码并运行程序

4. 任务实施

（1）运行 Visual Studio 2022 软件，启动界面如图 1.20 所示。

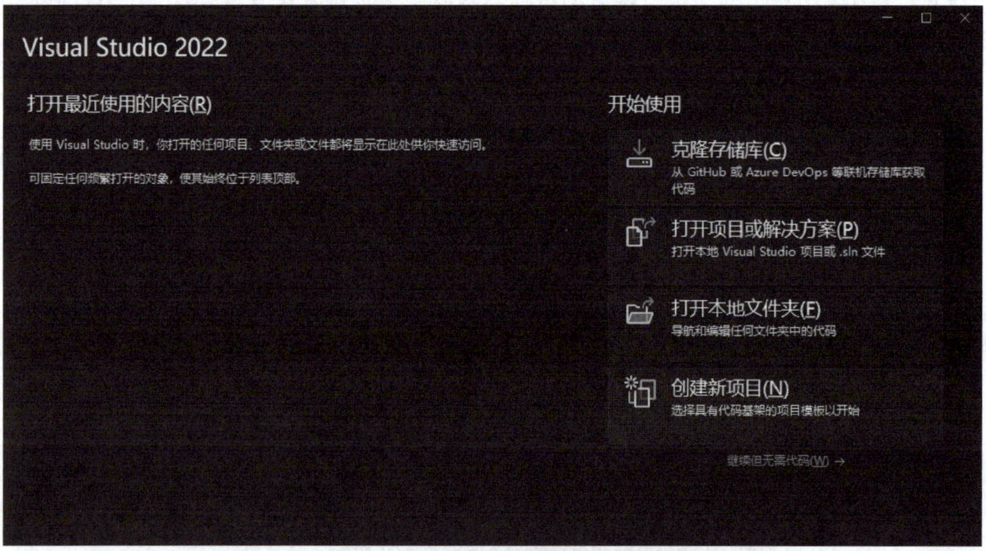

图 1.20 Visual Studio 启动界面

（2）单击“创建新项目”，选择 C++ 的空项目。可以在图 1.21 所示位置进行语言筛选，选择“C++”，然后单击“下一步”按钮。在如图 1.22 所示的界面，输入项目名称，选择项目文件保存位置。

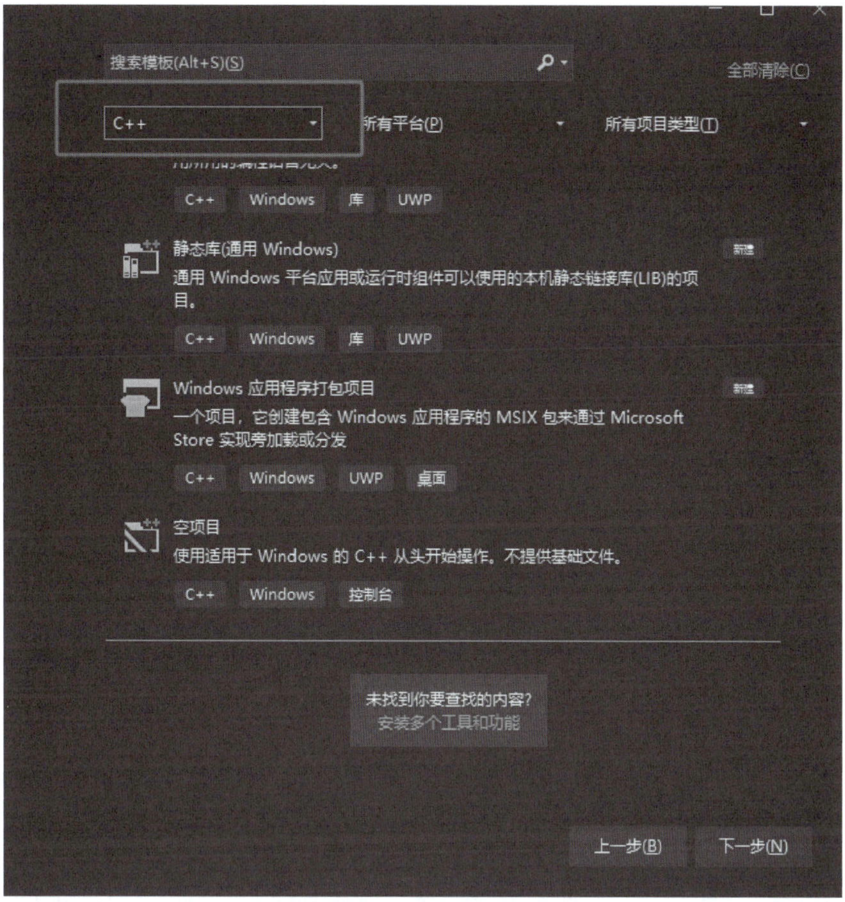

图 1.21　选择语言

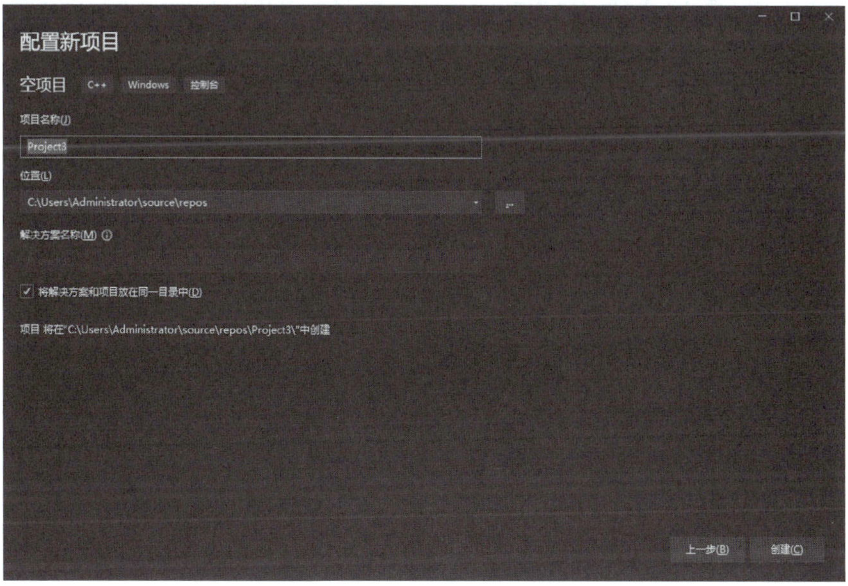

图 1.22　设置项目名称和保存位置

（3）单击“创建”按钮，完成项目创建，如图 1.23 所示。

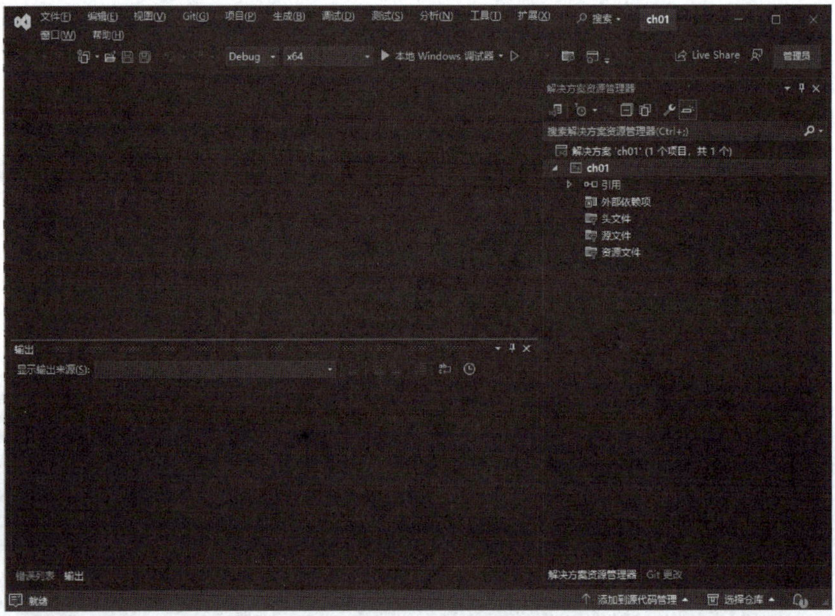

图 1.23　完成项目创建

（4）在界面右侧，右击“源文件”，选择“添加”→“新建项”命令，如图 1.24 所示。

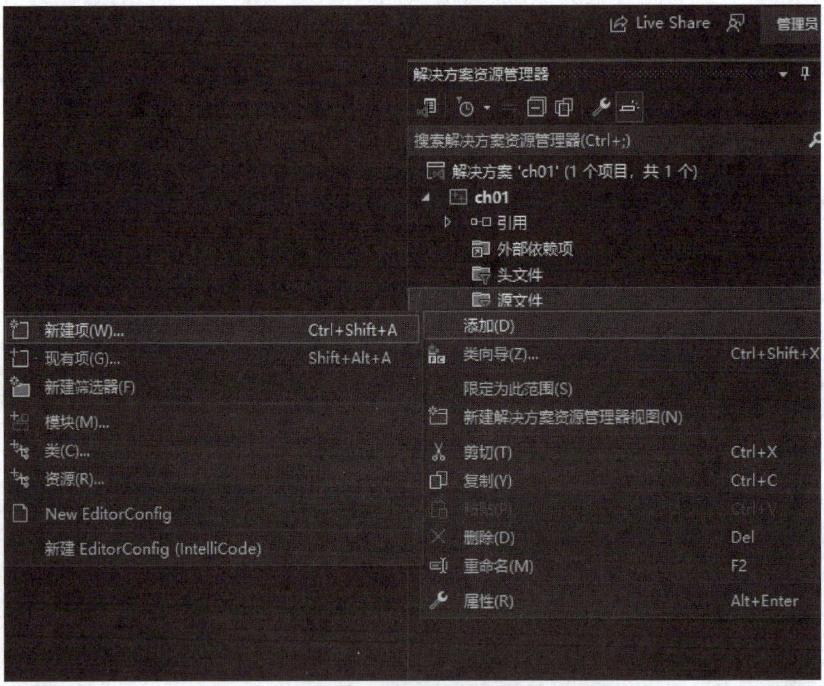

图 1.24　添加新建项

（5）在弹出的对话框中输入新的文件名称，如图 1.25 所示。

图 1.25　输入新文件名称

（6）单击“添加”按钮，会在工具的主编辑区打开刚才新建的文件。输入如下所示代码：

```
#include <stdio.h>      //引入stdio.h头文件，该头文件包含了输入/输出等基本函数
//程序入口
int main(){
    //输出自己喜欢的座右铭
    printf("一份耕耘，一份收获");
    return 0;
}
```

（7）选择“调试”→“开始执行（不调试）”命令，或单击如图 1.26 所示的绿色三角形按钮，或者按【Ctrl+F5】组合键，运行该程序文件。

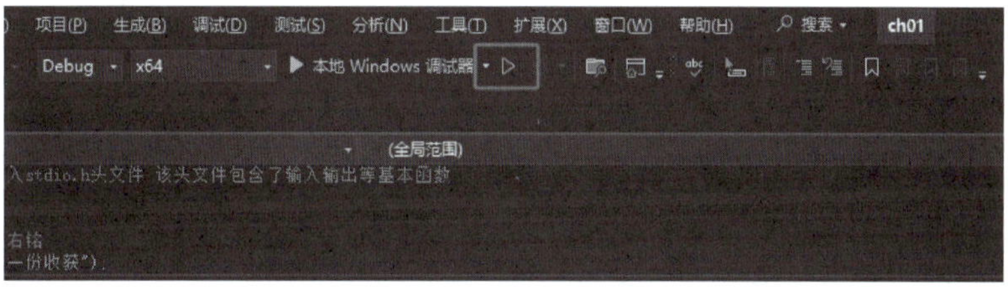

图 1.26　运行程序文件

（8）程序运行结果如图 1.27 所示。

图 1.27　程序运行结果

5. 任务总结

本任务是接触 C 语言开发的第一个编码任务，重点在于熟悉用 VS 软件新建 C 语言项目和执行程序代码。由于 C 语言需要进行编译才能执行，当代码中存在错误时编译会失败。出现错误时，要注意看代码编辑区下方的错误提示，根据错误提示修改代码。遇到问题时，要主动寻求老师和同学的帮助。

智慧之光

关键词：爱国情怀　科教强国　工匠精神　民族自信

切入点：从C语言常用开发工具引出软件发展对国力的重要性，激发学生认真学习计算机程序设计、热爱科学技术，培养学生科技强国的情怀和远大抱负。

通过在C语言编程环境中简单编程题的练习，让学生将一丝不苟、精益求精的工匠精神融入每一个编程环节。

小结

程序就是一系列指令的集合，算法就是实现功能的处理过程，主要采用流程图来表示算法，可以更直观地描述算法的流程。常用的C语言开发工具有C-Free和Visual Studio。C语言的程序结构包括预处理、主函数、功能代码、注释等。

作业

一、选择题

1. 以下（　　）符号在流程图中经常用来表示决策或判断。

   A. 矩形　　B. 菱形　　C. 圆形　　D. 椭圆形

2. 在C语言中，主函数应该用（　　）关键字来定义。

   A. sub　　B. func　　C. main　　D. none

3. 一个C语言程序的基本结构必须包括（　　）部分。

   A. 头文件　　B. 主函数　　C. 变量定义　　D. 输入/输出

二、简答题

1. 请绘制去学校食堂就餐的流程图。
2. 简要描述一下算法和程序的关系。

单元 2

变量、常量和数据类型

本单元将对 C 语言开发的变量、常量以及数据类型进行详细讲解。首先介绍数据类型，让学生了解程序中对于不同类型的数据有对应的数据类型；然后讲解变量及常量在定义时的命名规范，让学生了解如何编写规范的程序代码；最后讲解变量及常量的声明及调用，帮助学生理解常量和变量在程序中的实际应用。

本单元关键词 请在预习前学习下列单词，将其写在横线上。

（1）define（[di'fain] 定义，规定）：________________

（2）double（['dʌbl] 双重的，两倍的）：________________

（3）int（[int] 整数）：________________

（4）short（[ʃɔ:t] 短的，不足的）：________________

（5）long（[lɔŋ,lɔ:ŋ] 长的，过长的）：________________

（6）float（[fləut] 浮动，飘动）：________________

（7）scanf（['skæn'ef] 输入函数）：________________

（8）sizeof（[saizɔv] 大小）：________________

（9）char（[tʃɑ:] 字符）：________________

预习任务

（1）简单讲解变量和常量的区别。

（2）C 语言中有哪些常用的数据类型，它们分别用来存储哪些数据？

学习导图

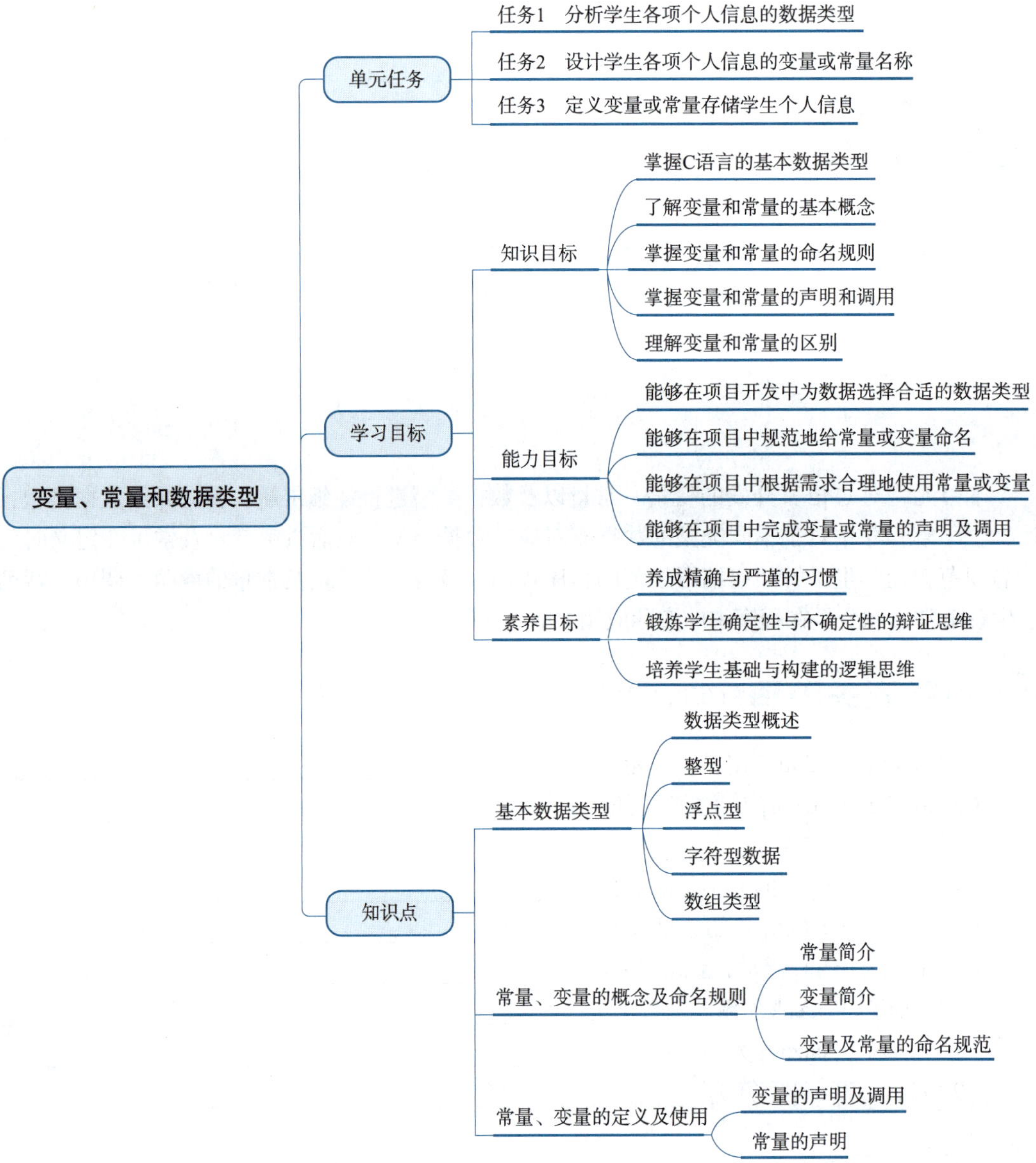

2.1　基本数据类型

视频

基本数据类型

2.1.1　数据类型概述

在C语言中，数据类型是用于声明不同类型变量的基础。数据类型告诉编译器如何存储和操作这些变量。

数据类型在程序开发中扮演着至关重要的角色，它们不仅定义了程序中数据的种类和大小，还决定了数据在内存中的存储方式以及可以对这些数据执行的操作。以下是数据类型对于程序开发的意义：

（1）内存优化：不同的数据类型在内存中占用的空间大小不同。使用合适的数据类型可以最大限度地节省内存空间，提高程序的性能和效率。例如，如果一个变量只需要存储较小的整数，那么使用 int 类型可能过于浪费，而使用 short 或 char 类型则更为合适。

（2）数据完整性：使用正确的数据类型可以确保数据的完整性和正确性。例如，使用 float 或 double 类型存储小数数据，可以确保数据的精度；而使用整数类型（如 int）存储整数数据，可以防止小数或非数字的数据进入，从而避免了数据错误。

（3）运算符和操作的适用性：不同的数据类型支持不同的运算符和操作。使用合适的数据类型可以确保所需的操作能够正常进行，并且可以避免类型错误。例如，对两个 int 类型的变量进行加法运算，结果是合法的；但如果试图将一个 int 类型的变量和一个 float 类型的变量进行加法运算，则需要进行类型转换或显式声明结果的数据类型。

（4）代码可读性和可维护性：使用合适的数据类型可以使代码更易读和理解。通过明确指定变量的数据类型，其他开发人员能够更容易地理解代码的意图，并且在维护和修改代码时能够更加准确地进行操作。此外，选择正确的数据类型还可以使代码更加健壮，减少潜在的错误和漏洞。

（5）错误预防和调试：使用合适的数据类型可以帮助开发人员在编译时或运行时捕捉到潜在的类型错误，从而及时进行修正。这有助于防止在程序中引入错误，并简化调试过程。例如，如果一个函数期望接收一个 int 类型的参数，但传递了一个 float 类型的参数，编译器通常会给出警告或错误，提示开发人员进行检查和修正。

选择合适的数据类型对于程序开发至关重要。它不仅影响程序的性能、内存使用和效率，还关系到代码的可读性、可维护性和错误预防。因此，在编写程序时，开发人员应该根据数据的性质和使用需求仔细选择数据类型，以确保程序的正确性和健壮性。

1. 基本数据类型

（1）整型：

- int：标准的整数类型，通常是 32 位（具体位数取决于编译器和平台）。
- short：短整型，通常是 16 位。
- long：长整型，通常是 32 位，但在某些平台上可能是 64 位。
- long long：更长的整型，通常是 64 位。

（2）浮点型：

- float：单精度浮点数，通常是 32 位。
- double：双精度浮点数，通常是 64 位。
- long double：扩展精度浮点数，位数可能因编译器而异。

（3）字符型（char）：通常占用 1 个字节，用于存储字符。

（4）布尔型（_Bool 或 bool，需要包含 stdbool.h 头文件）：用于存储真（true）或假（false）的值。

2. 派生数据类型

（1）数组（arrays）：一种可以存储多个同类型元素的数据结构。

（2）结构体（structures）：允许用户将不同类型的数据组合在一起，形成一个自定义的数据类型。

（3）联合（unions）：允许在相同的内存位置存储不同的数据类型，但一次只能使用其中一个。

（4）枚举（enumerations）：用于定义命名的整数常量集合。

（5）指针（pointers）：指针是变量，用于存储其他变量的地址。

3. 用户自定义数据类型

（1）用户可以通过定义类型别名（typedef）创建自己的数据类型。

（2）理解并正确使用数据类型是编写高效、可维护的 C 语言程序的关键。

2.1.2 整型

1. 整型常量

整型常量的表示方法：

（1）十进制整数：如 15、68、-12。

（2）八进制整数：以 0 开头的数是八进制数。例如，0123 表示八进制数 123，相当于十进制数 83。

（3）十六进制整数：以 0x 开头的数是十六进制数。例如，0x123 表示十六进制数 123，相当于十进制数 291。

2. 整型变量

（1）整型变量在内存中的存放形式：

数据在内存中是以二进制形式存放的。例如，int i=10，十进制数 10 对应的二进制数为 1010，所以在内存中存放的是 1010。

（2）整型变量的分类：

整型变量的基本数据类型符为 int。可以根据数值的范围将变量定义为基本整型、短整型或长整型。

- 基本整型：以 int 表示。
- 短整型：以 short int 或者 short 表示。
- 长整型：以 long int 或者 long 表示。

一个 int 型变量的范围为 -2 147 483 648~2 147 483 647, 即 -2^{31}~（$2^{31}-1$），其余数据类型依此类推。

例 2.1 测试整型所占内存大小。

```
#include <stdio.h>
int main()
{
    printf("基本整型sizeof(int)的长度为%d字节\n",sizeof(int));
    printf("短整型(short int)的长度为%d字节\n",sizeof(short int));
    printf("短整型(short)的长度为%d字节\n",sizeof(short));
    printf("长整型(long int)的长度为%d字节\n",sizeof(long int));
    printf("长整型(long)的长度为%d字节\n",sizeof(long));
     return 0;
}
```

例 2.1 中通过 sizeof 求每种类型在内存中所占字节的大小（长度），运行结果如图 2.1 所示。

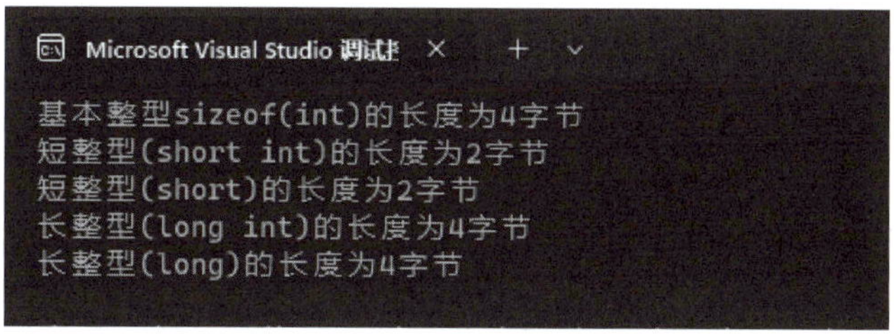

图 2.1　检测数据类型的长度

注意：使用不同的编译系统时，具体情况可能有些差别，例如 Visual C++ 为整型数据分配 4 字节（32 位），其取值范围为 -2 147 483 648~2 147 483 647；而 Turbo C/Turbo C++ 为整型数据分配 2 字节（16 位），取值范围为 -32 768~32 767。

3. 整型数据的溢出

类型都有一定的取值范围，如果在程序中使用变量时超出了范围，会出现数据溢出的情况。

例 2.2 整型数据的溢出。

```
#include <stdio.h>
int main()
{
    short int a,b;
    a=32767;
    b=a+1;
    printf("%d,%d\n",a,b);
    return 0;
}
```

在例 2.2 中声明了两个短整型变量 a 和 b，它们的取值范围都在 -32 768~32 767 之间，将此范围的最大值赋予变量 a，然后执行 b=a+1 时，b 就发生了“溢出”。但运行时并没有报错，这就好像汽车的里程表一样，达到最大值之后，又从最小值开始计数。所以，32 767 加 1 得不到 32 768，而得到了 -32 768，如图 2.2 所示。解决办法：将 short 改为 long，b 就能得到预期的结果 32 768。

图 2.2　例 2.2 程序运行结果

4. 整型常量的类型

整型变量可分为 int、short、long 等类别，那么常量是否也有这些类别？不同类别的常量和变量是如何进行匹配的？请注意以下两点：

（1）一个整数，如果其值在 -2 147 483 648~2 147 483 647 之间，就认为它是 int 型，它可以赋值给 int 型和 long int 型。

（2）在一个整型常量后面加一个字母 l（long 的首字母）或者 L，则认为是 long int 型常量，如 121、56L 等。

2.1.3 浮点型

浮点型数据指的就是带有小数点的数字，也就是数学上所指的实数，也称为实型。由于 C 语言普遍应用于许多学科的精密运算，因此整数所能表现的范围是十分有限的，这时就可以采用浮点数。

浮点数的表示方法有两种：一种是小数点方式；另一种是科学计数方式。例如，3.14、-100.521、6e-2 和 3.2E-18 等，其中 e 或者 E 代表 C 语言中以 10 为底数的科学计数法。小数点计数法和科学计数法互换表见表 2.1。

表 2.1 小数点计数法和科学计数法互换表

小数点计数法	科学计数法
0.05	5E-2
-543.236	-5.432360E+02
1 234.555	1.234555E+03
3 450 000	3.45E6
0.000 666	6.66E-4

C 语言中的浮点数可以分为单精度浮点数（float）和双精度浮点数（double）两种，两者的差别就在于表示的范围不同，下面进行详细介绍。

1. float 单精度浮点数

声明为 float 单精度浮点数的数据长度为 4 字节，有效范围为 1.2×10^{-31}~3.4×10^{31}。声明方式如下：

```
float变量名;
```

如果声明 float 变量时直接设置浮点数值，系统就会认为应该用 double 类型的变量来存储，而不是 float 类型。如果想将数值设置为 float 类型，必须在数值的末尾加上“F”或者“f”。例如:

```
float PI=3.14159F;
```

或者

```
float PI=3.14159f;
```

2. double 双精度浮点数

double 双精度浮点数的数据长度为 8 字节，有效范围为 2.2×10^{-61}~1.8×10^{61}。声明方式如下：

```
double变量名;
```

不论是 float 单精度浮点数或 double 双精度浮点数，当用 printf() 函数输出时，所采用的格式化字符都是“%f”。“%f”和“%d”的作用一样，如果以科学计数法的形式输出，则格式化字符为“%e”。

以下示例将声明一个有很多小数位的实数，并以 float 单精度浮点数、double 双精度浮点数和科学计数法分别打印出来。

例 2.3　使用浮点类型变量。

```
#include <stdio.h>
int main()
{
    float f_number=123.1122334455667788f;    /*单精度浮点数声明*/
    double d_number=123.1122334455667788;    /*双精度浮点数的声明*/
    printf("实数值=123.1122334455667788\n");
    printf("--------------------------------\n");

    /*单精度浮点数的输出方法*/
    printf("单精度浮点数小数表示法=%f\n",f_number);
    printf("单精度浮点数科学计数法=%e\n",f_number);
    printf("--------------------------------\n");
    /*双精度浮点数的输出方法*/
    printf("双精度浮点数小数表示法=%lf\n",d_number);
    printf("双精度浮点数科学计数法=%e\n",d_number);
    return 0;
}
```

程序运行结果如图 2.3 所示。

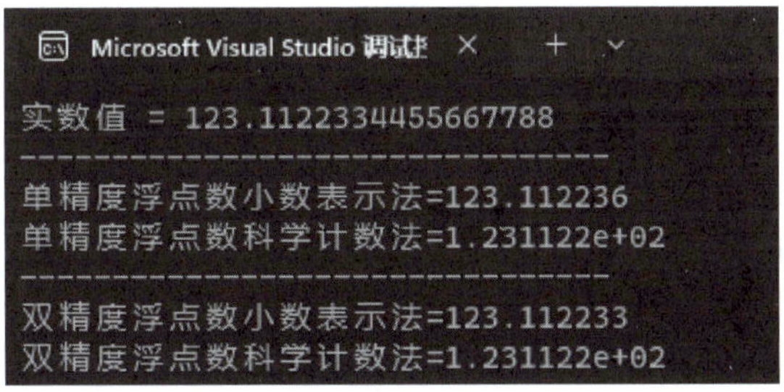

图 2.3　例 2.3 程序运行结果

2.1.4　字符型

字符型数据包括字符常量和字符变量。

1. 字符常量

字符常量是用单引号括起来的一个字符。例如，'a'、'b'、'='、'+'、'?' 都是合法的字符常量。在 C 语言中，字符常量有以下特点：

（1）字符常量只能用单引号括起来，不能用双引号或其他括号。

（2）字符常量只能是单个字符。

（3）字符可以是字符集中的任意字符。数字被定义为字符型之后，参与数值运算时将使用该数字字符的 ASCII 值。例如，'5' 和 5 是不同的，'5' 是字符常量，参与运算时使用 ASCII 值 53。

2. 转义字符

转义字符是一种特殊的字符常量，以反斜线“\”开头，后跟一个或几个字符。转义字符具有特定的含义，不同于字符原有的意义，故称“转义”字符。例如，在前面各示例 printf()

函数的格式串中用到的"\n"就是一个转义字符，其意义是回车换行。转义字符主要用来表示那些用一般字符不便于表示的控制代码，见表 2.2。

表 2.2　常用的转义字符及其含义

转义字符	转义字符的意义	ASCII 码（十进制）
\n	回车换行	10
\t	横向跳到下一制表位置	9
\b	退格	8
\r	回车	13
\f	走纸换页	12
\\	反斜线符 "\"	92
\'	单引号符	39
\"	双引号符	34

3. 字符变量

字符变量用来存储字符常量，即单个字符。

字符变量的类型说明符是 char。字符变量类型定义的格式和书写规则都与整型变量相同，如 char a,b;。

4. 字符数据在内存中的存储形式及使用方法

每个字符变量被分配一个字节的内存空间，因此只能存放一个字符。字符值是以 ASCII 码的形式存放在变量的内存单元中。例如，x 的十进制 ASCII 码是 120，y 的十进制 ASCII 码是 121。对字符变量 a、b 赋予 'x' 和 'y' 值，例如：

```
a='x';
b='y';
```

实际上是在 a、b 两个单元内存放 120 和 121 的二进制代码。

a：

0	1	1	1	1	0	0	0

b：

0	1	1	1	1	0	0	1

所以，也可以把它们看成是整型变量。C 语言允许对整型变量赋予字符值，也允许对字符变量赋予整型值。在输出时，允许把字符变量按整型变量输出，也允许把整型变量按字符变量输出。

整型变量为 4 字节量，一个整数占 4 个字节；字符变量为单字节量，一个字符占 1 个字节。

2.1.5 数组类型

C 语言中的数组是一种基本的数据结构，它允许内存中存储相同类型的多个元素。数组是一种复合数据类型，它包含一组有序的、相同类型的数据项，这些数据项称为数组的元素。需要注意的是，数组在使用前需要确定大小，且不易扩展。如果需要动态调整集合的大小，可以选择其他类型的数据结构，如链表、动态数组等。此外，由于数组在内存中是连续存储的，因此访问数组元素的速度较快，但在插入和删除元素时可能需要移动大量元素，导致效率较低。

因此，在选择使用数组时需要根据具体的应用场景和需求进行权衡。

数组虽然不是基本的数据类型，但是它的应用却很广泛。例如，用浮点型数组存储某个学生期末考试各科的成绩；用字符型数组存储姓名；用整型数组存储当前日期的年月日、当前时间的时分秒。本书后续单元会对数组进行详细讲解。

【任务 1】分析学生各项个人信息的数据类型

1. 任务情景

视频

分析学生各项个人信息的数据类型

红星小学是位于广东某地的一所村级小学，学校的学生来源为所在村中的住户。现要开发一个教务系统，主要包含学生信息管理、教师信息管理、学生成绩管理等功能模块。其中的学生信息管理模块功能需要存储学生的基本信息，包含学生姓名、性别、出生日期、身份证号、家长姓名、家长联系方式等基本信息。

2. 任务描述

根据 C 语言支持的各种基本数据类型的特点，分析学生基本信息中需要存储的各项信息最合适的数据类型。

3. 任务分析

任务分析表见表 2.3。

表 2.3　任务分析

任务准备	掌握 C 语言的基本数据类型及其特性
任务步骤	根据学生基本各项基本信息特性，得出最合适的数据类型

4. 任务实施

（1）学生的姓名和家长的姓名为 2~4 个中文汉字，需要用字符数组进行存储，长度固定为 9 位（一个中文汉字占两个字节）。

（2）学生的性别要么为男，要么为女，可以采用 bool 类型的真假值进行对应，也可以采用字符型进行存储。

（3）学生的出生日期由年、月、日三部分组成，每个部分都为数字，可以采用整型数组进行存储。

（4）学生的身份证号为 18 位数字和字母“X”的组合，可以采用字符数组存储，长度固定为 19 位。

（5）家长联系方式为 11 位数字，第一位为 1，在 int 型能够表示的范围（一个 int 型变量的范围为 -2 147 483 648~2 147 483 647，即 -2^{31}~$2^{31}-1$）内，则可以用整型或字符型数组存储。采用字符型数组时，长度固定为 12 位。为什么不用整型数组存储呢？这涉及对该变量操作方便的问题，后面单元会详细讲解字符串与字符数组。

5. 任务总结

对于当前任务，重点在于分析各项信息的特点，然后结合 C 语言各项数据类型的特性，即可确定采用哪种数据类型来存储。对于同一项数据，可以选择的数据类型并不是唯一的，合理即可。

2.2 常量、变量的概念及命名规则

视频

变量、常量的概念及命名规则

2.2.1 常量简介

在C语言中，常量是一种固定值，它在程序的整个生命周期中不会改变。常量可以是数字、字符或字符串，也可以是枚举值或宏定义的值。

1. 常量的优点

（1）提高代码可读性：常量提供了有意义的名称，使得代码更容易理解。

（2）提高代码可维护性：如果需要在多个地方修改同一个值，只需要修改常量的定义即可，而不需要逐个修改每个使用到该值的地方。

（3）提高程序安全性：使用常量可以防止程序中的意外修改，因为常量的值是不可变的。

2. 使用常量的注意事项

（1）常量一旦定义，其值就不能再被修改。

（2）常量名通常全部大写，以区别于变量。

（3）枚举常量是类型安全的，因为它们具有固定的类型（默认为int，但可以通过enum改变）。

（4）宏常量没有类型，只是简单的文本替换，因此使用时需要格外小心类型匹配和可能的副作用。

2.2.2 变量简介

在C语言中，变量是用于存储数据的基本单元。变量有一个名字（即标识符），以及与之关联的数据类型，用于决定变量可以存储什么样的数据。变量的值在程序运行期间可以改变。

1. 变量的作用域

变量的作用域决定了变量在程序中的可见性和生命周期。变量的作用域可以是局部的（只在某个函数或代码块内部可见），也可以是全局的（在整个程序中都可见）。

（1）局部变量：在函数或代码块内部声明的变量。它们只在声明它们的函数或代码块内部可见，并且当函数或代码块执行完毕后，局部变量的值会被销毁。

（2）全局变量：在函数外部声明的变量。它们在整个程序的执行期间都可见，并且在整个程序的任何函数中都可以访问和修改。

2. 变量的存储类别

变量的存储类别决定了变量在内存中的存储方式和生命周期。C语言提供了4种存储类别：

（1）自动（auto）：默认的存储类别，局部变量就是自动存储的。当函数或代码块执行时，自动变量会被创建，并在函数或代码块执行完毕后被销毁。

（2）静态（static）：静态变量在程序执行期间一直存在，不论其是否在作用域内。静态变量在首次进入其作用域时被初始化，并且只被初始化一次。静态变量可以是全局的，也可以是局部的。

（3）外部（external）：外部变量是全局变量的一种，它允许在多个源文件之间共享变量。外部变量通常在头文件中声明，并在一个源文件中定义。

（4）寄存器（register）：建议编译器将变量存储在寄存器中，以提高访问速度。然而，

寄存器变量的使用在现代编译器中已经不那么重要，因为编译器会自动优化变量的存储。

2.2.3　变量及常量的命名规范

1. 变量的命名规则

（1）变量名必须以字母或下画线开头，后面可以跟字母、数字或下画线。

（2）变量名区分大小写。

（3）变量名不应与 C 语言的关键字相同。C 语言的关键字见表 2.4。

（4）通常，变量名应该具有描述性，能够反映变量的用途或存储的数据类型。

表 2.4　C 语言的关键字

auto	break	case	char
const	continue	default	do
double	else	enum	extern
float	for	goto	if
int	long	register	return
short	signed	Sizeof	static
struct	switch	typeof	union
unsigned	void	volatile	while

除了变量之外，在 C 语言中需要被命名的还包括常量、结构体、函数名称和列举常量等，这些统称为标识符（identifier）。标识符的命名也要遵循以上规则。

2. 常量的命名规则

为了在调用时与变量进行区分，常量命名一般采用大写字母和下画线的组合，其他规范与变量保持一致。

【任务 2】设计学生各项个人信息的变量或常量名称

1. 任务情景

红星小学的教务系统即将开始开发，为了开发过程的统一性，需要先确认系统中学生个人信息的变量及常量名称。

视　频

设计学生各项个人信息的变量或常量名称

2. 任务描述

按照 C 语言中变量及常量的作用及其命名规范，为学生的姓名、性别、身份证号、出生日期、家长姓名及家长联系方式的变量进行命名。

3. 任务分析

任务分析见表 2.5。

表 2.5　任务分析

任务准备	熟悉 C 语言中变量及常量的作用，熟悉变量及常量的命名规范
任务步骤	（1）根据变量及常量的作用，确定各项信息采用变量还是常量
	（2）根据命名规范，给各项信息命名

4. 任务实施

（1）确定各项信息采用变量还是常量。由于系统中需要操作多个学生的信息，这些名称会重复使用，并且会根据需要改变它的值，所以都采用变量进行存储。

（2）由于涉及学生姓名和家长姓名，需要区分开，学生姓名用 stu_name，家长姓名用 par_name。

（3）为了统一变量命名格式，学生性别命名为 stu_sex，学生身份证号命名为 stu_IDcard，学生的出生日期命名为 stu_birth，家长的联系方式命名为 par_tel。

5. 任务总结

当前任务的核心是确定数据采用变量或者常量来存储，然后根据该数据的实际含义以及统一规范，确定出符合规范、易读的名称。解决方案中给出的命名方式并不是唯一的正确方案，除了采用下画线分割，通常也可以采用驼峰法进行命名，如 stuName、stuSex 等。

2.3 变量、常量的定义及使用

视频

变量、常量的定义及使用

2.3.1 变量的声明及调用

变量声明的主要功能就是在内存上分配存储地址，作为存放数据的地方，通常地址由编译器来分配。由于 C 语言是属于“静态内存分配”的程序语言，也就是在编译时才处理变量存储区配置的问题，因此 C 语言中的变量必须事先声明后才能使用，否则在程序编译时会出现错误信息。例如，声明整数类型的变量 width：

```
int width;
```

以上程序代码类似于人们到餐厅预定位置，先预定 width 的位置，为 4 个字节的整数空间。在这个位置上不确定有多少数值，只是先把位置保留下来。一旦变量设置初始值时，就会将数值放入这 4 个字节的整数空间，如图 2.4 所示。

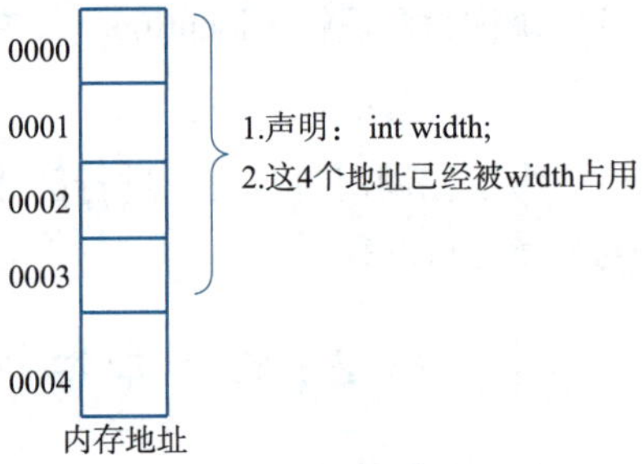

图 2.4 声明变量时内存分配

基本上，正确的 C 语言变量声明方式是由数据类型加上变量名和分号构成，可分为声明后再设值和声明时设置值两种方式。语法格式如下：

方式 1：

```
数据类型 变量名1,变量名2...变量名n;
```

方式 2：

```
数据类型  变量名=初始值;
```

例如：

```
int width;                          /*声明变量width,暂时未设值*/
int height=100;                     /*声明变量height,并直接设初始值为100*/
int width,height;                   /*声明变量width和height，均未设初始值*/
```

在 C 语言中，要求对所有用到的变量进行强制定义，也就是“先定义，后使用”。这样做的目的如下：

（1）凡是未被事先定义的，系统不把它认作变量名，这就能保证程序中变量名使用的一致性。例如，如果在声明部分有语句：

```
int student;
```

而在执行语句中错写成 stadent。例如：

```
stadent=30;
```

在编译时检查出 stadent 未经定义，不能作为变量名，因此输出“Undefined symbol stadent in function main”的信息，提醒用户检查错误，避免使用变量时出错。

（2）每一个变量都有一个确定的类型，在编译时为其分配相应大小的存储单元。

（3）指定每一个变量属于一个类型的另一个优点，就是便于在编译时据此检查在程序中要求对该变量进行的运算是否合法。

变量定义后即可使用变量名进行计算、输出等其他操作。

例 2.4 定义变量并输出。

```
#include <stdio.h>
int main(){
    //声明并初始化变量
    int age=25;
    float salary=1000.50;
    char ch='A';
    //输出变量的值
    printf("Age:%d\n",age);
    printf("Salary: %.2f\n",salary);
    printf("Character: %c\n",ch);
    return 0;
}
```

程序运行结果如图 2.5 所示。

图 2.5　例 2.4 程序运行结果

2.3.2　常量的声明

在 C 语言中，定义常量有多种方法，每种方法都有其特定的用途和上下文。

1. 字面常量

字面常量是最简单的一种常量，直接由数字、字符或字符串组成，没有显式的常量声明。例如：

```
int a=42;                     //42是一个整型字面常量
float b=3.14;                 //3.14是一个浮点型字面常量
char c='H';                   //'H'是一个字符型字面常量
```

2. 符号常量

符号常量使用 const 关键字来定义。一旦给符号常量赋了值，其值就不能再被改变。符号常量有助于增加代码的可读性和可维护性。

```
const int MAX_VALUE=100;          //MAX_VALUE是一个符号常量，其值为100
```

3. 枚举常量

枚举常量是通过 enum 关键字定义的一组命名整数常量，提供了一种类型安全的方式来定义整数值，并给它们赋予有意义的名称。

```
enum Color{RED,GREEN,BLUE};      //RED、GREEN、BLUE是枚举常量，默认从0开始递增
```

默认情况下，枚举中的第一个常量被赋值为 0，后续常量值依次递增 1。也可以显式地为枚举常量赋值。

```
enum Color{RED=1,GREEN=2,BLUE=4};      //显式赋值
```

4. 宏常量

宏常量是使用预处理器 #define 指令定义的常量。宏常量没有类型，只是简单的文本替换。宏常量通常全部大写，以区别于变量。

```
#define PI 3.14159                     //PI是一个宏常量，其值为3.14159
```

在预处理阶段，宏常量会被其值所替换。

5. 字符串常量

字符串常量是由双引号括起来的字符序列，实际上是字符数组，并且以空字符 \0 结尾。

```
const char*message="Hello,World!";     //message是一个指向字符串常量的指针
```

例 2.5 定义常量并输出。

```
#include <stdio.h>
//使用宏常量定义π的值
#define PI 3.14159
int main(){
    //使用符号常量定义最大值
    const int MAX_VALUE=100;
    //输出常量的值
    printf("PI: %.4f\n",PI);
    printf("Max value: %d\n",MAX_VALUE);
    return 0;
}
```

程序运行结果如图 2.6 所示。

图 2.6　例 2.5 程序运行结果

【任务 3】定义变量或常量存储学生个人信息

1. 任务情景

视 频

定义变量或常量存储个人信息

红星小学的教务系统正在开发中，现要对学生个人信息进行处理。首先要定义相关变量，并存储某个学生的信息。

2. 任务描述

学生的个人信息如下所示，要求使用任务 2 中确定好的名称及类型。

姓名：李四

性别：男

身份证号：100000201501010×××

出生日期：2015 年 1 月 1 日

家长姓名：李雷

家长联系电话：18888888×××

3. 任务分析

任务分析见表 2.6。

表 2.6　任务分析

任务准备	（1）工具准备：Visual Studio 2022
	（2）知识准备：熟悉 C 语言变量的定义及输出
任务步骤	（1）使用 VS 工具新建项目
	（2）根据需求定义各个变量并附上初始值

4. 任务实施

（1）运行 Visual Studio 2022 软件，并新建一个 C 语言项目，然后新建源文件并打开。

（2）打开刚才创建的源文件，输入如下所示代码：

```
#include <stdio.h>
int main(){
    //声明并初始化变量
    //学生姓名
    char stu_name[9]={"李四"};
    //性别
    char stu_sex[]={"男"};
    //身份证号
    char stu_IDcard[19]={"100000201501010×××"};    //字符串以\0结束所以长度为19
    //出生日期
    int stu_birth[3]={2015,1,1};//用整型数组分别存储出生日期的年月日
    //家长姓名
    char par_name[9]={"李雷"};
    //家长联系方式
    char par_tel[12]={"18888888×××"};
    return 0;
}
```

5. 任务总结

本任务的核心是变量的声明及初始值的赋予，实现过程中，需要注意字符串在定义时结尾会有一个“\0”占用一个字节，所以实际长度比我们认为的长度多 1。

智慧之光

关键词：确定性与灵活性 精确与严谨 基础与构建

切入点：常量体现了确定性。一旦定义，常量的值就不能改变，这代表了坚持原则、不变的真理或固定的道德规范。在素质教育中，这可以映射为对国家法律法规的遵从，以及对道德底线的捍卫。变量体现了灵活性，变量的值可以根据程序的需要而改变，这代表了适应变化、不断学习和成长的态度。在素质教育中，这可以映射为个人的成长与发展，需要不断地适应时代的变化，学习新的知识和技能，提升自己的综合素质。

常量通常用于表示精确的值，如数学常数或物理量。这种精确性反映了科学精神和严谨态度。在素质教育中，可以强调对待知识和信息的准确性、真实性，以及追求真理和科学的态度；每种数据类型都有其特定的范围和限制，这体现了编程的严谨性。

基本数据类型是 C 语言编程的基础，它们构成了更复杂的数据结构和算法。这映射到素质教育中，基础知识和基本技能的学习是非常重要的，它们是个人成长和事业发展的基石。

在程序中，合理地使用变量和常量，是构建高效、稳定程序的关键。这映射到个人生活中，要学会合理地规划和管理自己的时间和资源，以实现个人的目标和梦想。

小结

通过本单元的学习，我们学到了如下四方面的内容：

（1）C 语言中最基本的数据处理对象是变量和常量，它们都必须事先声明一个对应的数据类型，以决定所分配到的内存大小及可存储值的范围。

（2）变量是具有名称的一块内存空间，用来存储可变的数据内容。当程序需要存取某个内存数据时，就可以通过变量名将数据由内存中取出或写入。

（3）变量声明的主要功能就是在内存上分配存储地址，作为存放所要声明变量的地方，通常分配地址由编译器来分配。

（4）有关 C 语言的基本数据类型，可以分为三大类，分别是整数、浮点数和字符类型。

作业

一、选择题

1. 定义字符型变量正确的是（　　）。

   A. char ch='a';　　B. char ch=a;　　C. int ch=a;　　D. double ch=a;

2. 以下不符合 C 语言变量命名规范的是（　　）。

   A. 1int　　B. num　　C. int1　　D. int_num

3. 以下定义变量并赋值的方式正确的是（　　）。（多选）

   A. int num;num=2;　　B. double num=num1=3.14;

   C. char a,b;a=b='a';　　D. short s;

二、编程题

1. 定义两个整型变量，并赋予初始值，然后交换它们的值。程序运行结果如图 2.7 所示。提示，需要借助第三个变量来完成。

2. 定义变量存放圆的半径，计算并输出圆的面积和周长。输出面积和周长保留 2 位小数，用 #define 定义符号常量表示圆周率。程序运行结果如图 2.8 所示。

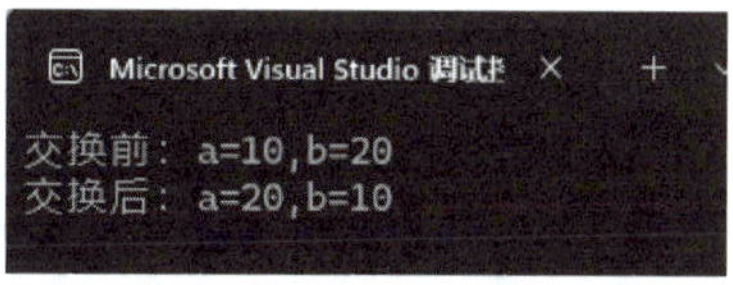

图 2.7 交换三个数字的顺序

图 2.8 输出圆的周长和面积

单元 3 输入/输出语句

在程序的运行过程中，需要用户输入一些数据，程序运算所得到的计算结果需要输出给用户，从而实现人与计算机之间的交互，所以在程序设计中，输入/输出语句是必不可少的重要语句。在C语言中，没有专门的输入/输出语句，所有的输入/输出操作都是通过对标准I/O库函数的调用实现。本单元将详细讲解C语言中如何接收用户输入的数据以及数据的输出。

本单元关键词

请在预习前学习下列单词，将其写在横线上。

（1）getchar（[get][tʃɑ:] 获取字符）：________________

（2）putchar（[put][tʃɑ:] 输出字符）：________________

（3）printf(格式化输出；输出函数；输出格式化字串)：________________

（4）scanf(输入函数；格式化输入；格式输入)：________________

预习任务

（1）printf() 函数可以输出哪些类型的数据？

（2）转义字符“\\”“\d”“\c”“\f”分别表示什么含义？

（3）scanf_s() 和 scanf() 函数主要有什么区别？

学习导图

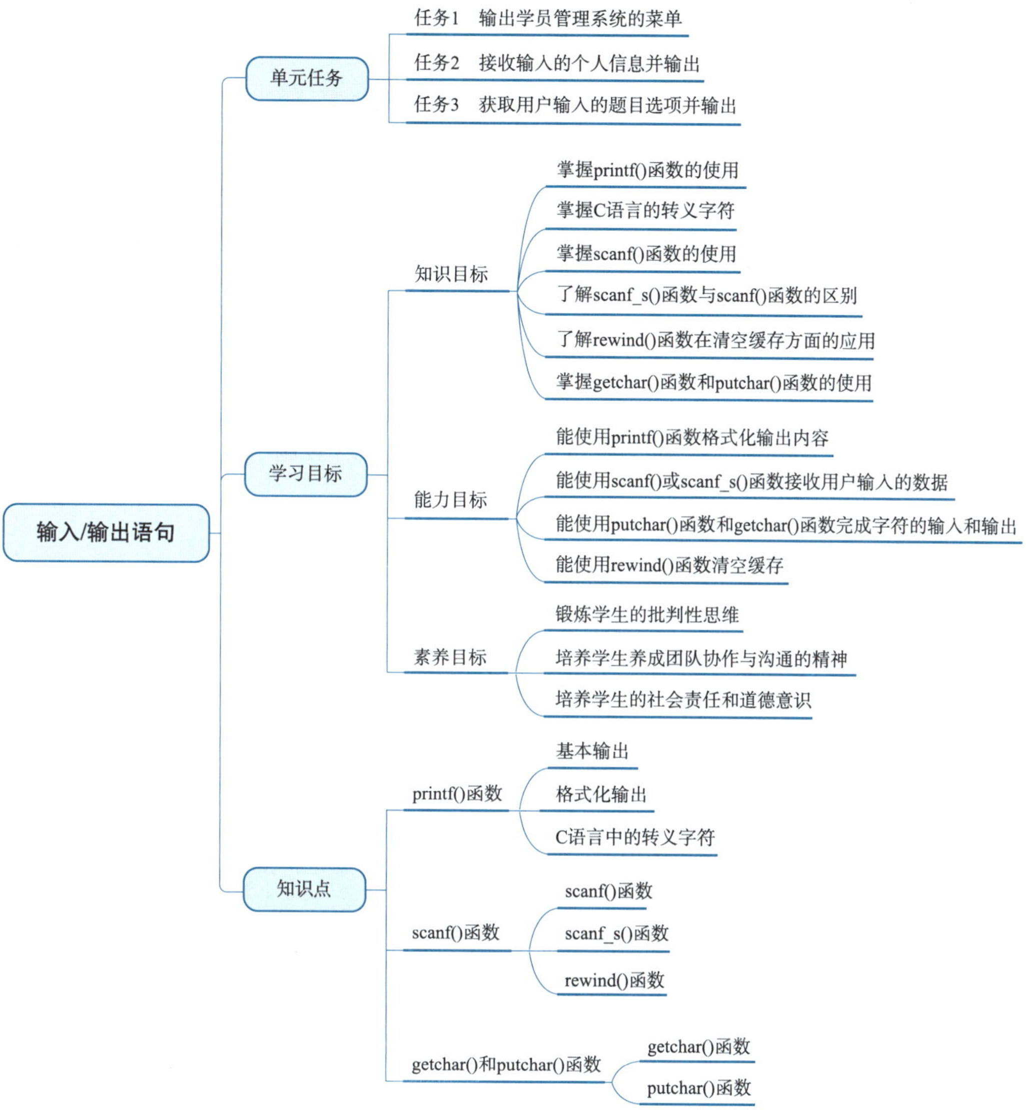

3.1 printf() 函数

printf() 是 C 语言中非常重要的一个函数，用于格式化输出数据。该函数在 <stdio.h> 头文件中定义。printf() 函数可以输出多种类型的数据，并且可以控制输出的格式。

视频

printf()函数

3.1.1 基本输出

基本输出是最简单的使用方式，只需要将想输出的字符串或者变量作为参数传递给 printf() 函数即可。

例 3.1 基本输出示例。

```
#include <stdio.h>
```

```
int main(){
    char name[]="李四";
    int age=25;
    printf("我的名字叫%s，我今年%d岁了。\n",name,age);
    return 0;
}
```

在例 3.1 中，%s 是一个占位符，用于输出字符串；%d 是一个占位符，用于输出整数。printf() 函数会按照指定的格式，将 name 和 age 的值插入字符串中。程序执行结果如图 3.1 所示。

图 3.1　例 3.1 程序执行结果

以下是 printf() 函数中常用的占位符：

（1）%d 或 %i：用于输出带符号的十进制整数。

（2）%u：用于输出无符号的十进制整数。

（3）%f：用于输出浮点数。可以通过指定精度（如 %.2f）控制小数点后的位数。

（4）%s：用于输出字符串。

（5）%c：用于输出单个字符。

（6）%p：用于输出指针的地址，通常以十六进制形式表示。

（7）%x 或 %X：用于输出十六进制数。%x 产生小写字母，%X 产生大写字母。

（8）%o：用于输出八进制数。

（9）%b：用于输出二进制数（非标准，某些编译器可能不支持）。

（10）%%：用于输出一个百分号 % 字符。

（11）%e 或 %E：用于输出科学计数法的浮点数。%e 使用小写字母 e 表示指数，%E 使用大写字母 E 表示指数。

（12）%g 或 %G：用于输出浮点数。根据数值的大小自动选择固定点表示法或科学计数法。%g 使用小写字母，%G 使用大写字母。

（13）%n：用于输出到目前为止已经写入的字符数。这个占位符不对应一个具体的值，而是将到目前为止通过 printf 写入的字符数存储在指定的变量中。

（14）%a 或 %A：用于输出浮点数的十六进制表示（非标准，某些编译器可能不支持）。

3.1.2　格式化输出

printf() 函数支持多种格式化输出选项，可以控制输出的宽度、精度、对齐方式等。

1. 宽度和精度

（1）宽度：指定最小输出宽度。如果实际输出宽度小于这个值，printf() 会在左侧（默认）或右侧填充空格，直到达到指定的宽度。

（2）精度：对于浮点数，指定小数点后的位数；对于字符串，指定最大输出字符数。

例 3.2　宽度和精度输出。

```
#include <stdio.h>
int main(){
    float pi=3.14159;
    int number=123;
```

```
    printf("%.2f\n",pi);            //输出小数点后两位: 3.14
    printf("%5d\n",number);         //输出宽度为5, 默认右对齐: 123
    printf("%-5d\n",number);        //输出宽度为5, 左对齐: 123
    return 0;
}
```

程序运行结果如图 3.2 所示。

2. 标志

（1）+：输出正数符号。

（2）0：用 0 填充空白位。

（3）#：用于浮点数和十六进制数，输出前导 0 和 0x 或 0X。

例 3.3 使用标志输出整型数据。

```
#include <stdio.h>
int main(){
    int number=123;
    printf("%+d\n",number);         //输出正数符号: +123
    printf("%05d\n",number);        //使用0填充空白位: 00123
    printf("%#x\n",number);         //输出十六进制并带前导0x: 0x7b
    return 0;
}
```

程序运行结果如图 3.3 所示。

图 3.2　例 3.2 程序运行结果

图 3.3　例 3.3 程序运行结果

3.1.3　C 语言中的转义字符

在 C 语言中，转义字符是一种特殊的字符序列，以反斜杠 “\” 开始，后跟一个或多个字符。转义字符用于表示那些通常不易打印或具有特殊含义的字符，如换行符、制表符等。当编译器遇到转义字符时，会解释这些字符序列，并输出相应的特殊字符或执行特定的操作。

下面是一些常用的 C 语言转义字符及其含义：

（1）\n：换行符（newline）。在输出中插入一个新行，光标移动到下一行的开头。

（2）\t：制表符（tab）。在输出中插入一个制表符，通常会使光标向前移动若干个空格位置，具体数量取决于当前的制表符设置。

（3）\\：反斜杠。输出一个反斜杠字符。由于反斜杠本身在字符串中也是一个转义字符的前缀，因此要使用 “\\” 表示一个普通的反斜杠。

（4）\"：双引号。输出一个双引号字符。在 C 语言中，双引号用于定义字符串，因此要在字符串中包含一个双引号字符，需要使用 \"。

（5）\'：单引号。输出一个单引号字符。在 C 语言中，单引号用于定义字符常量，因此要在字符串中包含一个单引号字符，需要使用 \'。

（6）\r：回车符（carriage return）。在输出中插入一个回车符，使光标移动到当前行的开头，但不换行。

（7）\v：垂直制表符（vertical tab）。在输出中插入一个垂直制表符，用于垂直对齐文本。

（8）\b：退格符（backspace）。在输出中插入一个退格符，使光标向左移动一个位置。

（9）\a：警告符（alarm）。输出一个警告音。

（10）\ooo：八进制字符。ooo 是 3 个八进制数字，用于表示一个字符。例如，\101 表示字符 'A'。

（11）\xhh：十六进制字符。hh 是两个十六进制数字，用于表示一个字符。例如，\x41 也表示字符 'A'。

转义字符在 C 语言字符串中非常有用，特别是当需要在字符串中包含特殊字符或控制字符的输出时。使用转义字符可以方便地表示这些字符，而无须使用额外的字符或复杂的编码方法。

例 3.4 转义字符的应用。

```
#include <stdio.h>
int main(){
    printf("Hello,\"World\"!\n");
    printf("这里有个制表符:\t，这里会换行:\n");
    printf("这里有个退格:\b退格测试\n");        //光标向左移1位后，会删除冒号
    return 0;
}
```

例 3.4 程序运行结果如图 3.4 所示。

图 3.4　例 3.4 程序运行结果

【任务 1】输出学员管理系统的菜单

视频

输出学员管理系统的菜单

1. 任务情景

红星小学的教务系统正在开发中，现在需要开发学员管理系统模块主界面，也就是功能菜单页面。首先需要输出功能菜单，包含添加信息、修改信息、查询信息、删除信息、数据排序、保存读取以及退出系统等，然后根据用户输入的选项打开详细的功能页面。功能菜单界面效果如图 3.5 所示。

2. 任务描述

分析效果图，在程序中输入该菜单页面。

3. 任务分析

任务分析见表 3.1。

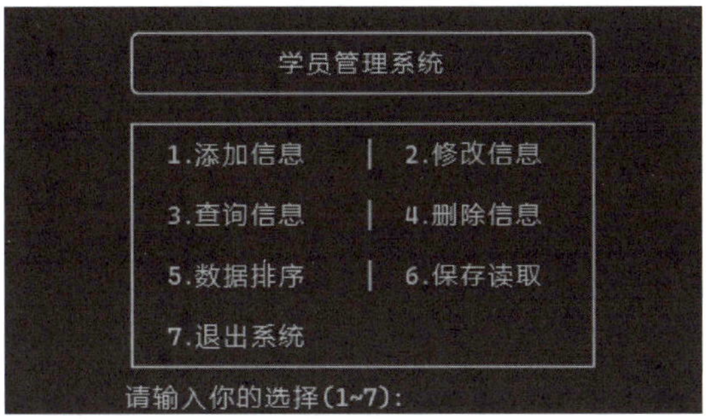

图 3.5　功能菜单界面

表 3.1　任务分析

任务准备	（1）工具准备：Visual Studio 2022
	（2）知识准备：C 语言变量的定义及输出
任务步骤	（1）使用 VS 工具新建项目
	（2）根据需求输出功能菜单

4. 任务实施

（1）运行 Visual Studio 2022 软件，并新建一个 C 语言项目，然后新建源文件并打开。

（2）打开刚才创建的源文件，输入如下所示代码：

```
#include <stdio.h>
int main(){
    printf("\t ╭────────────────────────────────╮ \n");
    printf("\t │          学员管理系统          │\n");
    printf("\t ╰────────────────────────────────╯ \n");
    printf("\t ┌──────────────────────────────────┐ \n");
    printf("\t │  1.添加信息   │  2.修改信息   │\n");
    printf("\t │                                │\n");
    printf("\t │  3.查询信息   │  4.删除信息   │\n");
    printf("\t │                                │\n");
    printf("\t │  5.数据排序   │  6.保存读取   │\n");
    printf("\t │                                │\n");
    printf("\t │  7.退出系统                    │\n");
    printf("\t └──────────────────────────────────┘ \n");
    printf("\t请输入你的选择(1~7):");
    return 0;
}
```

（3）程序运行结果如图 3.6 所示。

5. 任务总结

当前任务利用 printf() 函数对学员管理系统的菜单进行输出，里面使用了部分符号进行界面美化，需要注意各符号在编辑时与实际显示时占用的宽度不同。实现过程中，需要多次修改以达到界面整齐的效果。

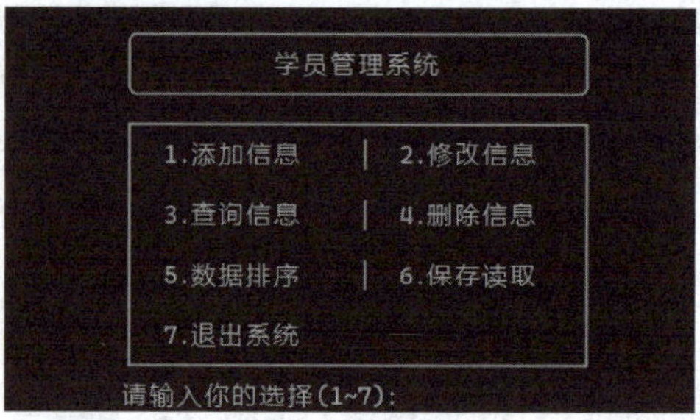

图 3.6　程序运行结果

3.2　scanf() 函数

3.2.1　scanf() 函数

视 频

scanf()函数

scanf() 函数是格式化输入函数，它从标准输入设备（键盘）读取输入的信息。其调用格式如下：

```
scanf("<格式化字符串>",<地址表>);
```

其中，格式字符串的作用与 printf() 函数相同，但不能显示非格式字符串，也就是不能显示操作提示之类字符串。地址表中给出各变量的地址。地址是由地址运算符“&”后跟变量名组成的。例如：

```
&a,&b
```

分别表示变量 a 和变量 b 的地址。

这个地址就是编译系统在内存中给 a、b 变量分配的地址。与其他语言不同，在 C 语言中，使用了“地址”这个概念。应该把变量的值和变量的地址这两个不同的概念区别开。变量的地址是 C 语言编译系统分配的，用户不必知道具体的地址。

变量的地址和变量值的关系：在赋值表达式中给变量赋值，如

```
a=123;
```

则，a 为变量名，123 是变量的值，&a 是变量 a 的地址。

但在赋值号左边是变量名，不能写地址，而 scanf() 函数在本质上也是给变量赋值，但要求写变量的地址（如 &a），这两者在形式上是不同的。& 是一个用于获取地址的运算符；&a 是一个表达式，其功能是求变量 a 的地址。

从 Visual C++ 2005 开始，Microsoft 在其编译器中引入了 scanf_s() 函数，以提高输入函数的安全性。scanf_s() 函数是 C 语言中的一个安全版本的输入函数，用于从标准输入（通常是键盘）读取格式化的数据。它是 C11 标准中引入的，主要用于避免潜在的缓冲区溢出问题。本书采用 Visual Studio 2022 编写，所有输入均采用 scanf_s() 函数，实际使用以编译器版本为准。

scanf_s() 函数的原型如下：

```
int scanf_s(const char*restrict format,...);
```

其中，format 是一个字符串，指定了输入数据的格式，而后面的省略号表示可变参数列表，即对应于 format 中格式说明符的变量的地址。

scanf_s() 函数与 scanf() 函数的主要区别如下：

（1）scanf_s() 需要为每个 %c、%s 和 %[格式说明符提供一个额外的参数，该参数指定了目标缓冲区的大小。这是为了确保不会发生缓冲区溢出，即读取的数据不会超过分配给目标变量的内存空间。

（2）对于其他格式说明符（如 %d、%f 等），scanf_s() 的行为与 scanf() 相同，不需要提供缓冲区大小。

例 3.5 使用 scanf_s() 函数。

```
#include <stdio.h>
int main()
{
    int a,b;
    printf("请输入a、b(用英文逗号分隔): ");
    scanf_s("%d,%d",&a,&b);
    printf("您输入的数字为:\n");
    printf("a=%d,b=%d\n",a,b);
     rerurn 0;
}
```

在例 3.5 中，由于 scanf_s() 函数本身不能显示提示串，故先用 printf() 语句在屏幕上输出提示“请输入 a、b(用英文逗号分隔)：”。执行 scanf_s() 语句，进入等待用户输入状态。用户输入“12 530,100”后按【Enter】键，此时显示了程序执行结果，如图 3.7 所示。在 scanf_s() 语句的格式串中由于在 %d 之间有非格式字符作为输入时的间隔，因此在输入时要输入非格式字符作为间隔。

图 3.7 例 3.5 程序运行结果

在输入字符数据时，若格式控制串中无“非格式字符”，则认为所有输入的字符均为有效字符。例如：scanf("%c%c%c"、&a、&b、&c); 输入“d e f”，则把 d 赋予 a, 空格赋予 b,e 赋予 c。只有当输入为“d e f”时，才能把 d 赋予 a,e 赋予 b,f 赋予 c。

1. 格式字符串

格式字符串的一般形式如下：

```
%[*][输入数据宽度][长度]类型
```

其中，有方括号 [] 的项为任选项。各项的意义如下：

（1）类型：表示输入数据的类型，其格式符和意义见表 3.2。

表 3.2 格式字符和意义

格 式 字 符	字 符 意 义
d	输入十进制整数

续表

格式字符	字符意义
o	输入八进制整数
x	输入十六进制整数
f/lf 或 e	输入实型数（用小数形式或指数形式）
c	输入单个字符
s	输入字符串

（2）“*”符：用以表示该输入项读入后不赋予相应的变量，即跳过该输入值。例如：

```
scanf_s("%d %*d %d",&a,&b);
```

当输入为“1 2 3”时，把 1 赋予 a，2 被跳过，3 赋予 b。

（3）宽度：用十进制整数指定输入的宽度（即字符数）。例如：

```
scanf_s("%5d",&a);
```

输入：12345678

只把 12345 赋予变量 a，其余部分被截去。又如：

```
scanf_s("%4d%4d",&a,&b);
```

输入：12345678

将把 1234 赋予 a，而把 5678 赋予 b。

（4）长度：长度格式符为 l 和 h。其中 l 表示输入长整型数据（如 %ld）和双精度浮点数（如 %lf），h 表示输入短整型数据。

使用 scanf_s() 函数还必须注意以下几点：

（1）scanf_s() 函数中没有精度控制，如 scanf("%5.2f",&a); 是非法的。不能企图用此语句输入小数为 2 位的实数。

（2）scanf_s() 中要求给出变量地址，如果给出变量名则会出错，如 scanf_s()("%d",a); 是非法的，应改为 scanf()("%d",&a); 才是合法的。

（3）在输入多个数值数据时，若格式控制串中没有非格式字符作输入数据之间的间隔，则可用空格、Tab 或回车作间隔。C 语言编译器在碰到空格、Tab、回车或非法数据（如对“%d”输入“12A”时，A 即为非法数据）时即认为该输入结束。

（4）多个 scanf_s() 函数连续给多个字符变量输入时的问题，如缓冲区溢出、格式字符串错误等。

例 3.6 连续输入字符。

```
#include <stdio.h>
int main(){
    char c1,c2;
    scanf_s("%c",&c1,1);
    scanf_s("%c",&c2,1);
    printf("c1=%c,c2=%c\n",c1,c2);
    return 0;
}
```

运行该程序，输入一个字符 A 后，必须按【Enter】键以完成输入，在执行 scanf("%c",&c1) 时，给变量 c1 赋值 'A'，但回车符仍然留在缓冲区内，执行输入语句 scanf("%c",&c2) 时，变量 c2 输出的是一空行，输出结果如图 3.8（a）所示。

再次运行例 3.6 程序，如果输入“AB”后回车，输出结果为：“c1=A,c2=B”，如图 3.8（b）所示。

（a）

（b）

图 3.8　例 3.6 程序运行结果

要解决以上问题，需要采用 rewind() 函数来处理。

3.2.2　rewind() 函数

rewind() 是 C 语言中的一个标准库函数，用于将文件位置指示器设置回文件的开头。换句话说，它用于重置文件指针到文件的起始位置，以便可以重新读取文件的内容。

函数的原型如下：

```
void rewind(FILE *stream);
```

其中，stream 是一个指向 FILE 对象的指针，该对象标识了想重置的文件。

当打开一个文件并读取或写入其中的某些内容后，文件指针（或称为文件位置指示器）会向前移动。如果想再次从头开始读取文件，需要将文件指针移回文件的开头。这就是 rewind() 函数的作用。

rewind(stdin) 是一个 C 语言中的函数调用，其作用是将标准输入（stdin）的文件位置指示器重置回缓冲区的开头。换句话说，它会清除标准输入的按键缓冲区。

在 C 语言中，stdin 通常用于表示从键盘或其他输入设备读取的数据流。当从键盘读取字符或字符串时，这些数据首先会被存储在一个输入缓冲区中。如果之前读取操作没有消耗完缓冲区中的所有数据，这些数据就会留在缓冲区中，直到下一次读取操作。

rewind(stdin) 的作用是清空这个缓冲区，并将文件位置指示器移回缓冲区的起始位置。这样，下一次读取操作将从新的输入开始，而不是从之前遗留在缓冲区中的数据开始。

需要注意的是，rewind() 函数通常用于文件流，而不是标准输入流。对于标准输入流 stdin，其行为可能因实现而异，并且可能不是所有系统都支持对 stdin 使用 rewind。如果需要确保从 stdin 读取的数据是从新的输入开始，而不是从之前的遗留数据开始，最好使用特定的方法来清空输入缓冲区，而不是依赖于 rewind(stdin)。一种常见的方法是使用循环读取并丢弃字符，直到确定缓冲区为空。

例 3.7　rewind() 函数使用示例。

```
#include <stdio.h>
int main(){
    char c1,c2;
    scanf_s("%c",&c1,1);
    rewind(stdin);                          //清空输入缓冲区
```

```
    scanf_s("%c",&c2,1);
    printf("c1=%c,c2=%c\n",c1,c2);
    return 0;
}
```

程序运行结果如图 3.9 所示。

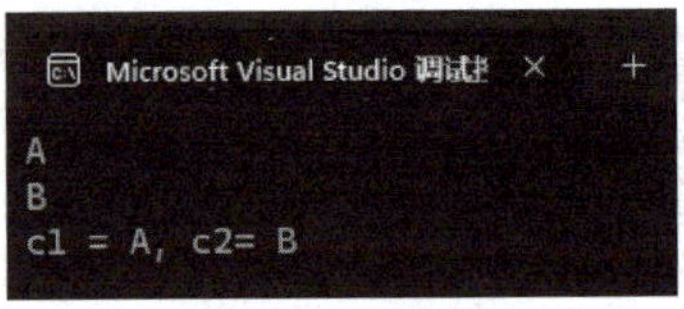

图 3.9　例 3.7 程序运行结果

【任务 2】接收输入的个人信息并输出

视 频

接收输入的个人信息并输出

1. 任务情景

红星小学的教务系统正在开发中，现在需要开发学生成绩添加功能。要求输出提示信息，然后指引用户根据提示完成学生成绩信息录入。

2. 任务描述

要求依次提示输入学生姓名、学号、语文成绩、数学成绩等信息并输出，提示用户确认录入信息是否正确。

3. 任务分析

任务分析见表 3.3。

表 3.3　任务分析

任务准备	（1）工具准备：Visual Studio 2022
	（2）知识准备：C 语言变量的定义及输出
任务步骤	（1）使用 VS 工具新建项目
	（2）声明变量，用来存储学生成绩信息
	（3）依次输出提示文本，接收用户输入的信息
	（4）输出用户录入的信息

4. 任务实施

（1）运行 Visual Studio 2022 软件，并新建一个 C 语言项目，然后新建源文件并打开。

（2）在打开的源文件中，编写如下代码，完成变量声明。

```
#include <stdio.h>
int main(){
    //学生姓名
    char stu_name[9];
    //学生学号
    char stu_num[9];
    //语文成绩
```

```
    int Chinese_score;
    //数学成绩
    int Math_score;
    //英语成绩
    int English_score;
    return 0;
}
```

（3）编写输出提示，并接收用户输入数据的代码，如下所示：

```
printf("请输入学生姓名:");
scanf_s("%s",&stu_name,9);

printf("请输入学生学号:");
scanf_s("%s",&stu_num,9);

printf("请输入语文成绩:");
scanf_s("%d",&Chinese_score);

printf("请输入数学成绩:");
scanf_s("%d",&Math_score);

printf("请输入英语成绩:");
scanf_s("%d",&English_score);
```

（4）编写输出学生信息的代码，如下所示：

```
printf("您输入的学生姓名是: %s\n",stu_name);
printf("您输入的学生学号是: %s\n",stu_num);
printf("您输入的语文成绩是: %d\n",Chinese_score);
printf("您输入的数学成绩是: %d\n",Math_score);
printf("您输入的英语成绩是: %d\n",English_score);
```

程序运行结果如图 3.10 所示。

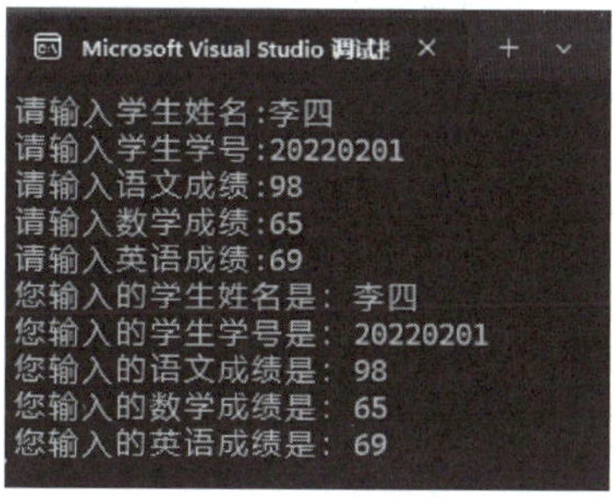

图 3.10　程序运行结果

5. 任务总结

当前任务的核心在于接收不同数据类型数据输入时，scanf_s() 函数要根据数据类型，确认是否需要添加第三个参数来确定输入缓冲区的大小，防止输入溢出。其次需要注意的是，不同的数据类型，需要使用不同的格式符。

3.3 getchar() 与 putchar() 函数

视 频

getchar()与putchar()函数

3.3.1 getchar() 函数

getchar() 函数的作用是从键盘（标准输入设备）上读入一个字符并回显。回显是当 getchar() 函数从键盘读入一个字符后，将得到的字符显示在显示屏幕上。getchar() 函数的调用格式如下：

```
变量名=getchar();
```

例 3.8 使用 getchar() 函数。

```
#include <stdio.h>
int main()
{
    char ch;
    printf("输入一个字符:");
    ch=getchar();                       /*从键盘读入字符直到回车结束*/
    printf("你输入的字符为: ");
    printf("%c\n",ch);                  /*显示输入的第一个字符*/
    return 0;
}
```

程序运行结果如图 3.11 所示。

图 3.11　例 3.8 程序运行结果

使用 getchar() 函数应注意的几个问题：

（1）getchar() 函数只能接收单个字符，输入数字也按字符处理。输入多于一个字符时，只接收第一个字符，如在例 3.8 中，用户输入为“ABC”，但是输出的仅仅只是第一个字符 'A'。

（2）使用本函数前必须包含头文件 stdio.h。

（3）注意多个连续 getchar() 函数的问题，当按下【Enter】键时，一个换行符会被发送到输入缓冲区，并会按顺序被后续的 getchar() 读取。因此，在多次调用 getchar() 时，每次仅读取一个字符（包括可能的空格、制表符和换行符）。

3.3.2 putchar() 函数

putchar() 函数是向标准输出设备输出一个字符，其调用格式如下：

```
putchar(ch);
```

其中，ch 为一个字符变量或常量。使用 putchar() 函数前必须包含 stdio.h 头文件。

putchar() 函数的作用等同于 printf("%c",ch)。

例 3.9 使用 putchar() 函数输出一个字符。

```
#include <stdio.h>
int main()
{
    char c;                             /*定义字符变量*/
    c='B';                              /*给字符变量赋值*/
```

```
    putchar(c);                 /*输出该字符*/
    putchar('\x42');            /*输出字母B*/
    putchar(0x42);              /*直接用ASCII码值输出字母B*/
    /*换行,对于控制字符则执行控制功能, 不在屏幕上显示*/
    putchar('\n');
    return 0;
}
```

从本例中的连续 4 条字符输出函数语句可以分清字符变量的不同赋值方法。

程序运行结果如图 3.12 所示。

图 3.12　例 3.9 程序运行结果

【任务 3】获取用户输入的题目选项并输出

1. 任务情景

问卷调查是一种高效的信息收集手段，能够在短时间内从大量的被调查者那里获得数据，这对于需要处理和分析大量信息的研究和决策过程至关重要。通过问卷可以了解受访者的态度、观点和偏好，这些信息对于评估产品、服务或政策的接受度和满意度非常有价值。红星小学的教务系统中，需要制作一个问卷调查功能，用于收集学生对于学校教师满意度情况。

视频

获取用户输入的题目选项并输出

2. 任务描述

输出问卷调查题目，提示用户根据实际情况选择对应的选项，最后输出用户选择的结果。

3. 任务分析

任务分析见表 3.4。

表 3.4　任务分析

任务准备	（1）工具准备：Visual Studio 2022
	（2）知识准备：VS 工具的使用、C 语言程序的基本结构
任务步骤	（1）使用 VS 工具新建项目
	（2）输出问卷调查题目

4. 任务实施

（1）运行 Visual Studio 2022 软件，新建项目，然后新建并打开源文件，编写输出问卷的代码。

```
#include <stdio.h>
int main(){
    printf("\t\t\t教师满意度调查问卷\n\n");
    printf("1.您在该教师课堂上的学习效率如何? \n");
    printf("A.非常低效\n");
```

```
    printf("B.较低效\n");
    printf("C.一般\n");
    printf("D.较高效\n");
    printf("E.非常高效\n");
    printf("2.该教师在课堂上鼓励学生提问和参与讨论吗？\n");
    printf("A.从不\n");
    printf("B.很少\n");
    printf("C.有时\n");
    printf("D.经常\n");
    printf("E.总是\n");
    printf("3.该教师是否尊重学生，创造积极的课堂氛围？\n");
    printf("A.完全不尊重学生\n");
    printf("B.不尊重学生\n");
    printf("C.一般\n");
    printf("D.尊重学生\n");
    printf("E.非常尊重学生\n");
    printf("4.您对这位教师的总体教学满意度如何？\n");
    printf("A.非常不满意\n");
    printf("B.不满意\n");
    printf("C.一般\n");
    printf("D.满意\n");
    printf("E.非常满意\n");
    return 0;
}
```

（2）运行程序，查看问卷显示结果，如图 3.13 所示。

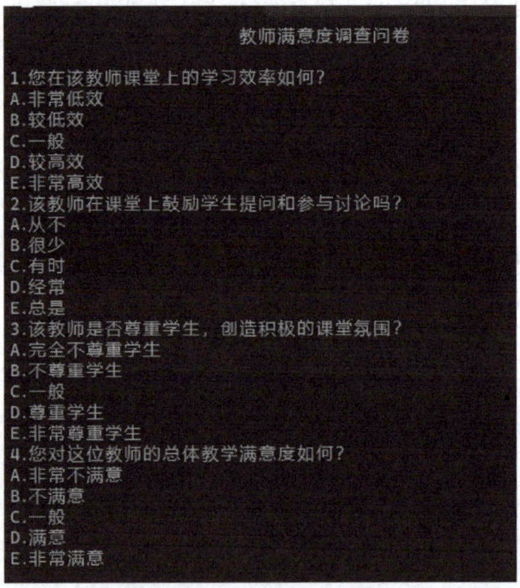

图 3.13　问卷显示结果

（3）编写收集用户选项的代码。

```
printf("请输入第1题的选择: ");
```

```
char ans1=getchar();
rewind(stdin);                          //清空输入缓冲区
printf("请输入第2题的选择: ");
char ans2=getchar();
rewind(stdin);                          //清空输入缓冲区
printf("请输入第3题的选择: ");
char ans3=getchar();
rewind(stdin);                          //清空输入缓冲区
printf("请输入第4题的选择: ");
char ans4=getchar();
rewind(stdin);                          //清空输入缓冲区
```

（4）编写输出用户选项的代码。

```
printf("您第1题的选择是: %c\n",ans1);
printf("您第2题的选择是: %c\n",ans2);
printf("您第3题的选择是: %c\n",ans3);
printf("您第4题的选择是: %c\n",ans4);
```

（5）运行代码，结果如图 3.14 所示。

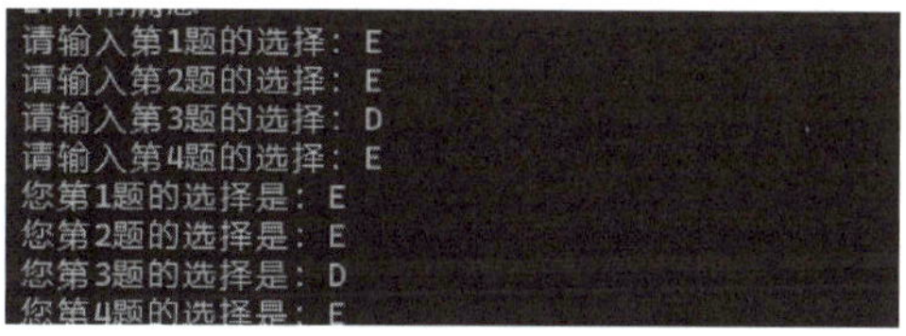

图 3.14　选项输出结果

5. 任务总结

本任务中，需要特别注意的是连续使用 getchar() 函数时，回车会被后面的 getchar() 读取，从而导致程序运行与预期不符。本任务实现中，为了解决这一问题采用的解决方案并不是最好的方案，可以在学完本书之后，利用后面单元的内容进行优化。

智慧之光

关键词： 批判性思维　团队协作与沟通　社会责任与道德意识

切入点： 在C语言的学习中，特别是在处理输入/输出时，学生需要学会批判性地思考问题。例如，当程序没有按照预期的方式接收或显示数据时，需要批判性地分析可能的原因，如输入格式错误、变量类型错误等。这种批判性思维的培养，有助于学生在日常生活中面对问题时，能够独立思考，分析问题的本质，并寻找解决方案。

在多人合作的项目中，输入/输出语句的正确性对于整个程序的运行至关重要。团队成员之间需要密切协作，确保数据在输入/输出时的准确性。此外，当遇到问题时，团队成员之间需要有效沟通，共同分析问题原因，找到解决方案。这种团队协作与沟通能力的培养，有助于学生在未来的职业生涯中更好地融入团队，与同事合作完成项目。

在处理涉及用户隐私或敏感数据的输入/输出时，程序员需要具有强烈的社会责任感和道德意识。他们需要确保用户数据的安全，防止数据泄露或被滥用。此外，程序员还需要遵守相关的法律法规，确保程序的合法性。这种社会责任与道德意识的培养，有助于学生在未来的职业生涯中，成为一个具有高尚品质的程序员，为社会的发展作出贡献。

小结

本单元详细介绍了输入/输出语句，主要知识点如下：

（1）printf() 函数：格式化输出一个字符串，可用格式字符进行格式控制。

（2）scanf() 函数：从标准输入设备(键盘)读取输入的信息。

（3）getchar() 函数：从键盘（标准输入设备）上读入一个字符。

（4）putchar() 函数：向标准输出设备输出一个字符。

（5）rewind() 函数：用于将文件指示器设置回文件的开头，也用于将标准输入的文件位置指示器重置回缓冲区开头。

作业

一、选择题

1. 在C语言中，下面转义序列表示换行的是（　　）。

A. \a　　B. \n　　C. \r　　D. \f

2. 在C语言程序中，下列程序运行的结果为（　　）。

```
#include <stdio.h>
void main()
{
    int a=777,b=999;
    printf("%d\n" ,a,b);
}
```

A. 出现错误　　B. 777　　C. 888　　D. 999

3. 以下C程序运行后输入 "abc"，输出的结果是（　　）。

```
#include <stdio.h>
void main()
{
    char ch;
    scanf("%c",&ch);
    putchar(ch);
}
```

A. a　　B. c　　C. abc　　D. b

二、简答题

1. 用下面的 scanf() 函数输入数据，使 a=3,b=7,x=8.5,y=71.82,c1='A',c2='a'，在键盘上如何输入？

```
int main()
```

```
{
    int a,b;
    float x,y;
    char c1,c2;
    scanf("a=%d b=%d",&a,&b);
    scanf("x=%f y=%e",&x,&y);
    scanf("c1=%c c2=%c",&c1,&c2);
    return 0;
}
```

2. 比较 scanf() 函数和 getchar() 函数在接收字符时的差异。

3. 下面这个程序可以接收用户的输入，可以成功编译，但是执行时会发生执行错误，请问错在哪里？

```
#include <stdio.h>
int main()
{
    int score;
    printf("请输入分数:");
    scanf("%d",score);
    printf("分数:%d",score);
    return 0;
}
```

单元 4

运算符与表达式

本单元将对C语言的各种常用运算符和表达式进行讲解。C语言中运算符和表达式数量非常多，使其功能十分完善。C语言的运算符不仅具有不同的优先级，而且还有一个特点，即它的结合性。在表达式中，各运算量参与运算的先后顺序不仅要遵守运算符优先级别的规则，还要受运算符结合性的制约，以便确定是自左向右进行运算，还是自右向左进行运算。这种结合性是其他高级语言的运算符所没有的，因此也增加了C语言的复杂性。

本单元关键词

请在预习前学习下列单词，将其写在横线上。

（1）operator（['ɔpəreitə] 运算符）：________________

（2）math（[mæθ] 数学）：________________

（3）fmod（[fmɔd] 求余数）：________________

（4）true（[tru:] 真实的，准确的）：________________

（5）false（[fɔ:ls] 不真实的，错误的）：________________

（6）type（[taip] 类型，种类）：________________

预习任务

（1）C语言的算术运算符有哪些？同人们生活中常用的数学运算符号有什么区别？

（2）C语言的逻辑运算符有哪些？

学习导图

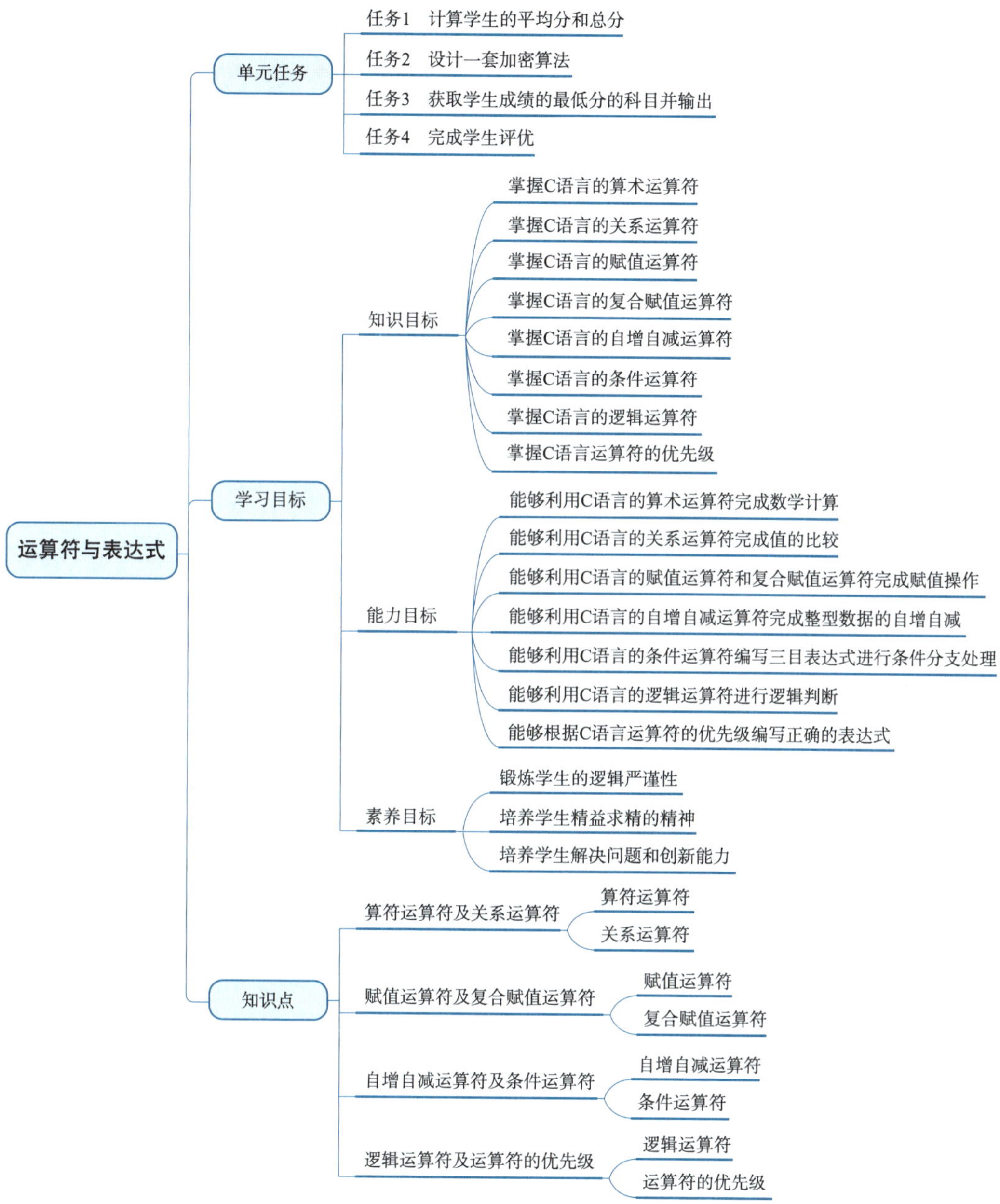

4.1　算术运算符与关系运算符

4.1.1　算术运算符

视频：算术运算符与关系运算符

算术运算符（arithmetic operator）是程序语言中使用率最高的运算符，包含了四则运算、操作符、正负号运算符和取模运算符等，见表 4.1。

表 4.1　算术运算符（设 A=10，B=5）

运　算　符	说　明	使用语法示例	执行结果
+	加	A+B	15
-	减	A-B	5
*	乘	A*B	50
/	除	A/B	2
%	取模（求余）	A%B	0
+	正号	+A	10
-	负号	-B	-5

其中，四则运算操作符和数学运算符一模一样，而取模运算符“%”则是计算两数相除后的余数，这两个操作数都必须是整数类型。

例 4.1 取模运算符的使用。

```
#include<stdio.h>
#include<math.h>
int main()
{
    int a=10,b=6;
    printf("a取模b结果为:%d\n",a%b);
    float f=3.14f;
    float f2=35.45f;

    /*这样写会报错，取模算术运算符只能用于整数*/
    //printf("f取模f2结果为%f\n",f%f2);
    /*调用fmod()函数求浮点数的余数*/
    printf("f取模f2结果为%f\n",fmod(f,f2));
    return 0;
}
```

提示：取模算术运算符“%”只能用来计算两个整数相除后的余数，如果是求两个浮点数的余数，使用 C 语言函数库的 fmod（a,b）函数即可，其中 a、b 为浮点数。fmod() 函数包含在 math.h 头文件中。

程序运行结果如图 4.1 所示。

图 4.1　例 4.1 程序运行结果

例 4.2 表 4.1 中涉及的运算示例。

```
#include <stdio.h>
int main()
```

```
{
    int A=10,B=5;
    /*算术运算符的各种运算*/
    printf("A=10,B=5\n");
    printf("A+B=%d\n",A+B);                       /*加*/
    printf("A-B=%d\n",A-B);                       /*减*/
    printf("A*B=%d\n",A*B);                       /*乘*/
    printf("A/B=%d\n",A/B);                       /*除*/
    /*取模,表达式中书写了A%%B,其中两个%表示输出一个%*/
    printf("A%%B=%d\n",A%B);
    return 0;
}
```

程序运行结果如图 4.2 所示。

图 4.2 例 4.2 程序运行结果

4.1.2 关系运算符

关系运算符（见表 4.2）的功能是比较两个数值之间的大小关系，通常用于流程控制语句。由于C语言中没有特别定义布尔(boolean)类型，进行关系运算后，所运算的结果只有“真(true)”和“假（false）”两种情况。

表 4.2 关系运算符（设 A=10，B=5）

运 算 符	说 明	使用语法示例	执 行 结 果
>	大于	A>B	10>5, 结果为 true(1)
<	小于	A<B	10<5, 结果为 false(0)
>=	大于等于	A>=B	10>=5, 结果为 true(1)
<=	小于等于	A<=B	10<=5，结果 false(0)
==	等于	A==B	10==5，结果为 false(0)
!=	不等于	A!=B	10!=5, 结果为 true(1)

提示：

（1）在 C 语言中的相等关系是“= =”运算符，而“=”则是赋值运算符。在编程中要多加留意，容易出错。

（2）在 C 语言中用非 0 代表 true，用 0 代表 false。

例 4.3 使用关系运算符。

```
#include <stdio.h>
```

```
int main()
{
    int a=10;
    int b=5;
    printf("a=%d,b=%d\n",a,b);
    printf("a>b:%d\n",a>b);
    printf("a<b:%d\n",a<b);
    printf("a>=b:%d\n",a>=b);
    printf("a<=b:%d\n",a<=b);
    printf("a==b:%d\n",a==b);
    printf("a!=b:%d\n",a!=b);
    return 0;
}
```

程序运行结果如图 4.3 所示。

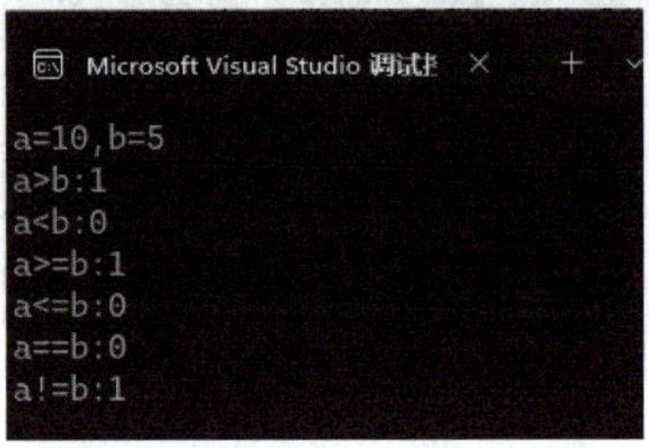

图 4.3　例 4.3 程序运行结果

【任务 1】计算学生的平均分和总分

视 频

计算学生的平均分和总分

1. 任务情景

学生成绩是检验学生在一定周期内学习成果的一项标志。红星小学的教务系统中现要开发学生成绩统计功能。

2. 任务描述

接收输入的学生成绩，然后计算总分和平均分，最后输出结果。

3. 任务分析

任务分析见表 4.3。

表 4.3　任务分析

任务准备	（1）工具准备：Visual Studio 2022
	（2）知识准备：VS 工具的使用、C 语言的算术运算符
任务步骤	（1）使用 VS 工具新建项目
	（2）定义变量存储学生成绩信息
	（3）输出输入学生成绩信息的提示内容
	（4）依次接收输入的学生成绩信息，并输出最后结果

4. 任务实施

（1）运行 Visual Studio 2022 软件，新建项目，然后新建并打开源文件，编写定义变量存储学生成绩信息的代码。

```
#include <stdio.h>
int main()
{
    //定义学生姓名
    char stu_name;
    //定义语文成绩、数学成绩、英语成绩及总分
    int Chinese_score,Math_score,English_score,sum_score;
    //定义平均分
    float avg_score;
    return 0;
}
```

（2）编写输入提示语句，并接收用户输入的成绩信息。

```
//输出提示语句，并依次接收用户输入的成绩信息
printf("请输入学生姓名：");
scanf_s("%s",&stu_name,9);
printf("请输入语文成绩：");
scanf_s("%d",&Chinese_score);
printf("请输入数学成绩：");
scanf_s("%d",&Math_score);
printf("请输入英语成绩：");
scanf_s("%d",&English_score);
```

（3）编写计算总分和平均分的代码。

```
//计算总分
sum_score=Chinese_score+Math_score+English_score;
//计算平均分(平均分为总分除以科目数)
avg_score=(float)sum_score/3;              //将总分强制转换为浮点型
```

（4）编写输出所有信息的代码。

```
printf("%s的语文成绩是%d，\n数学成绩是%d，\n英语成绩是%d,\n总分是%d，平均分是%.1f\n",stu_name,Chinese_score,Math_score,English_score,sum_score,avg_score);
```

（5）运行程序，根据提示输入数据，运行结果如图 4.4 所示。

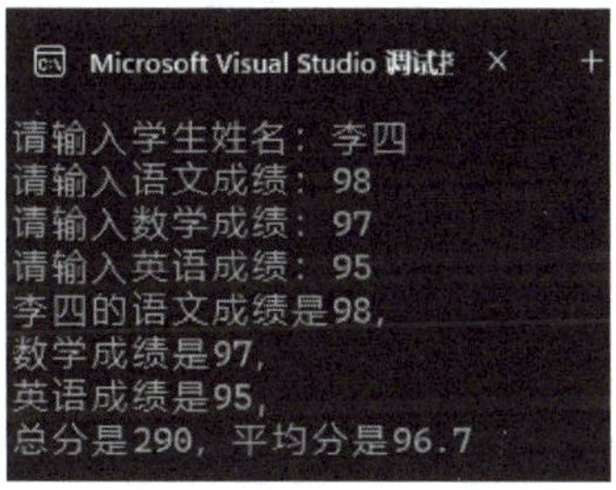

图 4.4　程序运行结果

5. 任务总结

本任务中，成绩是整型，所以总分也是整型，但是计算平均分时，得到的结果可能是浮点型。为了保证计算结果的精确性，需要将总分转换成浮点型后再进行除法运算，否则得到的结果会与实际结果存在误差。

4.2 赋值运算符及复合赋值运算符

视频

赋值运算符及复合赋值运算符

4.2.1 赋值运算符

赋值运算符是“=”，其作用是将赋值运算符右侧表达式的值赋予其左侧的变量。值得注意的是：赋值运算符运算对象中的左侧对象一定是变量。例如：

```
a=b-c=5;相当于a=((b-c)=5);
```

由于表达式中出现将数值 5 赋予 b-c 的表达式，因此该表达式是非法的。

注意：

错误的赋值格式：

（1）赋值号 "=" 的左边不允许出现常量或表达式形式（不包括合法的指针表达式）。例如：

```
c=a+b=3;                            /*错误格式*/
a+b=c;                              /*错误格式*/
a=b=3=c;                            /*错误格式*/
```

（2）不能给未定义的变量（未开辟的空间）赋值。例如：

```
int a;a=5;k=5;                      /*根本没定义变量k,会出现编译错误!*/
```

（3）变量未明确赋值不能参与运算。例如：

```
int a,b,c;c=a+b;
```

由赋值运算符将操作对象（操作数）连接起来符合 C 语言语法规则的表达式称为赋值表达式。赋值表达式的形式如下：

```
变量名=表达式;
```

即将右边表达式的值赋予左边的变量。赋值号“=”的左边必须为变量（或其他代表此变量的等价表达式，如“指针”）。

既然“=”为运算符号，那么显然有它的运算级别和所谓的运算方向。在 C 语言众多的运算符号中，除了本单元最后一小节讲到的逗号运算符，赋值号“=”运算级别为倒数第二，因逗号运算符在表达式中较少用到，所以当表达式中出现“=”时，通常它是最后处理的。另外，注意赋值号“=”的运算方向为自右向左，即先算右边表达式的值，然后再将其值赋予左边的变量。

例 4.4 赋值运算符的用法。

```
#include <stdio.h>
int main()
{
    int a,b,c;
    a=1;                            /*将整型常量1放入a对应的内存单元中,即赋值*/
```

```
    printf("此时的a=%d\n",a);
    b=a+1;                        /*将变量a中存放的值加上1的和,存入变量b中*/
    printf("此时的b=%d\n",b);
    c=a+b;                        /*将变量a和变量b中的值相加之和放入变量c中*/
    printf("此时的c=%d\n",c);
    return 0;
}
```

程序运行结果如图 4.5 所示。

图 4.5　例 4.4 程序运行结果

例 4.4 中有 3 条赋值语句（赋值表达式加上分号即为赋值语句）。a=1; 是将整型常量 1 赋值给整型变量 a, 经过此句后变量 a 中将存放整数 1。当执行到 b=a+1; 时，因 a 中已存放了 1，所以此句等价于 b=1+1;b 中毫无疑问存放了 2；依此类推，变量 c 中存放了 3。

注意： 当变量名出现在赋值号左边时，其代表变量所对应的内存空间；当出现在赋值号右边时，其代表变量所对应内存空间中存放的数据。

```
int a=1;
a=a+1;
```

当出现此句时，千万不要和数学中的式子混为一谈，在数学中此式子肯定不合法，不过在 C 语言中，此种形式的语句以后会经常用到。其实质的含义是：将变量 a 中存放的数据加 1 后，重新再赋予本身。经过以上语句后，变量 a 中的值增加 1。

注意： 上面给 a 赋予初值 1，故此时 a 中将存放 2，以前存放的 1 已被新赋予的 2 所覆盖。对于任意一个基本变量，同一时刻它只能存放一个数据，所以无论给其赋值多少次，它只能保留最后一次赋予的数据。

4.2.2　复合赋值运算符

在赋值符“=”之前加上其他运算符，可以构成复合的运算符。如果在“=”前加一个“+”运算符就成了复合运算符“+=”。例如：

```
a+=3          等价于   a=a+3
x*=y+8        等价于   x=x*(y+8)
x%=3          等价于   x=x%3
```

以“a+=3”为例来说明，它相当于让 a 进行一次自加 3 的操作。即先让 a 加 3，再赋予变量 a。同样，“x*=y+8”的作用是使 x 乘以（y+8）的和，再赋予变量 x。

例 4.5　复合赋值运算符的使用。

```
#include <stdio.h>
int main()
{
    int m,n;
    m=n=10;
    printf("m=%d,n=%d\n",m,n);
    m+=10;
```

```
    printf("m+=10之后的m的值为:%d\n",m);
    n*=2;
    printf("n*=2之后的值为:%d\n",n);
    /*复合赋值运算符的多层运算*/
    m+=m+=n+=n%=4;
    printf("m+=m+=n+=n%%=4的值为:%d\n",m);
    return 0;
}
```

程序运行结果如图 4.6 所示。

例 4.5 中简单演示了一些赋值运算符，可能 m+=m+=n+=n%=4; 语句有点难以理解，其实很简单，从右至左计算，执行此语句时，n=20，m=20，现在先执行 n%=4，此时 n=0，即现在整个表达式已经是 m+=m+=n+=0 了，依此类推，可以计算出整个表达式的值为 40（就是 m 的值）。

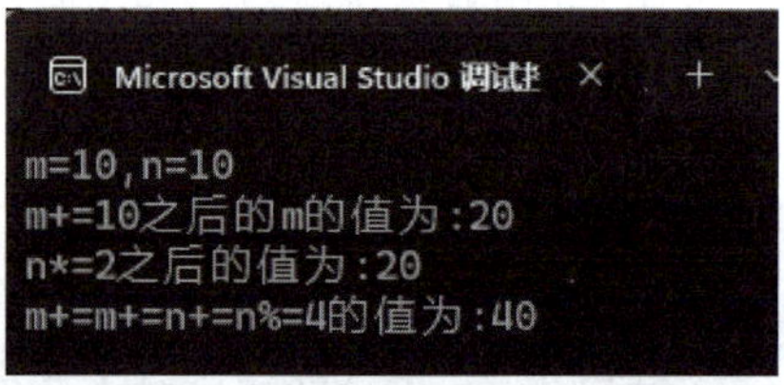

图 4.6　例 4.5 程序运行结果

为便于记忆，a+=b 可以这样理解：

（1）a+=b　　（其中 a 为变量，b 代表变量或表达式）

（2）a+=b　　（将有下画线的“a+”移到“=”右侧）

（3）a=a+b　　（在“=”左侧补上变量名 a）

注意：如果 b 是包含若干项的表达式，则相当于它有括号。例如：

（1）x%=y+3

（2）x%=（y+3）

（3）x=x%(y+3)　　（不要错写成 x=x%y+3）

凡是二元（二目）运算符，都可以与赋值符一起组合成复合赋值运算符。C 语言规定可以使用 5 种复合赋值运算符，即 +=、−=、*=、/=，%=。

C 语言采用这种复合运算符，一是为了简化程序，使程序精练，二是为了提高编译效率（这样写法与“逆波兰”式一致，有利于编译，能产生质量较高的目标代码），但是可读性稍差。

注意：

在编写复合表达式时，应注意：

（1）不要编写太复杂的复合表达式。例如：

```
i=a>=b&&c<d&&c+f<=g+h;                    //复合表达式过于复杂
```

（2）不要有多用途的复合表达式。

【任务 2】设计一套加密算法

1. 任务情景

数据加密是一种重要的信息安全技术，它通过对数据进行编码，使得只有拥有特定密钥的人才能访问和理解原始数据内容。对数据进行加密是确保信息安全、保护个人隐私、遵守法律法规、维护商业信誉和促进技术创新的重要手段。随着数据量的不断增长和网络威胁的日益严峻，加密技术的重要性将越来越被广泛认可和重视。

视 频

设计一套加密算法

2. 任务描述

设计一种对字符进行加密编码的算法，然后输入字符进行测试。

3. 任务分析

任务分析见表 4.4。

表 4.4　任务分析

任务准备	（1）工具准备：Visual Studio 2022
	（2）知识准备：VS 工具的使用、C 语言的赋值运算符、复合赋值运算符及算术运算符
任务步骤	（1）使用 VS 工具新建项目
	（2）输出提示用户输入字符的文本
	（3）对输入字符进行加密编码
	（4）输出加密后的结果

4. 任务实施

（1）打开 Visual Studio 2022，新建项目，然后新建并打开源文件。

（2）编写如下代码：

```
#include <stdio.h>
int main(){
    char ch;
    printf("请输入需要加密的字符: ");
    ch=getchar();
    //对字符进行加密处理
    ch+=20;                    //将接收到的字符的ASCII值加20得到新的字符
    ch%=256;                   //取256的模，保证得到的结果是有效字符
    printf("加密后的字符为: %c",ch);
    return 0;
}
```

（3）运行程序，结果如图 4.7 所示。

图 4.7　程序运行结果

5. 任务总结

当前任务的实现中，对接收到的字符进行了简单处理，利用字符的 ASCII 码（各字符对应的 ASCII 值详见附录 A）进行数学运算，得到新的字符。在不知道计算过程的前提下，可以保障原字符不会被泄露。实际开发中，加密算法比当前任务的实现复杂很多。

4.3　自增自减运算及条件运算符

4.3.1　自增自减运算符

这是一类特殊的运算符，自增运算符 ++ 和自减运算符 -- 是对变量自身的值增加 1 和减少 1。例如：

```
--count;                     //相当于count=count-1;
count--;                     //相当于count=count-1;
++amount;                    //相当于amount=amount+1;
amount++;                    //相当于amount=amount+1;
```

视频

自增自减运算及条件运算符

在这些例子中，无论运算符在前面，还是在后面，对变量自身的影响都是一样的，都是加 1 或者减 1，但如果把它们作为其他表达式的一部分，两者就有区别了。如果把运算符放在变量前面，则在运算之前，变量先完成自增或自减运算；如果把运算符放在后面，则自增自减运算在变量参加表达式的运算后再运算。为了便于理解，请看下面的例子。

例 4.6 自增运算符使用示例。

```
#include <stdio.h>
int main()
{
    int a,b;
    a=b=0;
    int num1=4;
    int num2=8;
    printf("运算前:a=%d,b=%d,num1=%d,num2=%d\n",a,b,num1,num2);
    printf("----------------------->\n");
    a=++num1;
    b=num2++;
    printf("经过运算后, a=%d,num1=%d\n",a,num1);
    printf("经过运算后, b=%d,num2=%d\n",b,num2);
    return 0;
}
```

程序运行结果如图 4.8 所示。

a=++num1; 是一个赋值的过程，把 ++num1 的值赋给 a，因为自增运算符在变量的前面，所以 num1 先自增加 1 变为 5，然后赋值给 a，最终 a 也为 5。b=num2++; 是把 num2++ 的值赋给 b，因为自增运算符在变量的后面，所以先把 num2 赋值给 b，b 应该为 8，然后 num2 自增加 1 变为 9。

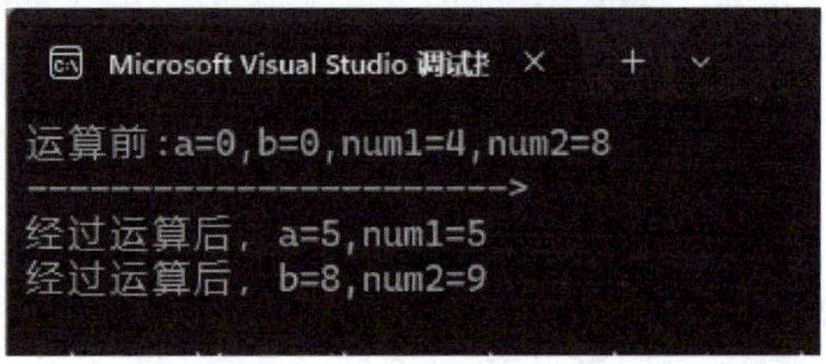

图 4.8 例 4.6 程序运行结果

如果出现这样的情况怎样处理？

```
c=num1+++num2;
```

到底是 c=(num1++)+num2，还是 c=num1+(++num2) 呢？这样的语句不仅可读性差，而且还要根据编译器来决定，不同的编译器可能有不同的结果。所以在以后的编程中，应该尽量避免出现上述复杂情况。

4.3.2 条件运算符

条件表达式的一般形式如下：

```
exp1 ? exp2 : exp3
```

条件运算符（?:）有 3 个操作数，故将其称为三目运算符（ternary operator）。条件运算符是 C 语言中唯一一个三目运算符。这个表达式称为条件表达式。条件表达式的意思是，如果 exp1 为真，则运算 exp2，整个条件表达式的值为 exp2 的值；反之，则运算 exp3，整个条件表达式的值为 exp3 的值。

例 4.7　输入两个数，求最大值。

```
#include <stdio.h>
int main()
{
    int a,b,m;
    printf("输入数字a: ");
    scanf_s("%d",&a);                    //接收用户输入的数字a
    printf("输入数字b: ");
    scanf_s("%d",&b);                    //接收用户输入的数字b
    m=a>b?a:b;                           //将a和b进行比较，将较大值赋值给m
    printf("您输入的数字a为%d、b为%d\n最大值是: %c=%d\n",a,b,m==a?'a':'b',m);
    return 0;
}
```

程序运行结果如图 4.9 所示。

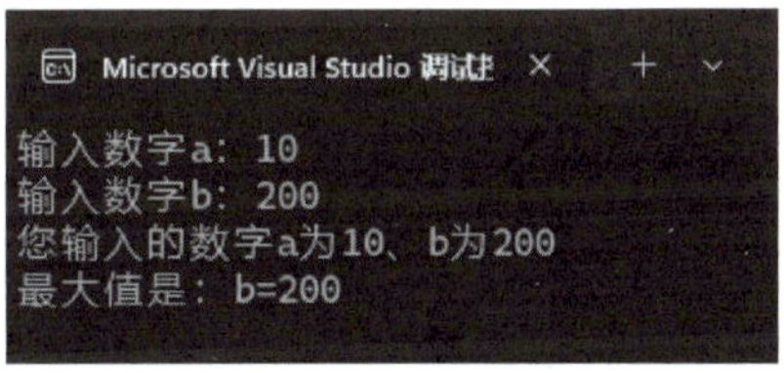

图 4.9　例 4.7 程序运行结果

在运算中，首先对 exp1 进行判断，如果为真，则返回 exp2 的值；如果为假，则返回 exp3 的值。

【任务 3】获取学生成绩的最低分的科目并输出

1. 任务情景

学生的考试成绩是检验学生阶段性学习成果的一项重要指标，通过了解学生在哪些科目上表现最差，教师可以更准确地识别学生的学习难点。这有助于教师调整教学策略，为学生提供更有针对性的辅导和帮助。

视频

获取学生成绩的最低分的科目并输出

2. 任务描述

提示用户依次输入三门课程的成绩，然后计算最低分，输出得分最低的科目及成绩。

3. 任务分析

任务分析见表 4.5。

表 4.5　任务分析

任务准备	（1）工具准备：Visual Studio 2022
	（2）知识准备：VS 工具的使用、C 语言的条件运算符

续表

任务步骤	（1）使用 VS 工具新建项目
	（2）输出提示用户依次输入成绩
	（3）计算最低分及科目
	（4）输出最低分及科目

4. 任务实施

（1）打开 Visual Studio 2022，新建项目，然后新建并打开源文件。

（2）编写如下代码：

```
#include <stdio.h>
int main()
{
    char stu_name[9];
    int Chinese_score,Math_score,English_score,min_score;
    printf("请输入学生姓名: ");
    scanf_s("%s",&stu_name,9);
    printf("请输入%s的语文成绩: ",stu_name);
    scanf_s("%d",&Chinese_score);
    printf("请输入%s的数学成绩: ",stu_name);
    scanf_s("%d",&Math_score);
    printf("请输入%s的英语成绩: ",stu_name);
    scanf_s("%d",&English_score);
    //利用条件运算符  得到三门课程的最低分
    min_score=Chinese_score<Math_score?(Chinese_score<English_score?
Chinese_score:English_score):(Math_score<English_score?Math_score:English_
score);
    printf("%s的最低分是%s,成绩为%d",stu_name,min_score==Chinese_score?"语文":
(min_score==Math_score?"数学":"英语"),min_score);
    return 0;
}
```

（3）运行程序，结果如图 4.10 所示。

图 4.10　程序运行结果

5. 任务总结

当前任务中，比较难理解的就是多个条件运算符一起使用时，表达式太长，不利于阅读。实际开发中，一般会采用条件语句来进行处理，不会使用像本任务中这样复杂的语句。

4.4　逻辑运算符及运算符的优先级

4.4.1　逻辑运算符

视 频

逻辑运算符及运算符的优先级

逻辑运算符是用来判断基本的逻辑运算，C 语言编译系统在给出逻辑运算结果时，以 0 代表“假”，以 1 代表“真”。但在判断一个逻辑量“真假”时，以非 0 表示“真”，以 0 表示“假”。“&&”和“||”运算符的运算规则和比较运算符相同，是由左至右，而“！”运算符则是由右至左。以下是相关的介绍和说明：

1. &&（逻辑与）运算符

当 && 运算符两边的表达式都为真（1）时，其运算结果才为真（1）；任何一边为假（0）时，运算结果都为假（0）。

2. ||（逻辑或）运算符

当 || 运算符两边的表达式只要其中一边为真（1）时，其运算结果就为真（1）；当两边结果都为假（0）时，其运算结果为假（0）。

3. ！（逻辑非）运算符

！运算符是一元运算符，它会将比较表达式的结果进行反向输出。

例 4.8 使用逻辑运算符。

```
#include <stdio.h>
int main()
{
    int a=10;
    int b=5;
    printf("a=%d,b=%d\n",a,b);
    int result1=a>b && b<5;
    int result2=a>b||b<5;
    int result3=!(a>b);
    printf("a>b && b<5-->%d\n",result1);
    printf("a>b||b<5-->%d\n",result2);
    printf("!(a>b)-->%d\n",result3);
    return 0;
}
```

程序运行结果如图 4.11 所示。

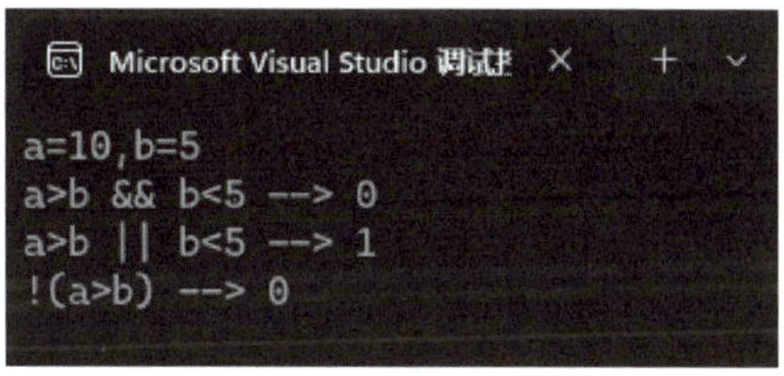

图 4.11　例 4.8 程序运行结果

4.4.2　运算符的优先级

当表达式使用超过一个运算符时，如 z=x+3*y，就必须考虑运算符的优先级。通过数学基本运算（先乘除后加减）的观念，该表达式会先执行 3*y 的运算，再把运算结果和 x 相加，最后才将相加的结果赋值给 z，得到算式的答案。因此在 C 语言中，“*”运算符的优先级高于“+”运算符。所以，在处理一个多运算符的表达式时，有一些规则和步骤是必须要遵守的。

（1）当遇到一个表达式时，先区分运算符和操作数。

（2）按照运算符的优先级排序。

（3）将各运算符根据其结合顺序进行运算。

（4）通常运算符会依照优先级来进行计算，但是也可以利用括号“()”来改变优先级。

C 语言中运算符的优先级与结合性见表 4.6。

表 4.6　C 语言中运算符的优先级与结合性

优先级	运算符	含义	参与运算对象的数目	结合方向
1	() [] -> .	圆括号运算符 下标运算符 指向结构体成员运算符 结构体成员运算符	双目运算符	自左至右
2	! ++ -- - （类型） * & sizeof	逻辑非运算符 自增运算符 自减运算符 负号运算符 类型转换运算符 指针运算符 取地址运算符 求类型长度运算符	单目运算符	自右至左
3	* / %	乘法运算符 除法运算符 求余运算符	双目运算符	自左至右
4	+ -	加法运算符 减法运算符	双目运算符	自左至右
5	<< >>	左移运算符 右移运算符	双目运算符	自左至右
6	< <= > >=	关系运算符	双目运算符	自左至右
7	== !=	判等运算符 判不等运算符	双目运算符	自左至右
8	&	按位与运算符	双目运算符	自左至右
9	^	按位异或运算符	双目运算符	自左至右
10	|	按位或运算符	双目运算符	自左至右
11	&&	逻辑与运算符	双目运算符	自左至右
12	||	逻辑或运算符	双目运算符	自左至右
13	?:	条件运算符	三目运算符	自右至左
14	= += -= *= /= %=	赋值运算符	双目运算符	自右至左
15	,	逗号运算符（顺序求值运算符）		自左至右

4.4.3　类型转换

1. 自动类型转换

一般来说，同一条语句或表达式应该使用同一种类型的变量和常量。如果使用了多种类型的变量和常量（类型混用），C 语言会自动把它们转换成同一种类型。自动类型转换为我们写程序提供了方便，却也带来了危机。因粗心大意而造成的类型混用会导致程序运行出错。以下是自动类型转换的基本规则：

（1）在表达式中，char 和 short 类型的值无论有符号还是无符号，都会自动转换成 int 或者 unsigned int（如果 short 的大小和 int 一样，unsigned short 可表示的最大值就大于 int，在这种情况下，unsigned short 被转换成 unsigned int）。因为它们被转换成表示范围更大的类型，所以把这种转换称为升级（promotion）。

（2）按照从高到低的顺序给各种数据类型分等级，依次为 long double、double、float、long long、unsigned long、long、unsigned int 和 int。这里有一个小的例外，如果 long 和 int 大小相同，则 unsigned int 的等级应位于 long 之上。char 和 short 并没有出现在这个等级列表中，是因为它们参与运算时已经被升级成了 int 或者 unsigned int。

（3）在任何涉及两种数据类型的操作中，等级较低的类型会被转换成等级较高的类型。

（4）在赋值语句中，等号（=）右边的值在赋予等号（=）左边的变量之前，首先要将右边的值的数据类型转换成左边变量的类型。也就是说，左边变量是什么数据类型，右边的值就要转换成什么数据类型的值。这个过程可能会导致右边的值的类型升级，也可能会导致其类型降级（demotion）。所谓“降级”，是指等级较高的类型被转换成等级较低的类型。

（5）作为参数传递给函数时，char 和 short 会被转换成 int，float 会被转换成 double。使用函数原型可以避免这种自动升级。类型升级通常不会有什么问题，但是类型降级却会带来不少问题。

例如：

```
char ch=1222;
```

整型常量 1222 降级为 char 类型，但 char 无法表示 1222。再如：

```
int j=22.2;
```

22.2 降级为 int，小数部分被截断。

2. 类型转换运算符（强制类型转换）

使用类型转换运算符可以指定想要进行的类型转换。类型转换运算符由括号和类型名组成：

```
(type)
```

其中，应该用想转换成的类型替换掉 type，如 (long)、(unsigned long)。

类型转换运算符应该放在值的前面：

```
int i=(int)1.1+(int)2.2;
```

浮点型 1.1 在加法运算前就因为类型转换运算符而降级为 int，其值变为 1。类似 2.2 也降级为 int，其值变为 2。又如：

```
int j=20;
double k=(double)j;
```

j 的值被转换成 double，然后用于初始化 k。

【任务 4】完成学生评优

视 频

完成学生评优

1. 任务情景

对表现优异的学生进行嘉奖，是对该学生的肯定，同时也是对其他同学的激励。红星小学的教务系统中需要开发一个学生评优功能，评优的前提是学生三门课程的成绩总分达到 285 分或者任意两门课程满分（100 分）。

2. 任务描述

编写程序，实现学生能否评优的判定。接收输入的学生成绩，然后按照要求进行判断是否能够评优。

3. 任务分析

任务分析见表 4.7。

表 4.7 任务分析

任务准备	（1）工具准备：Visual Studio 2022
	（2）知识准备：关系运算符、逻辑运算符
任务步骤	（1）使用 VS 工具新建项目
	（2）编写代码并运行程序

4. 任务实施

（1）打开 Visual Studio 2022，新建项目，然后新建并打开源文件。

（2）编写如下代码：

```
#include <stdio.h>
int main()
{
    char stu_name[9];
    int Chinese_score,Math_score,English_score,sum_score;
    //提示并接收输入的信息
    printf("请输入学生姓名: ");
    scanf_s("%s",&stu_name,9);
    printf("请输入%s的语文成绩: ",stu_name);
    scanf_s("%d",&Chinese_score);
    printf("请输入%s的数学成绩: ",stu_name);
    scanf_s("%d",&Math_score);
    printf("请输入%s的英语成绩: ",stu_name);
    scanf_s("%d",&English_score);
    //计算总分
    sum_score=Chinese_score+Math_score+English_score;
    //计算是否有两门课程为满分
    int flag=(Chinese_score==100 && Math_score==100)||(Chinese_score==100 &&
```

```
English_score==100)||(Math_score==100 && English_score==100);
        //计算是否能评优
        int result=(sum_score>=285||flag);
        //输出最终结果
        printf("%s %s",stu_name,result?"能评优":"不能评优");
        return 0;
    }
```

（3）运行程序，输入不达标的测试数据，结果如图 4.12 所示。

（4）重新输入达标的数据，运行结果如图 4.13、图 4.14 所示。

图 4.12　不达标数据测试结果

图 4.13　达标效果（一）

图 4.14　达标效果（二）

5. 任务总结

本任务中，对于初学者来说，最难的是多个条件表达式之间到底用“&&”还是“||”，这需要对需求有深入的理解，并且掌握“&&”和“||”的作用，在需要的地方加上“()”来提高表达式的优先级。

智慧之光

关键词：逻辑严谨性　精确与细致　解决问题与创新能力

切入点：C 语言中的运算符和表达式遵循严格的逻辑规则。例如，逻辑运算符（如 && 和 ||）用于组合条件表达式，确保只有当条件满足时，相应的代码块才会执行。这种逻辑严谨性体现了对事物精确判断的要求，与素质教育中强调的理性思考、逻辑清晰、严谨治学的精神相吻合。它告诉我们，在生活和工作中，也应该遵循逻辑规则，做出合理的决策和判断。

在 C 语言中，使用运算符和表达式需要极高的精确性和细致性。每一个符号、每一个操作数都需要精确无误，否则可能导致程序运行错误或者产生不可预期的结果。这种精确与细致的要求与素质教育中强调的精益求精、追求卓越的精神是一致的。它告诉我们，无论是在学习、工作还是生活中，都应该保持高度的精确性和细致性，追求最好的结果。

C 语言的运算符和表达式是实现算法和解决问题的工具。通过使用不同的运算符和组合表达式，可以解决各种复杂的问题。这种解决问题的过程需要创新思维和灵活应变的能力，与素质教育中强调的创新精神和解决问题的能力是相辅相成的。它鼓励我们在面对问题时，要勇于尝试新的方法，不断创新，找到解决问题的最佳途径。

小结

本单元主要学习了以下内容：

（1）C 语言运算符：算术运算符、关系运算符、逻辑运算符、赋值运算符、条件运算符、逗号运算符、特殊运算符等几种。

（2）运算符的优先级。

（3）类型转换：自动类型转换与强制类型转换。

作业

一、选择题

1. C 语言中能正确表示“当 x 的值在 [1，10] 和 [200，210] 的范围为真，否则为假”的表达式是（　　）。

A. (x>=1)&&(x<=10)&&(x>=200)&&(x<=210)

B. (x>=1)||(x<=10) ||(x>=200) ||(x<=210)

C. (x>=1) &&(x<=10) ||(x>=200) &&(x<=210)

D. (x>=1)||(x<=10)&& (x>=200) ||(x<=210)

2. 给定如下代码，编译运行之后将会输出（　　）。

```
int main()
{
    int a=5;
    printf(''%d'',(a%2==1)?(a+1)/2:a/2);
    return 0;
}
```

A. 2　　B. 1　　C. 2.5　　D. 3

二、编程题

1. 在银行存储 1 000 元，银行一年的利息是 1.5%，输出存一年后的总金额。程序运行结果如图 4.15 所示。

图 4.15　输出总金额

2. 为抵抗洪水，解放军战士连续作战 89 小时，编程计算 89 小时是多少天多少小时。程序运行结果如图 4.16 所示。

图 4.16　输出时间

单元 5

条件语句 1

本单元将对 C 语言中的 if 条件分支语句进行详细讲解，主要包括单分支 if 语句、双分支 if...else 语句、if...else if...else 语句以及 if 语句的嵌套使用。在程序中合理地运用上述语句，可以让程序根据不同的情况去执行不同的语句，增加程序结果的多样性。

本单元关键词 请在预习前学习下列单词，将其写在横线上。

（1）if（[if] 如果，假如）：______________________________

（2）else（[els] 其他，另外）：______________________________

（3）password（['pæs'wɜ:d] 口令，密码：______________________________

（4）score（[skɔ:] 得分，记分）：______________________________

预习任务

（1）if 语句有哪几种形式，它们的用途有什么区别？

（2）if 语句的条件表达式有什么要求？

学习导图

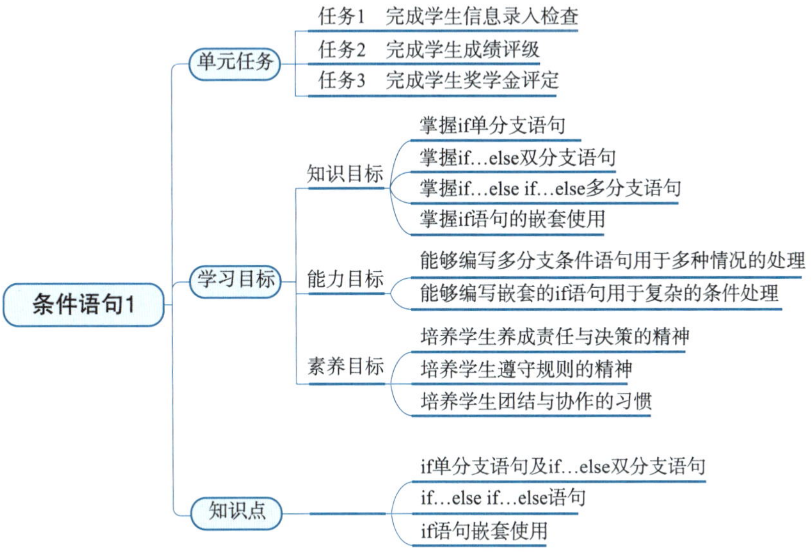

5.1 if 单分支语句及 if...else 双分支语句

5.1.1 条件分支语句概述

视 频

if单分支语句及if...else双分支语句

想象一下，在家里做饭，会根据冰箱里有什么食材来决定做什么菜。如果冰箱里有肉，可能会做鱼香肉丝；如果有鸡肉，可能会炖鸡汤。这就是一种条件分支：根据条件（冰箱里有什么食材）来决定下一步的行动（做什么菜）。

在编程中，条件分支语句也是这样工作的。它会检查一个或多个条件是否成立，然后根据这些条件的结果来决定执行哪段代码。例如，写一个程序让用户输入一个数字，然后判断这个数字是大于、等于还是小于 10。如果数字大于 10，程序会输出“这个数字很大！”；如果数字等于 10，会输出“这个数字正好！”；如果数字小于 10，会输出“这个数字有点小。”

条件分支语句让程序变得更聪明，能够根据不同的情况做出不同的反应。没有条件分支语句，程序就只能按照固定的步骤一步步执行，无法根据实际情况灵活调整。

5.1.2 if 语句

if 语句的一般形式如下：

```
if(表达式)
    语句1;
```

如果表达式的值非 0，则执行语句 1，否则跳过语句 1 继续执行下面的语句。

如果语句 1 处需要执行多条语句，必须使用花括号“{}”把这些语句包括在其中，此时条件语句形式如下：

```
if(表达式)
{
    语句体1;
}
```

其过程可以用图 5.1 表示。

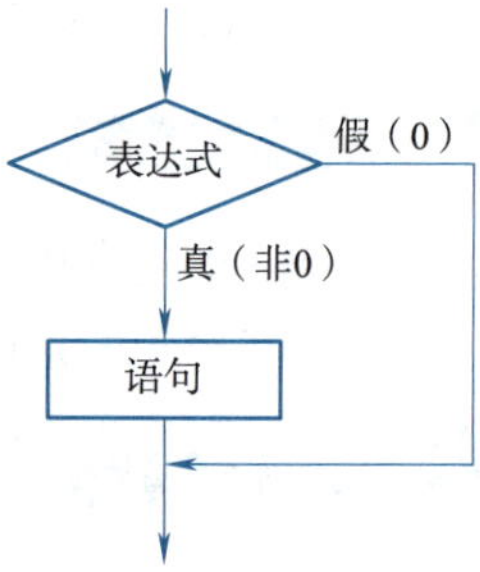

图 5.1 if 语句执行流程图

例 5.1 简单模拟用银行卡取款。

```
#include <stdio.h>
int main()
{
    int password=123456;                //卡号密码
    int input_pass;                     //存储输入的密码
    printf("请输入密码:");
    scanf_s("%d",&input_pass);
    if(password==input_pass)            //如果密码输入正确，就可以取款
    {
        printf("\n\t正在取钱中...\n\t\t\t");
    }
    printf("谢谢光临... ...\n");
    return 0;
```

```
}
```

在例 5.1 中模拟了一个简单的取款过程。程序中定义了一个密码（password）用于存储用户账户卡的密码。取钱时要求用户输入密码，如果用户输入的密码与账户卡密码相同，则表示通过验证，进行取款操作。用户离开时，打印“谢谢光临”，如图 5.2 所示。然而如果用户密码输入出错，则不能取款，直接退出，也打印“谢谢光临”，如图 5.3 所示。

图 5.2 例 5.1 用户输入密码正确

图 5.3 例 5.1 用户输入密码错误

注意：本例子中，密码被定义为整型，是为了方便采用“==”进行直接比较，实际开发中密码要使用字符串或字符数组来定义。在 C 语言中，字符串或字符数组不能采用“==”直接进行比较。

5.1.3 if...else 语句

除了可以指定在条件为真时执行某些语句外，还可以在条件为假时执行另外一段代码。在 C 语言中利用 else 语句来达到这个目的。

```
if(表达式)
    语句1;
else
    语句2;
```

同样，当语句 1 或语句 2 多于一条语句时，需要用 {} 把语句括起来。

```
if(表达式)
{
    语句体1;
}
else
{
    语句体2;
}
```

if...else 语句的流程图如图 5.4 所示。

例 5.2 输入两个数，求最大值。

```
#include <stdio.h>
int main()
{
    int num1,num2;                  //定义两个数，用于接收输入的数字
    int max;                        //定义变量，用于存储最大值
    printf("请输入第一个数:");
    scanf_s("%d",&num1);
```

```
    printf("请输入第二个数:");
    scanf_s("%d",&num2);
    if(num1>num2)
        max=num1;
    else
        max=num2;
    printf("您输入的两个数中，最大值为:%d\n",max);
    return 0;
}
```

程序运行结果如图 5.5 所示。

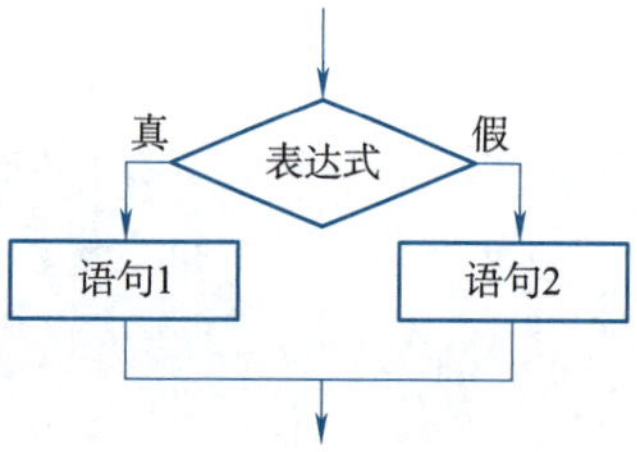

图 5.4　if...else 语句执行的流程图

图 5.5　例 5.2 程序运行结果

【任务 1】完成学生信息录入检查

视频

完成学生信息录入检查

1. 任务情景

我国小学阶段包括小学一年级到小学六年级，一般是 6 岁至 12 岁的年龄段。具体到小学一年级的入学年龄，通常要求孩子在入学时已经满 6 周岁。红星小学的教务系统中，在新生档案注册时，要对学生当前年龄进行检查。

2. 任务描述

在用户输入新生年龄后，进行检查，如果当前年龄小于 6 岁，则提示不允许注册，大于或等于 6 岁，则提示允许注册。

3. 任务分析

任务分析见表 5.1。

表 5.1　任务分析

任务准备	（1）工具准备：Visual Studio 2022
	（2）知识准备：VS 工具的使用、C 语言的 if...else 语句、关系运算符
任务步骤	（1）使用 VS 工具新建项目
	（2）定义变量存储学生年龄
	（3）输出输入学生年龄的提示内容
	（4）接收输入的学生年龄，使用 if...else 语句根据情况输出对应结果

4. 任务实施

（1）打开 Visual Studio 2022，新建项目，然后新建源文件。

（2）编写如下代码：

```
#include <stdio.h>
int main()
{
    int age;                          //定义变量，存储年龄
    printf("请输入学生年龄:");
    scanf_s("%d",&age);
    if(age>=6){
        printf("年龄大于等于6，允许注册");
    }
    else{
        printf("年龄小于6，不允许注册");
    }
    return 0;
}
```

（3）运行程序，结果如图 5.6、图 5.7 所示。

图 5.6 年龄太小，不允许注册

图 5.7 年龄合适，允许注册

视频

if...else if...else 多分支语句

5. 任务总结

当前任务比较简单，主要运用了关系运算符和 if...else 语句。在完成本任务时，需要理解关系运算表达式及 if...else 语句的执行特点，不要将关系运算表达式写错。

5.2 if...else if...else 语句

if...else 语句只适合两个分支的情况，如果有多个分支，就需要采用 if...else if...else 语句。if...else if...else 语句的一般形式如下：

```
if(表达式1)
    语句1;
else if(表达式2)
    语句2;
else if(表达式3)
    语句3;
    …
else if(表达式m)
    语句m;
else
    语句n;
```

其语义是：依次判断表达式的值，当出现某个值为真时，则执行其对应的语句，对应的语句执行完后，整个 if 语句也就执行结束，将跳出整个 if 语句之外继续执行 if 语句之后的其他语句。如果所有的表达式均为假，则执行最后一条 else 语句，然后执行后续程序。If...else...if 语句的执行过程如图 5.8 所示。

同样，如果每一个条件中有多于一条语句要执行，则必须使用“{”和“}”把这些语句包括在其中。

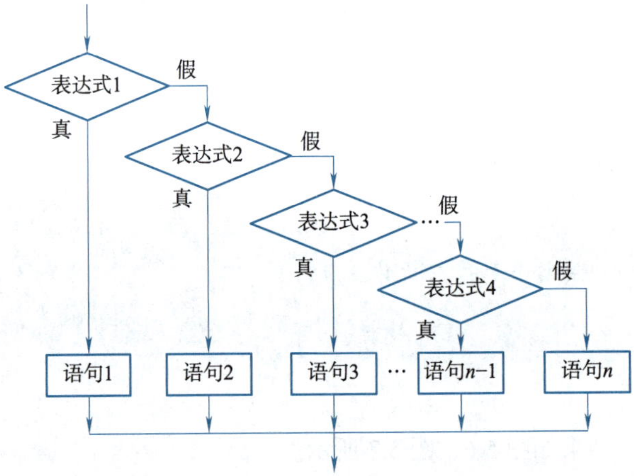

图 5.8　if...else...if 语句的执行过程

例 5.3　根据气温提示穿衣。

```
#include <stdio.h>
int main(){
    float temperature;//气温
    printf("请输入今天的气温: ");
    scanf_s("%f",&temperature);
    if(temperature<=10){
        printf("请穿厚外套和毛衣。\n");
    }
    else if(temperature<=20){
        printf("请穿薄外套和长袖衬衫。\n");
    }
    else if(temperature<=30){
        printf("请穿短袖衬衫或T恤。\n");
    }
    else {
        printf("请穿短袖，戴帽子并涂上防晒霜。\n");
    }
    return 0;
}
```

例 5.3 中使用 if...else if...else 分别判断气温（temperature）小于等于 10 ℃、10~20 ℃之间、

20~30 ℃之间以及大于30 ℃的几种情况，假定气温为25 ℃，程序运行结果如图5.9所示。

图5.9 例5.3程序运行结果

【任务2】完成学生成绩评级

视频

完成学生成绩评级

1. 任务情景

近年来，小学阶段的教育已经从原来的分数评价改为了等级评价模式，有助于减轻学生心理压力、尊重个体差异、培养学生自我评价和反思能力。期末成绩不再提供给家长和学生查询，而是提供对应的等级（A~D）。红星小学的教务系统中，在录入成绩后要转换成对应的等级显示。

2. 任务描述

根据输入的成绩，转换为对应的等级（A~D），具体规则为：A等为90分及以上、B等为80~89分、C等为60~79分、D等为0~59分。

3. 任务分析

任务分析见表5.2。

表5.2 任务分析

任务准备	（1）工具准备：Visual Studio 2022
	（2）知识准备：VS工具的使用、C语言的if...else if...else语句、关系运算符
任务步骤	（1）使用VS工具新建项目
	（2）定义变量存储学生成绩
	（3）输出输入学生成绩的提示内容
	（4）接收输入的学生成绩，按照规则转换为对应的等级并输出

4. 任务实施

（1）打开Visual Studio 2022，新建项目，然后新建源文件。

（2）编写如下代码：

```
#include <stdio.h>
int main(){
    float score;                                  //考试成绩
    printf("输入考试成绩: ");
    scanf_s("%f",&score);
    if(score>=90)
    {
        printf("评级为A。\n");
    }
```

```
    else if(score>=80)
    {
        printf("评级为B。\n");
    }
    else if(score>=60)
    {
        printf("评级为C。\n");
    }
    else
    {
        printf("评级为D。\n");
    }
    return 0;
}
```

（3）运行代码，根据提示输入成绩 95 分，结果如图 5.10 所示。

（4）重新运行程序，输入成绩 68 分，结果如图 5.11 所示。

图 5.10　评级为 A 结果图

图 5.11　评级为 C 结果图

视 频

if语句嵌套使用

5. 任务总结

完成当前任务的要点在于理解多重 if 语句的执行顺序，在编写各表达式时，成绩应该按照顺序从大到小或从小到大，不能随意打乱顺序，否则会导致程序执行结果跟预期不一致。

5.3　if 语句嵌套使用

条件语句可以嵌套，这种情况经常碰到。当 if 语句中的执行语句又是 if 语句时，则构成了 if 语句嵌套的情形。其嵌套形式有如下几种表示形式：

（1）在简单 if 语句中嵌套 if 语句：

```
if(表达式)
    if语句;
```

（2）只在 if 子句中嵌套 if 语句：

```
if(表达式)
    if语句;
else
    语句;
```

（3）只在 else 子句中嵌套 if 语句：

```
if(表达式)
```

```
    语句;
else
    if语句;
```

（4）在if子句和else子句中同时嵌套if语句：

```
if(表达式)
    if语句;
else
    if语句;
```

嵌套内的if语句可能又是if...else型的，这将会出现多个if和多个else重叠的情况，这时要特别注意if和else的配对问题。

例如：

```
if(表达式1)
    if(表达式2)
        语句1;
    else
        语句2;
```

其中的else究竟与哪一个if配对？

是应该理解为：

```
if(表达式1)
{
    if(表达式2)
    {
        语句1;
    }
    else
    {
        语句2;
    }
}
```

还是应该理解为：

```
if(表达式1)
{
    if(表达式2)
    {
        语句1;
    }
}
else
{
    语句2;
}
```

为了避免这种分歧，C 语言规定，else 总是与它前面最近的 if 配对，因此对上述例子应按前一种情况理解。

对于上述情况，为了程序的可读性，建议在使用类似 if 的语句时，一定都加上花括号。

例 5.4 输入三个数 x、y、z，然后按从大到小输出。

```
#include <stdio.h>
int main()
{
    int x,y,z;
    printf("连续输入三个数(回车键间隔): \n");
    scanf_s("%d%d%d",&x,&y,&z);
    printf("从大到小排列\n");
    if(x>=y&&x>=z)                          //如果x最大
    {
        printf("%d\t",x);
        //比较y和z
        if(y>=z)
        {
            printf("%d\t%d\n",y,z);
        }
        else
        {
            printf("%d\t%d\n",z,y);
        }
    }
    else if(y>=x&&y>=z)                     //如果y最大
    {
        printf("%d\t",y);
        //比较x和z
        if(x>=z)
        {
            printf("%d\t%d\n",x,z);
        }
        else
        {
            printf("%d\t%d\n",z,x);
        }
    }
    else                                    //如果z最大
    {
        printf("%d\t",z);
        //比较x和y
        if(x>=y)
        {
            printf("%d\t%d\n",x,y);
```

```
        }
        else
        {
            printf("%d\t%d\n",y,x);
        }
    }
    return 0;
}
```

这是一个典型的 if 语句嵌套结构，如果不使用括号，if 和 else 的对应关系就会混乱。程序运行结果如图 5.12 所示。

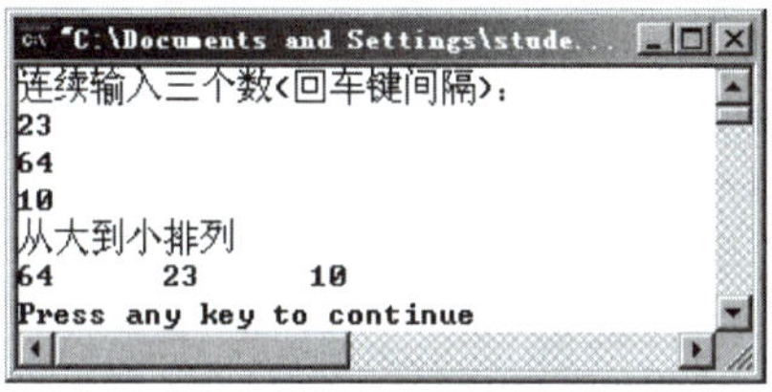

图 5.12　例 5.4 输入三个数然后排列顺序

【任务 3】完成学生奖学金评定

1. 任务情景

视 频

完成学生奖学金评定

奖学金评选为学生提供了一个明确的目标，激励他们在学业上追求卓越。这种激励机制促使学生认真对待学习任务，将其视为一种具有意义和目的的活动。通过设立奖学金，学校可以鼓励学生积极参与学习和研究，提高他们的学习动力，使他们更加专注于学业，从而实现全面发展。奖学金也有助于树立榜样，激发更多学生的积极性和潜力。红星小学有一套自己的奖学金评选规则，即语文、数学英语成绩均大于 95 分，并且平时表现分不低于 8 分。

2. 任务描述

编写程序，输入学生成绩及平时表现分后，判断该学生能否拿到奖学金。如果不能拿奖学金，则输出原因；如果能拿奖学金，则输出“恭喜，获得奖学金”。

3. 任务分析

任务分析见表 5.3。

表 5.3　任务分析

任务准备	（1）工具准备：Visual Studio 2022
	（2）知识准备：VS 工具的使用、C 语言的嵌套 if 语句、关系运算符
任务步骤	（1）使用 vs 工具新建项目
	（2）定义变量存储各科成绩及平时表现分
	（3）输出输入学生成绩的提示内容
	（4）接收输入的学生成绩，使用 if...else 语句根据情况输出对应结果

4. 任务实施

（1）打开 Visual Studio 2022，新建项目，然后新建源文件。

（2）编写如下代码：

```
#include <stdio.h>
int main()
{
    char stu_name[9];
    int Chinese_score,Math_score,English_score,daily_score;
    //提示并接收输入的信息
    printf("请输入学生姓名: ");
    scanf_s("%s",&stu_name,9);
    printf("请输入%s的语文成绩: ",stu_name);
    scanf_s("%d",&Chinese_score);
    printf("请输入%s的数学成绩: ",stu_name);
    scanf_s("%d",&Math_score);
    printf("请输入%s的英语成绩: ",stu_name);
    scanf_s("%d",&English_score);

    printf("请输入%s的平时表现分: ",stu_name);
    scanf_s("%d",&daily_score);
    //判断平时表现分
    if(daily_score<8){
        printf("%s平时表现分为%d,不能评奖学金。\n",stu_name,daily_score);
    }
    else{
        //判断语文成绩
        if(Chinese_score<=95){
            printf("%s平时语文成绩为%d,不能评奖学金。\n",stu_name,Chinese_score);
        }
        else{
            //判断数学成绩
            if(Math_score<=95){
                printf("%s平时数学成绩为%d,不能评奖学金。\n",stu_name,Math_score);
            }
            else{
                //判断英语成绩
                if(English_score<=95){
                    printf("%s平时英语成绩为%d,不能评奖学金。\n",stu_name,
English_ score);
                }
                else{
                    printf("%s符合奖学金的所有条件，可以评奖学金",stu_name);
                }
```

```
            }
        }
    }
    return 0;
}
```

（3）运行程序，输入符合条件的数据，结果如图5.13所示。

（4）继续输入其他不符合条件的数据，效果如图5.14所示。

图5.13　符合条件

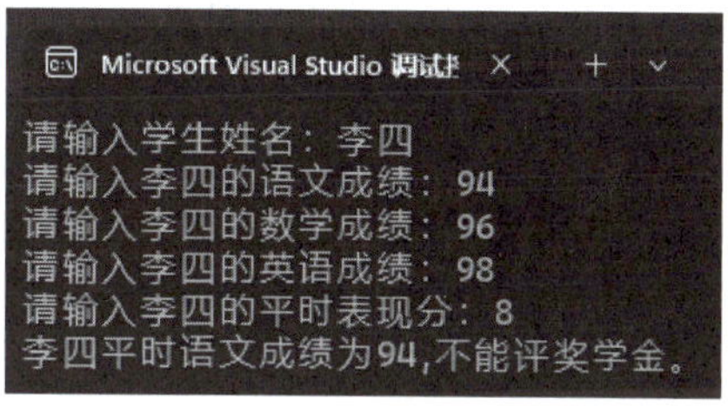

图5.14　语文成绩不符合条件

5. 任务总结

本任务中，利用了多层嵌套的if语句来实现功能。在编写代码时，一定要注意成对编写大括号，否则发生错误不易查找。如果出现错误，一定要有耐心，细致地检查代码问题，有必要时一定要寻求老师或其他同学的帮助。

智慧之光

关键词： 责任与决策　规则与遵守　团结与协作

切入点： 在编程中，if语句用于根据条件做出决策。这种决策过程反映了现实生活中的责任与担当。在编写程序时，学生需要仔细考虑每个条件，确保程序的逻辑正确，避免因为错误的决策导致程序出错。这可以引导学生理解，在生活和工作中，做出正确的决策同样需要责任感，需要仔细权衡利弊，避免因为不负责任的决策造成损失。

if语句的语法规则是固定的，学生必须按照这些规则编写代码，否则程序将无法正常运行。这可以作为一个契机，向学生强调遵守规则的重要性。无论是编程中的语法规则，还是社会生活中的法律法规，都需要严格遵守。通过编程实践，学生可以深刻体会到遵守规则对于实现目标的重要性。

在编写复杂的程序时，多条if语句可能需要协同工作，以确保整个程序的正常运行。这可以类比为团队中的团结与协作精神。通过编程实践，可以让学生认识到，只有团队成员之间密切合作、相互支持，才能共同完成任务，实现目标。

小结

本单元涉及如下知识点：

（1）if语句是最简单的一种条件判断式，可先行判断条件语句是否成立，再根据结果决定所要执行的程序语句。

（2）if...else语句提供了两种不同的选择，当if的判断条件成立时，就执行if块中的语句；

如果不成立，则会执行 else 块中的语句。

（3）if...else...if 条件语句是一种多分支的条件语句。

（4）嵌套 if 语句：当 if 语句中的执行语句又是 if 语句时，则构成了 if 语句嵌套的情形。

作业

一、选择题

1. 在 C 语言中，关于下列代码的说法正确的是（　　）。

```
#include <stdio.h>
int main()
{
    int x,y;
    scanf("%d",&x);
    scanf("%d",&y);
    if(x<y)
    {
        x+=y;y++;
    }
    else
    {
        x++;
        if(x==4)
        {
            y+=x;
        }
    }
    printf("%d,%d",x,y);
return 0;
}
```

A. 输出：10　　B. 输出：3　　C. 输出：20　　D. 编译报错

2. 在 C 语言中，多条 if...else...if 语句是按照（　　）顺序进行判断执行的。

A. 从上至下，依次判断并执行满足条件的语句

B. 从下至上，依次判断并执行满足条件的语句

C. 从上至下，只执行第一个满足条件的语句

D. 从下至上，只执行第一个满足条件的语句

3. 以下程序的运行结果是（　　）。

```
#include <stdio.h>
int main()
{
    int x=10;
    int y=11;
    if(x>y)
```

```
    {
        x++;
        y++;
    }
    printf("%d,%d",x,y);
    return 0;
}
```

A. 10,11　　B. 11,12　　C. 10,12　　D. 11,11

二、编程题

1. 用户根据提示信息从键盘输入年份，按【Enter】键后，输出该年是否为闰年。提示：判断闰年的条件是能被 4 整除但不能被 100 整除，或者能被 400 整除。程序运行结果如图 5.15 所示。

2. 接收用户输入的一个数，如果该数是正数，则原样输出；如果该数是负数，则输出该数的相反数。程序运行结果如图 5.16 所示。

图 5.15　第 1 题程序运行结果

图 5.16　第 2 题程序运行结果

单元 6

条件语句 2

if 语句只能处理“从两者间选择之一”的情况，当要实现几种可能之一时，就要用 if...else if...else 语句甚至多重的嵌套 if 语句来实现。当分支较多时，程序变得复杂冗长，可读性降低。C 语言提供了 switch 开关语句专门处理多路分支的情形，使程序变得简洁。本单元将详细介绍 switch 语句的使用。

本单元关键词

请在预习前学习下列单词，将其写在横线上。

（1）switch（[switʃ] 转变，改变）：______

（2）break（[breik] 终止，中断）：______

（3）case（[keis] 实情，情况）：______

（4）default（[di'fɔ:lt] 默认；预设；预置）：______

预习任务

（1）switch 语句的执行流程是怎样的？请画出流程图。

（2）switch 语句和多重 if 语句有哪些区别？请简要阐述。

学习导图

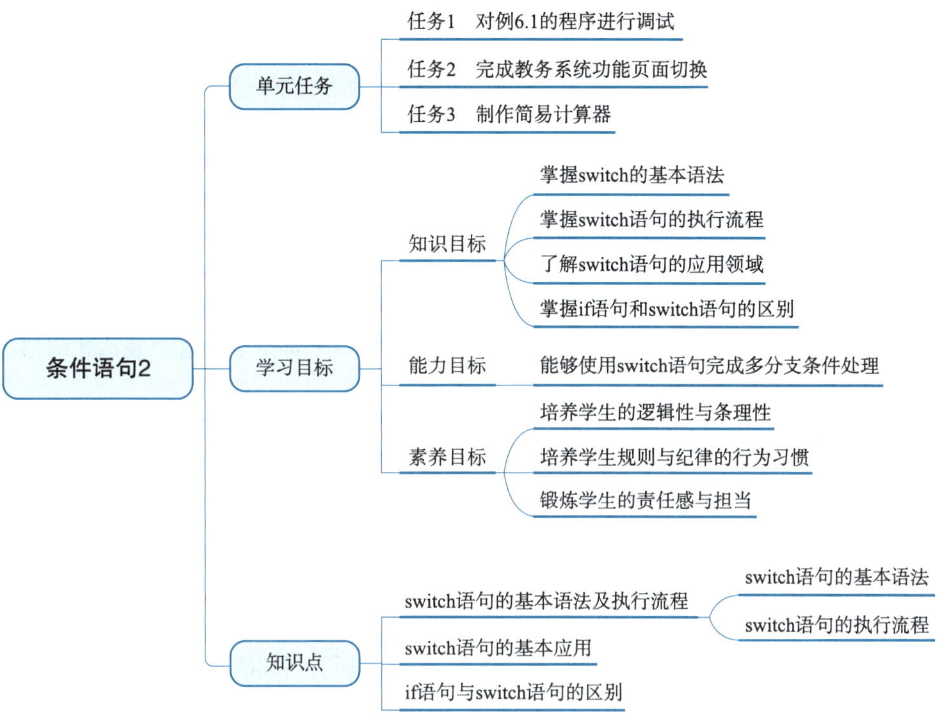

6.1 switch 语句的基本语法及执行流程

6.1.1 switch 语句的基本语法

视 频

switch语句的基本语法及执行流程

switch 语句的一般格式如下：

```
switch(表达式)
{
   case常量表达式1:
        语句序列1;
        break;
   case常量表达式2:
        语句序列2;
        break;
        …
   case常量表达式n:
        语句序列n;
        break;
   default:
        语句序列n+1;
        break;
}
```

说明：

（1）在 C 语言中 switch 后面括号内的表达式必须是整型、字符型或者枚举类型。

（2）每一个 case 的常量表达式的值必须互不相同，否则就会出现互相矛盾的现象（对表达式的同一个值，有两种或多种执行方案）。

（3）各个 case 和 default 的出现次序不影响执行结果。例如，可以先出现“default: ”语句，再出现“case 'D':”语句，然后是“case 'A':”语句。

（4）各语句序列允许有多条语句，不需要按复合语句处理，若语句序列 i 为空，则对应的 break 语句可去掉。

6.1.2 switch 语句的执行流程

switch 语句的执行流程如下：

（1）初始化：需要一个表达式（通常是一个变量或一个常量），这个表达式的值将决定 switch 语句中哪个 case 将被执行。

（2）计算表达式的值：程序将计算 switch 语句后面的表达式的值。

（3）匹配 case 标签：程序将依次检查每个 case 标签的值，并与表达式的值进行比较。一旦找到一个匹配的 case 标签，程序就会执行该 case 后面的代码块。

（4）执行匹配的 case 代码块：一旦找到匹配的 case，程序将执行该 case 后面的所有语句，直到遇到 break 语句或者 switch 语句的末尾。

（5）break 语句的作用：在 case 代码块的末尾，通常会有一条 break 语句。这条 break 语句的作用是跳出 switch 语句，即终止当前的 case 执行，并跳过所有后续的 case。如果没有 break 语句，程序会继续执行下一个 case 的代码块，通常称为“case 穿透”或 case fall-through。

（6）如果没有匹配的 case：如果表达式的值没有与任何 case 标签匹配，并且存在 default 标签，则程序将执行 default 后面的代码块。如果没有 default 标签，并且没有匹配的 case，则 switch 语句不会执行任何操作。

（7）结束 switch 语句：一旦执行了匹配的 case 代码块（或 default 代码块），或者程序遇到了 break 语句，switch 语句就会结束，程序将继续执行 switch 语句后面的代码。

switch 语句的执行流程图如图 6.1 所示。

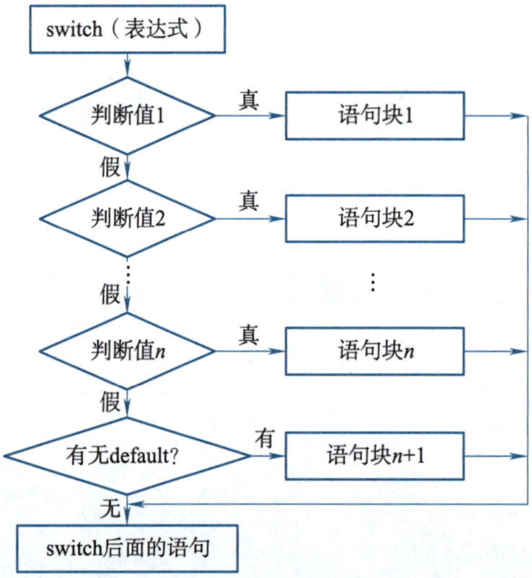

图 6.1 switch 语句的执行流程图

例 6.1 根据输入的季节给出对应的活动建议

```
#include <stdio.h>
int main(){
    int season;
    printf("请输入季节编号（1-春，2-夏，3-秋，4-冬）: ");
    scanf_s("%d",&season);
    switch(season){
        case 1:
            printf("春天到了，适合去户外野餐和赏花。\n");
            break;
        case 2:
            printf("夏天炎热，可以去海边游泳或者水上乐园玩耍。\n");
            break;
        case 3:
            printf("秋天是丰收的季节，可以去果园采摘水果。\n");
            break;
        case 4:
            printf("冬天寒冷，可以滑雪或者在家围炉讲故事。\n");
            break;
        default:
            printf("输入的季节编号不正确。\n");
    }
    return 0;
}
```

程序运行结果如图 6.2 所示。

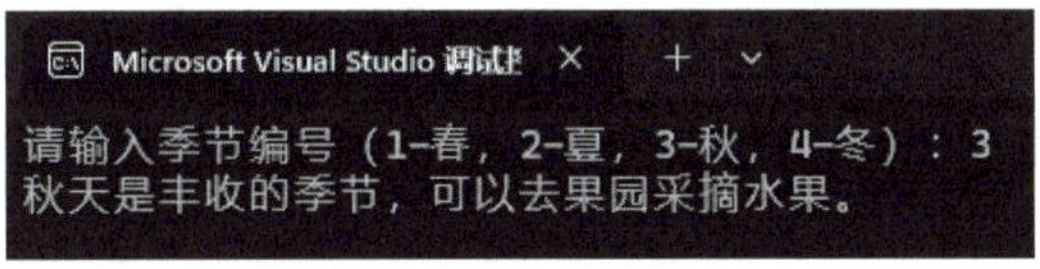

图 6.2　例 6.1 程序运行结果

【任务 1】对例 6.1 的程序进行调试

1. 任务情景

在编写 C 语言代码时，不可避免地会出现语法错误、逻辑错误或运行时错误。调试过程可以帮助开发者定位这些错误，并找到相应的解决方案。通过修复这些错误，可以提高程序的正确性，确保程序能够按照预期执行。调试过程也是一个深入了解程序运行原理的过程，通过跟踪代码执行，开发者可以加深对 C 语言特性和编程技巧的理解，提高编程能力。

视频
对例6.1的程序进行调试

2. 任务描述

对例 6.1 的代码进行调试，并修改代码，查看执行过程。

3. 任务分析

任务分析见表 6.1。

表 6.1　任务分析

任务准备	（1）工具准备：Visual Studio 2022
	（2）知识准备：用 VS 工具进行代码调试、C 语言的 switch 语句
任务步骤	（1）编写例 6.1 的代码并执行
	（2）在 switch 语句开始处打上断点
	（3）逐行执行，观察代码的执行过程
	（4）删除部分 break 语句，再次调试并观察执行过程

4. 任务实施

（1）打开 Visual Studio 2022，新建项目并编写如例 6.1 所示代码。运行并测试，确保程序能正常运行。

（2）找到代码中 switch 语句开始的地方，然后单击编辑器左侧位置，打上断点。具体位置及断点添加成功效果如图 6.3 所示。断点的作用是调试模式下，代码执行到该行时会停止执行，交由开发人员手动控制代码执行。按快捷键【F10】可逐行执行；按快捷键【F11】可逐过程执行；按快捷键【F5】可执行到下一个断点停止，如果没有下一个断点，则执行到程序终止。

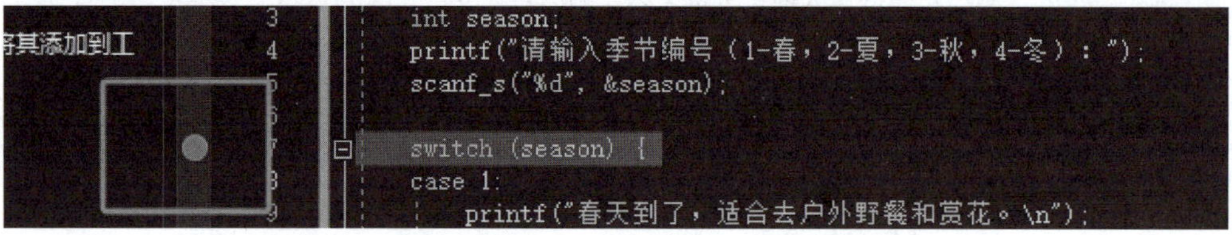

图 6.3　断点位置及添加成功示意图

（3）单击或按快捷键【F5】开始调试。根据提示输入季节编号后，代码会执行到断点位置并暂停，如图 6.4 所示。

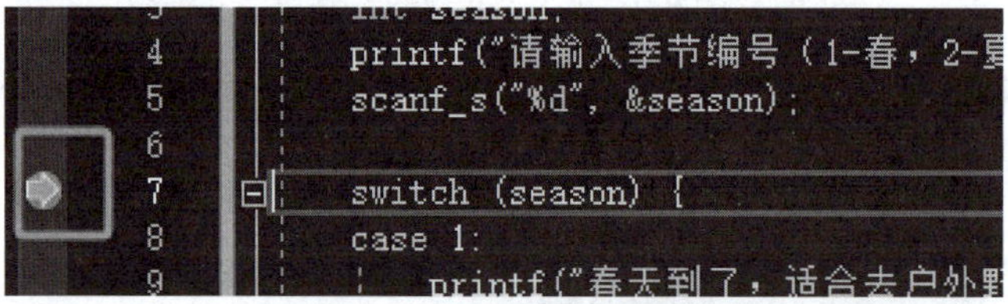

图 6.4　程序在断点位置暂停

（4）此时，鼠标移动到代码中的 season 变量上方并悬停，可以看到目前 season 的值为输入的值，如图 6.5 所示。

（5）按快捷键【F10】，程序会执行下一行代码，由于此次输入的是 1，执行输出春天游玩建议的语句，如图 6.6 所示。

（6）再次按下快捷键【F10】，程序会执行下一行代码，也就是 break 语句，如图 6.7 所示。

（7）再次按下快捷键【F10】，程序会结束 switch 语句，并执行最后的 return 语句。单击“继续”按钮（见图 6.8），让程序执行完毕。

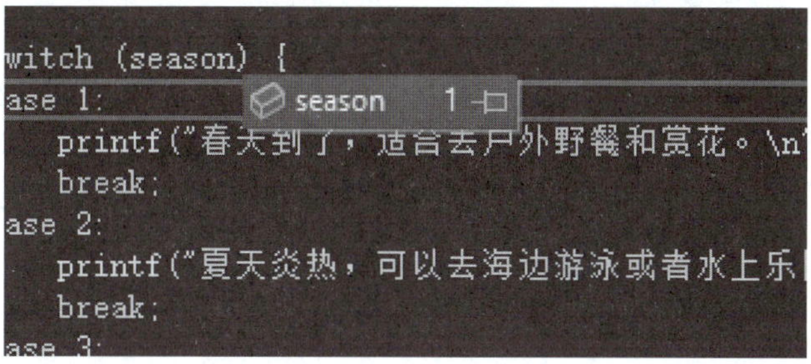

图 6.5　鼠标悬停在变量名上方，查看变量的值

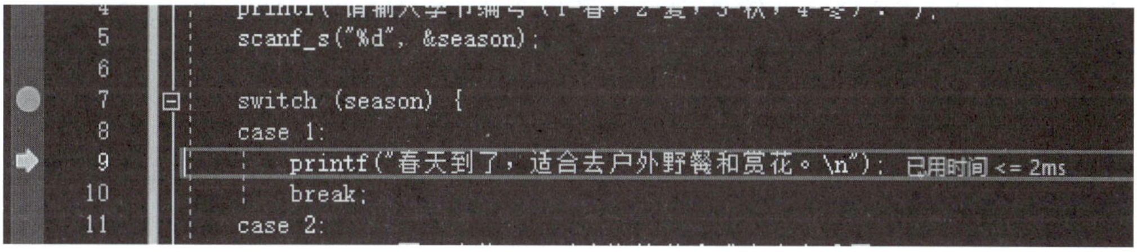

图 6.6　执行输出春天游玩建议的语句

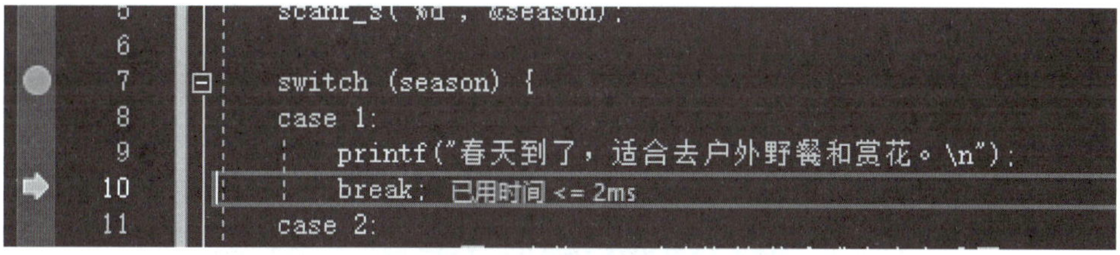

图 6.7　执行 break 语句

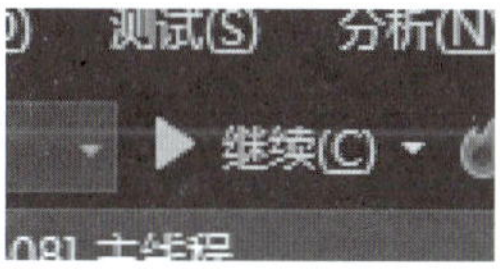

图 6.8　“继续”按钮

（8）修改代码，去掉 case 语句后面的 break，重新启动调试。在控制台程序中再次输入 1，跟踪代码执行顺序，如图 6.9~ 图 6.11 所示。

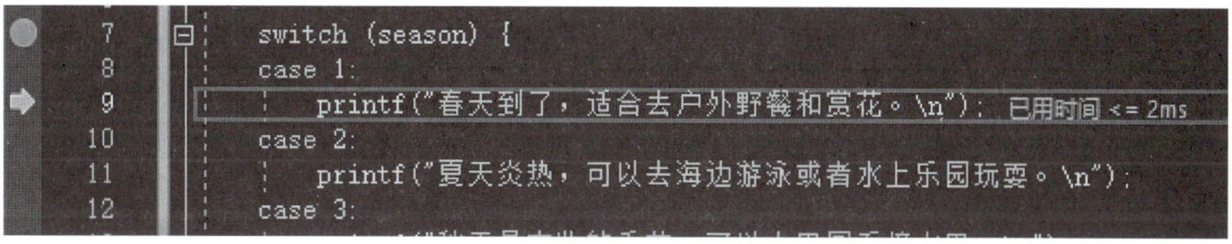

图 6.9　代码执行顺序（一）

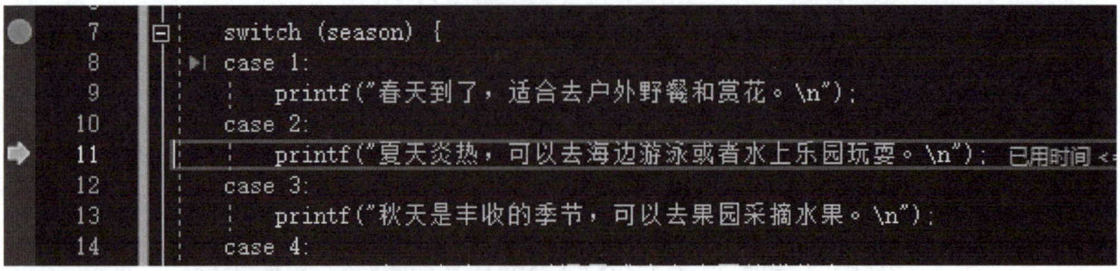

图 6.10 代码执行顺序（二）

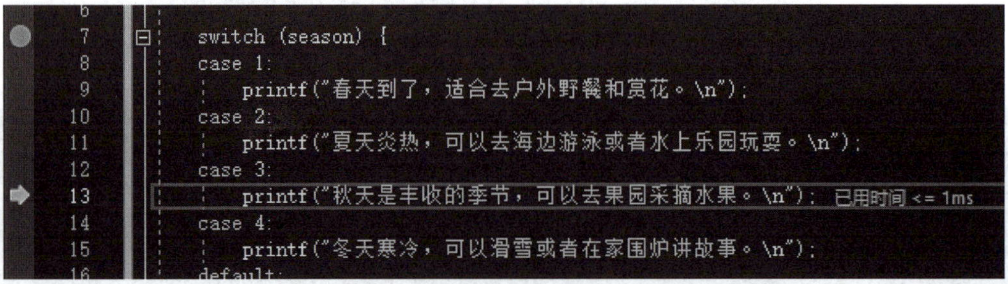

图 6.11 代码执行顺序（三）

（9）继续执行程序直到结束，最终运行结果如图 6.12 所示。

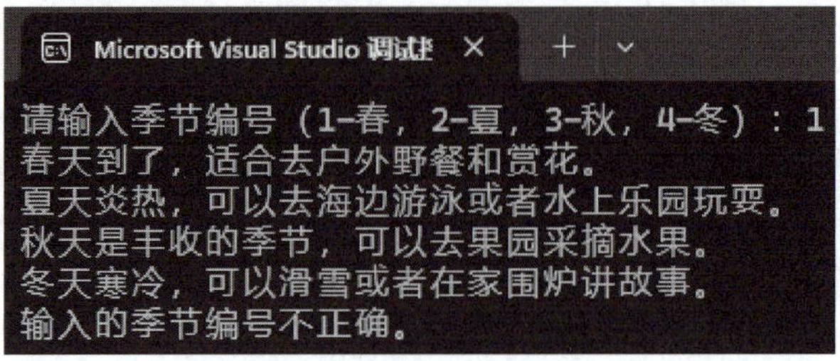

图 6.12 最终运行结果

5. 任务总结

当前任务的核心是通过断点调试，理解 switch 语句的执行流程。通过对比有无 break 语句的执行流程，理解 break 语句在 switch 语句中的作用，更加深刻地记住要在 switch 语句中使用 break 语句。当然，也有故意利用这一特性的情况。

6.2 switch 语句的基本应用

视 频

switch语句的基本应用

当多条 case 语句需要执行同一操作时，可以将多条 case 语句写到一起。

例 6.2 判断用户输入的月份有多少天。

```
#include<stdio.h>
int main(){
    int year,month;
    printf("请输入年: ");
```

```
        scanf_s("%d",&year);
        printf("请输入月: ");
        scanf_s("%d",&month);
        switch(month){
        case 1:
        case 3:
        case 5:
        case 7:
        case 8:
        case 10:
        case 12:
            printf("%d年%d月有31天",year,month);
            break;
        case 4:
        case 6:
        case 9:
        case 11:
            printf("%d年%d月有30天",year,month);
            break;
        case 2:
            if((year % 4==0 and year%100!=0) ||(year % 400==0)){
                printf("%d年%d月有29天",year,month);
            }
            else{
                printf("%d年%d月有28天",year,month);
            }
            break;
        default:
            printf("输入的月份不正确");
        }
    }
```

本例中将多个执行结果一样的 case 语句写到一起，并没有在每条 case 语句后添加 break 语句，就是利用了 switch 语句的执行特点，匹配到对应值之后，会一直执行到遇到 break 为止。另外，switch 语句也可以和 if 语句互相嵌套，来完成更为复杂的情况。

执行上述代码，结果如图 6.13 所示。

图 6.13　例 6.2 程序运行结果

【任务 2】完成教务系统功能页面切换

视 频

完成教务系统功能页面切换

1. 任务情景

一个完整的系统，会包含多个操作界面。启动时，会显示功能导航页面，然后根据用户的选择，跳转对应的功能界面，供用户操作。

2. 任务描述

显示教务系统主菜单后，根据用户输入的功能编号，跳转到对应的功能页面（这里只需要输出相关的功能名称）。

3. 任务分析

任务分析见表 6.2。

表 6.2　任务分析

任务准备	（1）工具准备：Visual Studio 2022
	（2）知识准备：C 语言的 switch 语句
任务步骤	（1）输出教务系统功能菜单
	（2）接收用户输入的功能编号
	（3）根据输入的编号显示对应的内容

4. 任务实施

（1）打开 Visual Studio 2022，新建项目，然后新建源文件。

（2）编写如下代码：

```
#include<stdio.h>
#include<stdlib.h>
int main(){
    printf("\t╭──────────────────────────────────────╮          \n");
    printf("\t│              学员管理系统              │          \n");
    printf("\t╰──────────────────────────────────────╯          \n");
    printf("\t┌──────────────────────────────────────┐          \n");
    printf("\t│  1.添加信息        │  2.修改信息        │          \n");
    printf("\t│                                      │          \n");
    printf("\t│  3.查询信息        │  4.删除信息        │          \n");
    printf("\t│                                      │          \n");
    printf("\t│  5.数据排序        │  6.保存读取        │          \n");
    printf("\t│                                      │          \n");
    printf("\t│  7.退出系统                            │          \n");
    printf("\t└──────────────────────────────────────┘          \n");
    printf("\t请输入你的选择(1~7):");

    int choice;
    scanf_s("%d",&choice);
    system("cls");                  //清除当前控制台输出内容，模拟跳转到另一界面
```

```
    switch(choice){
    case 1:
        printf("添加学员信息");
        break;
    case 2:
        printf("修改学员信息");
        break;
    case 3:
        printf("查询学员信息");
        break;
    case 4:
        printf("删除学员信息");
        break;
    case 5:
        printf("数据排序");
        break;
    case 6:
        printf("保存读取");
        break;
    case 7:
        printf("退出系统");
        break;
    default :
        printf("选择有误");
    }

    return 0;
}
```

（3）运行程序，根据提示输入选择，结果如图 6.14、图 6.15 所示。

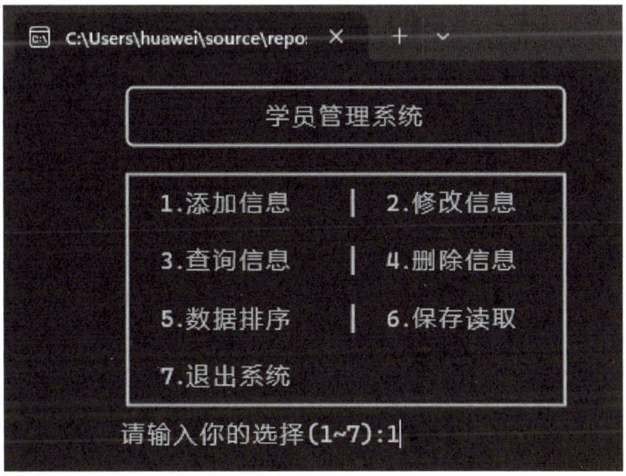

图 6.14　选择功能

图 6.15　功能跳转

5. 任务总结

当前任务使用 switch 语句对用户输入的功能选项进行判断，然后进行不同的处理。由于目前所学知识有限，尚不能实现真实的界面跳转功能，完成本任务需要对 switch 语句有深刻的理解，特别是 case 语句之后的 break 语句，需要注意。

6.3 if 语句与 switch 语句的区别

视频

if语句与switch语句的区别

在 C 语言中，if 语句和 switch 语句都用于控制程序流程的结构，它们允许根据某些条件执行不同的代码块。然而，它们之间在用法和适用场景上存在一些重要的区别。

1. if 语句

if 语句基于一个或多个条件执行代码。如果条件为真（非零），则执行 if 语句后面的代码块。if 语句也可以与 else 或 else if 一起使用，以提供额外的条件分支。

（1）if 语句可以处理复杂的条件逻辑，包括逻辑运算符（如 && 和 ||）和比较运算符（如 ==、>、< 等）。

（2）if 语句适用于任何类型的条件判断，包括范围检查、字符串比较等。

（3）if语句的条件可以是一个复杂的表达式（可以是函数调用或任何返回布尔值的表达式）。

2. switch 语句

switch 语句基于一个表达式的值从多个代码块中选择一个来执行。它通常用于处理离散的、已知的、固定数量的值。

（1）switch 语句通常用于处理固定数量的离散值，如枚举类型或一系列常量。

（2）switch 语句的性能通常比一系列 if...else if 语句要高，因为它可以使用跳转表等优化技术。

（3）switch 语句的条件必须是一个整型表达式（包括枚举和字符类型），并且 case 标签必须是整型常量表达式。

（4）每个 case 后面通常跟一条 break 语句，用于跳出 switch 语句。如果忘记写 break，程序会继续执行下一个 case 代码，直到遇到 break 或 switch 语句结束。这种现象被称为“case 穿透”或“case 延续”。

3. if 语句和 switch 语句的区别总结

（1）适用场景：if 语句适用于复杂的条件逻辑和范围检查，而 switch 语句适用于处理固定数量的离散值。

（2）性能：在某些情况下，switch 语句可能比一系列的 if...else if 语句性能更好，因为它可以利用跳转表等优化技术。

（3）语法和结构：if 语句基于条件的真假来执行代码块，而 switch 语句基于表达式的值从多个代码块中选择一个执行。

（4）条件类型：if 语句的条件可以是任何返回布尔值的表达式，而 switch 语句的条件必须是一个整型表达式，并且 case 标签必须是整型常量表达式。

【任务 3】制作简易计算器

1. 任务情景

日常生活中，会有许多地方用到数学计算。对于大量的运算，采用程序来处理可极大地提高效率。

视 频

制作简易计算器

2. 任务描述

编写一个程序，提示用户按照顺序输入需要计算的数据及运算符，得出运算结果。

3. 任务分析

任务分析见表6.3。

表6.3 任务分析

任务准备	（1）工具准备：Visual Studio 2022
	（2）知识准备：C语言的switch语句、if语句
任务步骤	（1）定义变量存储运算符和两个操作数
	（2）提示用户输入两个操作数和运算符
	（3）根据运算符的不同，对两个操作数进行运算
	（4）运算过程中，判断当前操作数是否能正确参与该种运算

4. 任务实施

（1）打开Visual Studio 2022，新建项目，然后新建源文件。

（2）编写如下代码：

```
#include<stdio.h>
int main(){
    float num1,num2;
    char oper;
    printf("请输入第一个数: ");
    scanf_s("%f",&num1);
    rewind(stdin);
    printf("请输入运算符(+、-、*、/): ");
    scanf_s("%c",&oper,2);
    rewind(stdin);
    printf("请输入第二个数: ");
    scanf_s("%f",&num2);

    switch(oper)
    {
        case '+':
            //执行加法运算
            printf("%f+%f=%f",num1,num2,(num1 + num2));
            break;
        case '-':
            //执行减法运算
            printf("%f-%f=%f",num1,num2,(num1 - num2));
            break;
        case '*':
            //执行乘法运算
```

```
                printf("%fX%f=%f",num1,num2,(num1 * num2));
                break;
            case '/':
                //执行除法运算
                //先判断除数是否为0
                if(num2==0){
                    printf("0不能做除数");
                }
                else{
                    printf("%f÷+%f=%f",num1,num2,(num1 + num2));
                }
                break;
                default:
                    printf("运算符输入错误");
                break;
        }
        return 0;
}
```

（3）运行程序，结果如图 6.16 所示。

图 6.16　程序运行结果

5. 任务总结

本任务采用了 switch 语句来匹配运算符，针对不同的运算符进行不同的操作，然后利用 if 语句来判断进行除法运算时，除数是否为 0。整体任务比较简单，在完成过程中除了要理解 switch 语句和 if 语句的使用方法，也不能忘记数学计算的规则。

智慧之光

关键词： 逻辑性与条理性　规则与纪律　责任感与担当

切入点： 使用 switch 语句需要程序员清晰地定义条件和相应的执行块，这体现了逻辑性和条理性。在素质教育中，可以强调在思考和解决问题时，应具备清晰的逻辑和有条理的思维方式。

在编写 switch 语句时，必须遵循一定的语法规则，否则代码将无法正确执行。这可以类比为社会生活中的规则和纪律。在素质教育中，可以强调遵守规则、维护纪律的重要性。

程序员在使用 switch 语句时，需要确保每个条件都有对应的处理逻辑，以避免程序出错或产生不可预测的结果。这体现了责任感和担当精神。在素质教育中，可以强调在日常生活和工作中，应具备强烈的责任感和勇于担当的精神。

小结

在本单元中，重点学习了以下内容：

（1）switch...case 语句，它是条件控制语句中的一种，专门处理多路分支的情形，使程序变得简洁。

（2）break 语句：在 switch 中用于跳出该 switch 语句的语句体。

作业

一、选择题

1. 在 C 语言中，执行下面程序后，输出结果是（　　）。

```
#include<stdio.h>
int main()
{
     int n=3;
     switch(n)
     {
          case 1:
          case 3:
               printf("!");
               break;
          case 2:
               printf("?");
               break;
          default:
               printf("$");
      }
      return 0;
}
```

A. !　　B. ?　　C.$　　D. 无输出

2. 如果在一条 switch 语句中没有匹配到任何 case 标签，将会执行（　　）。

A. switch　　B. case　　C. default　　D. break

3. 阅读以下 C 代码，在横线处填入（　　），输出结果中可以包含“3”。（选择多项）

```
int main()
{
    int a=__________;
    switch(a){
        dafault;
            printf("default");
        break;
        case 1:
```

```
                printf("1");
        break;
            case 2:
                printf("2");
            case 3:
                printf("3")
        }
          return 0;
    }
```

A.4　　　　B.3　　　　C.2　　　　D.default

二、编程题

1. 如果出勤为“Y”，成绩 90 及以上为“优秀出勤 + 优秀成绩”；成绩 60 到 89 为“出勤 + 成绩等级”（A, B, C, D）；如果出勤为“N”，无论成绩如何，都输出“缺勤”；如果成绩不在 0 到 100 之间，输出“无效成绩”。程序运行结果如图 6.17 所示。

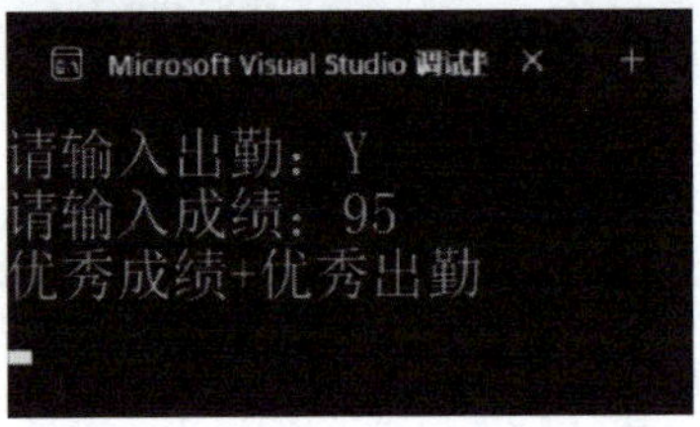

图 6.17　第 1 题程序运行结果

2. 一周有七天，要求根据星期数发出问候。例如，在星期三，发出“你好，今天是星期三”的问候。程序运行结果如图 6.18 所示。

图 6.18　第 2 题程序运行结果

单元 7

循环语句 1

在不少实际问题中有许多具有规律性的重复操作，因此在程序中就需要重复执行某些语句。一组被重复执行的语句称为循环体，能否继续重复，取决于循环的终止条件。循环语句是由循环体及循环的终止条件两部分组成的。C 语言提供了 while 语句、do...while 语句和 for 语句实现循环结构。在本单元中将学习 while 循环语句和 do...while 循环语句。

本单元关键词 请在预习前学习下列单词，将其写在横线上。

（1）while（[wail] 当 ...... 的时候）：____________________

（2）continue（[kən'tinju] 继续，连续）：____________________

（3）exit（['eksit,'egzit] 退出，退场）：____________________

（4）do（[du:,du,də] 做，从事）：____________________

（5）state（[steit] 情形，情况）：____________________

（6）return（[ri'tə:n] 返回，回来）：____________________

（7）tmp file（[temp] [fail] 临时文件）：____________________

预习任务

（1）while 语句的执行流程是怎样的？请画出流程图。

（2）简要阐述 while 语句的语法规则。

学习导图

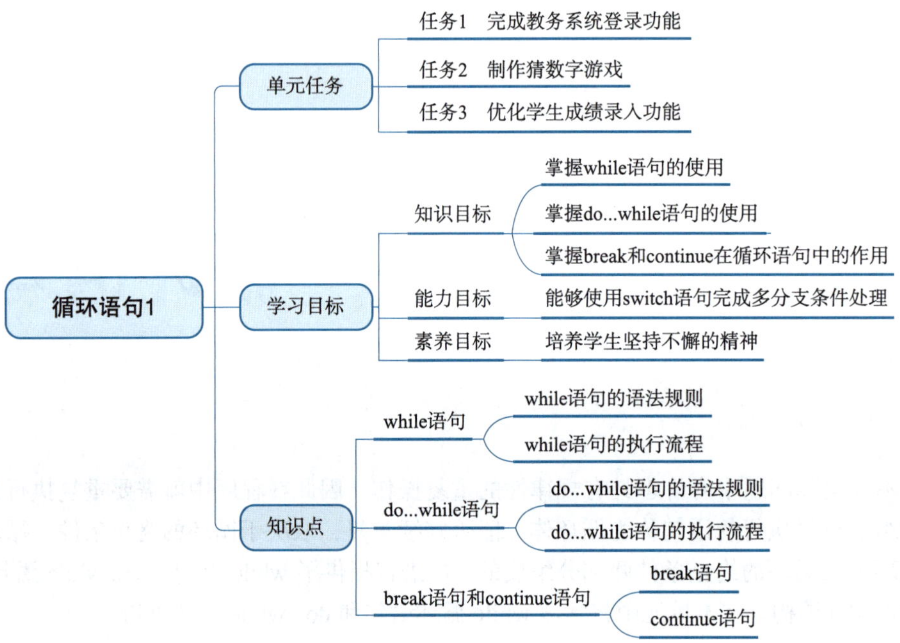

7.1　while 语句

7.1.1　while 语句的语法规则

while 循环的一般形式如下：

```
while (条件表达式)
{
    语句块或循环体;
}
```

当语句块中只有一条语句时，花括号可以省略。

while 语句是一个循环控制结构，循环中每次都执行的语句被称为循环体。同 if 语句中的条件一样，在 while 语句中条件可以是任何简单数据类型的表达式。条件一般为一个逻辑（布尔）表达式，如果不是，它的值强制为布尔类型（零值强制为 false，任何非零值都被强制为 true）。

7.1.2　while 语句的执行流程

while 语句的表述："如果表达式的值是 true，执行循环体，然后回过来再测试表达式；如果表达式的值是 false，跳过循环体。"只要被测试的表达式为 true，就一遍又一遍地执行循环体。当表达式为 false 时，程序跳过循环体并继续执行紧跟着循环后面的语句。当然，如果表达式开始就是 false，循环体甚至一次也不执行。while 语句的控制流程图如图 7.1 所示。

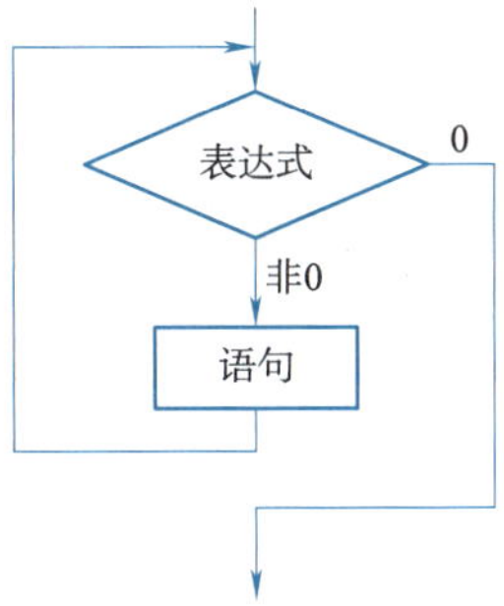

图 7.1　while 循环的流程图

while 循环的特点是先判断，后执行，若条件不成立，有可能一次也不执行。

例 7.1：简单的 while 循环。

```
#include <stdio.h>

int main()
{
    char c=' ';
    /*只有当用户输入s时循环才能结束*/
    while(c!='s')                  //如果接收的字符不等于's'，则继续循环
    {
        c=getchar();               //接收一个字符
    }
return 0;
}
```

例 7.1 运行时要求用户循环输入字符，仅当用户输入的字符为 s 时才结束循环，运行结果如图 7.2 所示。

图 7.2　例 7.1 程序运行结果

视 频

完成教务系统登录功能

【任务 1】完成教务系统登录功能

1. 任务情景

密码是验证用户身份的主要手段。当用户尝试登录软件时，系统会要求输入预设的密码。通过比对输入的密码与存储的密码是否一致，系统能够确认用户的身份，并决定是否允许其访问软件内的资源。这种机制有助于防止未经授权的用户访问软件，保护数据的机密性和完

整性。红星小学的教务系统中，为了保证系统数据安全，需要制作登录功能。

2. 任务描述

登录功能要求仅输入密码。如果密码输入错误，则提示密码错误，需要再次输入。当错误次数达到 5 次时，不允许再次尝试密码。

3. 任务分析

任务分析见表 7.1。

表 7.1　任务分析

任务准备	（1）工具准备：Visual Studio 2022
	（2）知识准备：C 语言的 while 语句
任务步骤	（1）定义密码变量、错误次数变量。定义错误次数初始值为 0
	（2）循环接收用户输入的密码，当错误次数达到 5 次或密码正确时结束循环
	（3）每次输入错误，错误次数 +1

4. 任务实施

（1）打开 Visual Studio 2022，新建项目，然后新建源文件。

（2）编写如下代码：

```
#include<stdio.h>
int main(){
    //定义密码，错误次数
    int pass=0,error_cnt=0;
    //当密码正确或错误次数达5次时，停止密码输出
    while(pass!=123456 && error_cnt<5){
        printf("请输入密码: ");
        scanf_s("%d",&pass);
        //判断输入的密码是否正确
        if(pass!=123456){
            printf("密码错误! \n");
            //错误次数+1
            error_cnt++;
        }
        else{
            printf("恭喜，登录成功");
        }
    }
    return 0;
}
```

（3）运行程序，结果如图 7.3 所示。

5. 任务总结

本任务采用 while 循环让用户可以重复输入密码，以密码未输入正确并且错误次数未达 5 次作为循环可以继续执行的条件，实现了用户输入密码进行登录的功能。

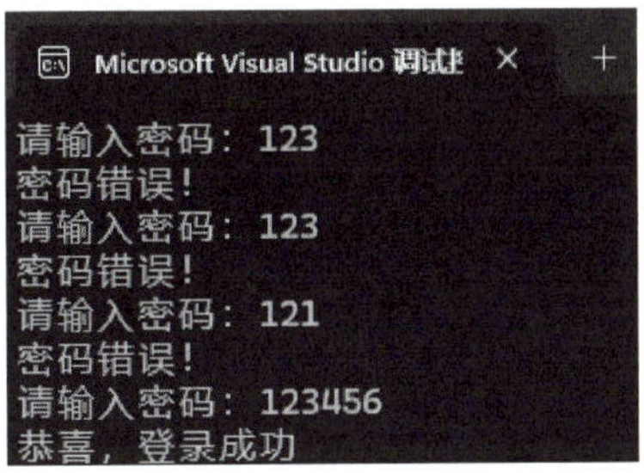

图 7.3　登录效果图

7.2　do...while 语句

7.2.1　do...while 语句的语法规则

do…while 循环的一般形式：

```
do
{
    语句块或循环体;
}while(条件表达式);
```

这个循环与 while 循环非常类似。不同的地方在于，while 循环的执行条件在循环体之前，而 do...while 循环的循环条件在循环体之后。

7.2.2　do...while 语句的执行流程

do…while 循环是先执行循环体中的语句，然后再判断循环条件是否为真，如果为真则继续循环；如果为假，则终止循环。因此，do…while 循环至少要执行一次循环语句。

do…while 循环的流程图如图 7.4 所示。

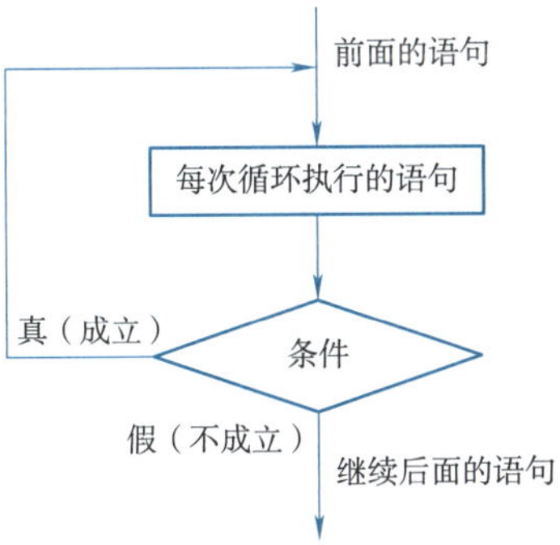

图 7.4　do…while 循环流程图

例 7.2　用 do…while 循环求 1+2+…+100 的和。

```
/*求1+2+…+100*/
#include <stdio.h>
```

```
int main()
{
    int sum=0,i=1;
    do
    {
        sum+=i;
    }while(++i<=100);
    printf("%d\n",sum);
    return 0;
}
```

在例 7.2 中，首先定义了两个变量 sum 和 i。每循环一次 i 自增 1，而 sum+=i, 相当于将每次循环后 sum+i 的值又存到了变量（在这里 sum 也是被加数）sum 中。程序运行结果如图 7.5 所示。

图 7.5　例 7.2 程序运行结果

例 7.3 每天进步一点点，每天退步一点点，看看一年之后的变化。

```
#include <stdio.h>
int main()
{
    //定义坚持天数
    int days=1;
    //定义当前状态
    float status1=1;
    float status2=1;
    do{
        //每天进步0.01
        status1*=1.01;
        status2*=0.99;
        //天数顺延一天
        days++;
    }while(days<=365);
    printf("每天进步一点点，一年后为: %.2f\n每天退步一点点，一年后为: %.2f",status1,
status2);
    return 0;
}
```

运行程序，结果如图 7.6 所示。

从运行结果中可以看到，虽然每天的进步和退步不明显，但是坚持一年之后，两者的差距为一千多倍。

图 7.6　例 7.3 程序运行结果

【任务 2】制作猜数字游戏

1. 任务情景

在紧张的工作或学习之余，通过合理的休息和娱乐，达到身心的和谐与平衡。我们应该学会在忙碌的生活中寻找平衡，合理安排工作和休息，让自己在轻松愉快的氛围中茁壮成长。要求利用所学的程序知识，制作一个用于放松的小游戏。

视 频

制作猜数字游戏

2. 任务描述

制作一个猜数字的小游戏，程序随机生成一个 0~100 之间的整数，玩家输入自己的猜想，如果猜错了，程序会提示玩家猜的数大了还是小了，猜对则提示猜对了，并输出猜的次数。

3. 任务分析

任务分析见表 7.2。

表 7.2　任务分析

任务准备	（1）工具准备：Visual Studio 2022
	（2）知识准备：C 语言的 while 语句
任务步骤	（1）定义目标数字、用户猜的数字两个变量
	（2）随机生成一个数，存储到目标数字中
	（3）循环接收用户猜的数字，根据猜的情况，给出对应提示，直到猜对时停止输入

4. 任务实施

（1）打开 Visual Studio 2022，新建项目，然后新建源文件。

（2）编写如下代码：

```
#include <stdio.h>
#include <stdlib.h>
#include <time.h>
int main(){
    int numberToGuess,guess,attempts=0;
    srand(time(NULL));              //使用当前时间作为随机数生成器的种子
    numberToGuess=rand() % 101;     //生成0到100之间的随机整数
    printf("猜数字小游戏\n");
    printf("我已经想好了一个0到100之间的整数，你能猜出来吗？\n");
```

```
    do{
        printf("请猜一个数字: ");
        scanf_s("%d",&guess);
        attempts++;
        if(guess<numberToGuess){
            printf("猜的数字太小了! \n");
        }
        else if(guess>numberToGuess){
            printf("猜的数字太大了! \n");
        }
    } while(guess!=numberToGuess);
    printf("恭喜你，猜对了! 你一共猜了%d次。\n",attempts);

    return 0;
}
```

（3）运行程序，结果如图 7.7 所示。

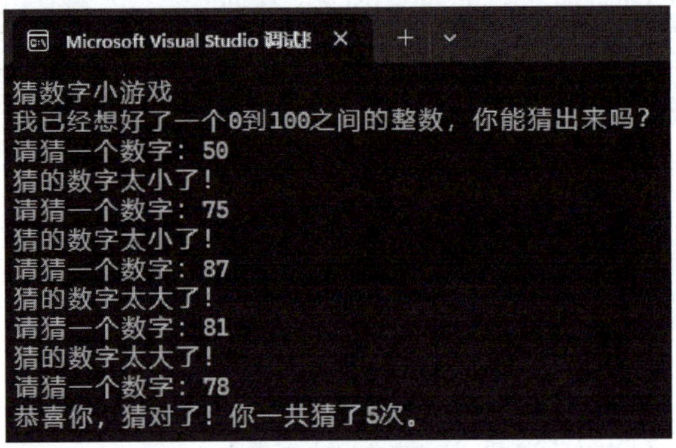

图 7.7　猜数字游戏程序运行结果

5. 任务总结

当前任务中，使用 do...while 循环语句接收用户猜的数字，直到用户猜对为止。用随机数生成函数随机产生了一个数让用户猜，这部分知识在后面的单元会讲解，如果理解不了，可以将随机生成数改为指定数值，只是这样会少了点游戏的乐趣。

7.3 break 语句和 continue 语句

7.3.1 break 语句

break 语句通常用在循环语句和 switch 条件语句中。当 break 用于条件语句 switch 中时，可使程序跳出 switch 而执行 switch 以后的语句；如果没有 break 语句，程序的结果可能不是预料中的结果。break 在 switch 中的用法已在前面介绍 switch 语句的例子中讲解过，这里不再举例。

当 break 语句用于 do...while、while 以及后面会讲到的 for 循环语句中时，可使程序终止循环而执行循环后面的语句。通常 break 语句总是与 if 语句联在一起，即满足特定条件时便执行 break 语句跳出循环。

break 语句的一般形式：

```
break;
```

break 语句在循环中的执行流程如图 7.8 所示。

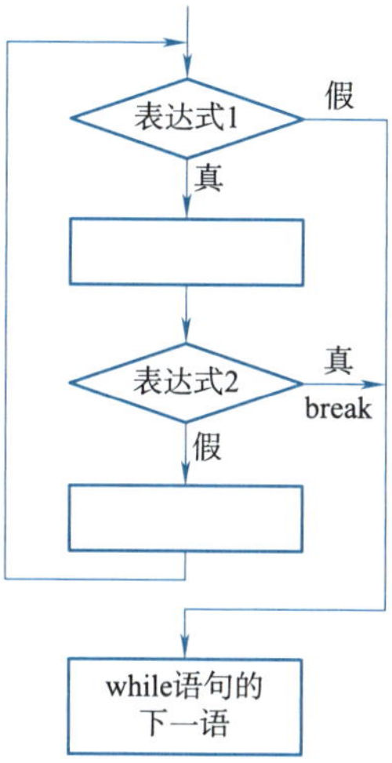

图 7.8　break 语句的执行流程

将例 7.2 中的代码更改一下，当 i=51 时，用 break 语句跳出循环，即只计算 1+2+3⋯+50 的值。

例 7.4　使用 break。

```
#include <stdio.h>
int main()
{
    int s=0,i=1;
    do
    {
        if(i==51)
        {
            break;
        }
        s+=i;
    }while(++i<=100);
    printf("%d\n",s);
    return 0;
}
```

可以看出，最终的结果是 1+2+⋯+50。当循环变量 i 值为 51 时，即满足条件执行 break 语句，跳出循环。程序运行结果如图 7.9 所示。

```
Microsoft Visual Studio 调试控
1275
```

图 7.9　例 7.4 程序运行结果

注意：

（1）break 语句对单独的 if...else 的条件语句不起作用。

（2）在多层循环中，一条 break 语句只跳出一层循环。

例 7.5　break 只能跳出一层循环。

```
#include <stdio.h>
int main()
{
    int i=0,j=0;
    while(i<5)
    {
        do
        {
            if(i==3)
            {
                break;
            }
            printf("i=%d,j=%d\n",i,j);
            j++;
        }while(j<4);
        i++;
    }
    return 0;
}
```

当 i==3 时，跳出内层的 do...while 循环，但是跳出之后，外层循环仍然在进行。程序运行结果如图 7.10 所示。

```
Microsoft Visual Studio 调试控
i=0,j=0
i=0,j=1
i=0,j=2
i=0,j=3
i=1,j=4
i=2,j=5
i=4,j=6
```

图 7.10　例 7.5 程序运行结果

7.3.2　continue 语句

continue 语句只能用在循环体中，其一般形式如下：

```
continue;
```

continue 是指结束本次循环，进入下次循环迭代，即不再执行循环体中 continue 语句之后的语句，转入下一次循环条件的判断与执行。应该注意的是，本语句只结束本层本次的循环，并不跳出循环。continue 语句的流程图如图 7.11 所示。

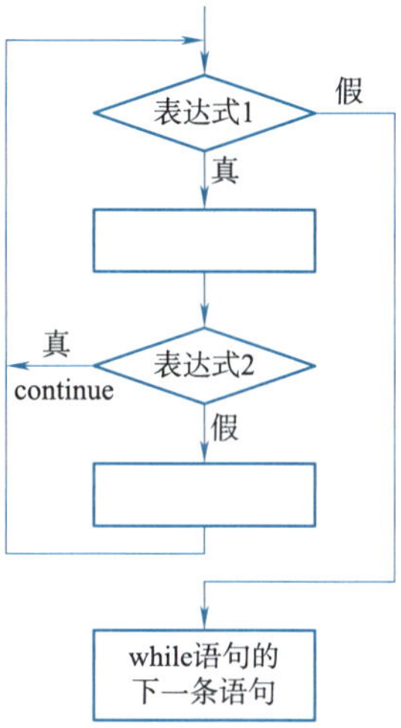

图 7.11　continue 语句的流程图

例 7.6 continue 的使用。

```
#include <stdio.h>
int main()
{
    int n=0;
    do
    {
        n++;
        if(n%5!=0)
        {
            continue;
        }
        printf("%d",n);
    } while(n <=100);
    printf("\n");
    return 0;
}
```

本例中，对 1~100 的每一个数进行测试，如果该数不能被 5 整除，即模运算不为 0，则由 continue 语句转去下一次循环。只有模运算为 0 时，才能执行后面的 printf 语句，输出能被 5

整除的数。程序运行结果如图 7.12 所示。

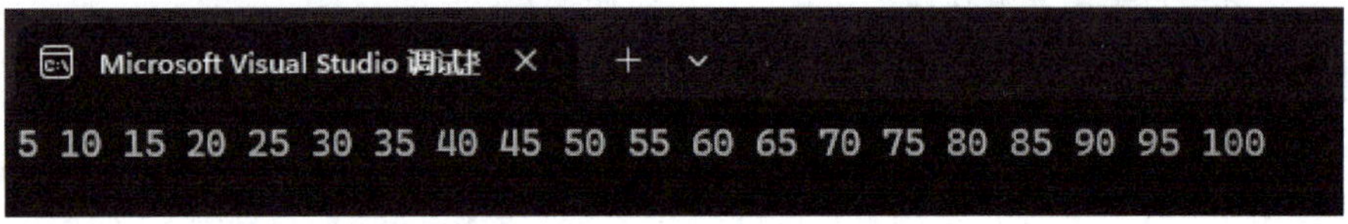

图 7.12　例 7.6 程序运行结果

【任务 3】优化学生成绩录入功能

视 频

优化学生成绩录入功能

1. 任务情景

一个好的软件产品，绝对不是一次性就可以制作完成的。它需要在使用过程中，根据用户反馈的问题进行功能优化；根据市场需求以及技术的变革，不断地增加新的功能。红星小学的教务系统，在使用中有老师反馈，录入成绩时，没有对录入的数据进行检查，导致偶尔操作失误，录入了一些无效的数据。

2. 任务描述

修改学生成绩录入功能，成绩的有效范围为 0~100，录入不在此范围内的成绩之后，提示错误并要求重新录入。

3. 任务分析

任务分析见表 7.3。

表 7.3　任务分析

任务准备	（1）工具准备：Visual Studio 2022
	（2）知识准备：C 语言的 do...while 语句、break 语句
任务步骤	（1）定义变量存储输入的成绩
	（2）循环提示用户输入成绩
	（3）判断输入的成绩是否有效，如果无效，输出错误提示
	（4）如果有效，结束循环

4. 任务实施

（1）打开 Visual Studio 2022，新建项目，然后新建源文件。

（2）编写如下代码：

```
#include <stdio.h>
int main(){
    int score;
    do{
        printf("请输入课程分数（0~100）: ");
        scanf_s("%d",&score);
        if(score<0 || score>100){
            printf("分数无效，请输入0到100之间的数值。\n");
```

```
        }
        else{
            printf("您输入的课程分数是: %d\n",score);
            break;                      //输入正确，停止循环
        }
    } while(1);                         //循环条件为真（死循环）
    return 0;
}
```

（3）运行程序，结果如图 7.13 所示。

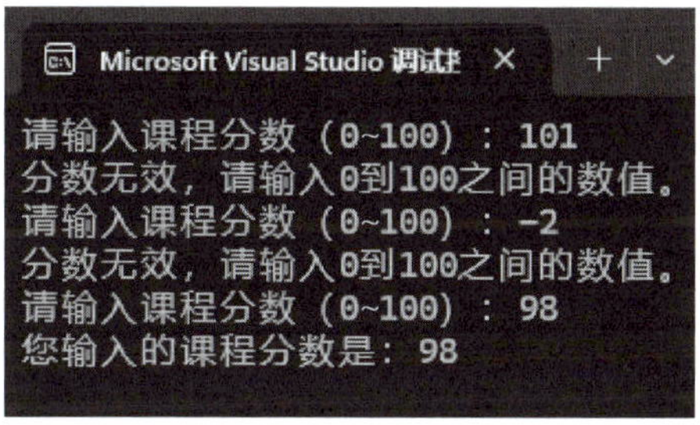

图 7.13　程序运行结果效果

5. 任务总结

本任务中，利用死循环来接收用户输入的成绩，当输入的成绩符合要求时，使用 break 语句结束循环。任务过程中，需要注意 break 语句的编写位置及条件，防止造成死循环或其他错误。

智慧之光

关键词： 坚持与毅力

切入点： 在编程中，while 和 do...while 循环代表了一种重复执行某项任务直到满足特定条件的过程。这可以类比为在现实生活中，我们需要坚持不懈地努力，直到实现目标，充分体现了素质教育中的坚持和执着精神。

小结

（1）循环语句是由循环体及循环的终止条件两部分组成的。

（2）while 循环的特点是先判断，后执行，若循环条件不成立，循环体有可能一次也不执行。

（3）do…while 循环的特点是先执行，后判断，不管循环条件是否成立，循环体至少执行一次。

（4）break 可以跳出本次循环。

（5）continue 用于结束本次循环，进入下次循环，并不是跳出循环。

作业

一、选择题

1. 分析下面的 C 语言代码：若输入字符串 abcde 然后按【Enter】键，则以下 while 循环体将执行（　　）次。

```
#include <stdio.h>
int main()
{
   char ch;
   while((ch=getchar()) !='e')
        printf("*");
   return 0;
}
```

A.0　　B.1　　C.5　　D.4

2. 分析下面的 C 语言代码，下面说法正确的是（　　）。

```
#include <stdio.h>
int main()
{
    int x=3;
    do
    {
        printf("%d",x--);
    } while(!x);
    return 0;
}
```

A. 输出：3　　B. 输出：321　　C. 输出：21　　D. 不输出任何内容

3. 在 C 语言中有如下代码，执行后输出的结果是（　　）。

```
#include <stdio.h>
int main()
{
    int i=0,s=0;
    do{
        if(i % 2){
            continue;
        }
        i++;
        s=s + i;
    } while(i < 3);
    printf("%d\n",s);
    return 0;
}
```

A.1　　B.4　　C.5　　D. 死循环

二、编程题

1. 从 1 到 100 进行报数，报到 3 或 3 的倍数时跳过。程序运行结果如图 7.14 所示。

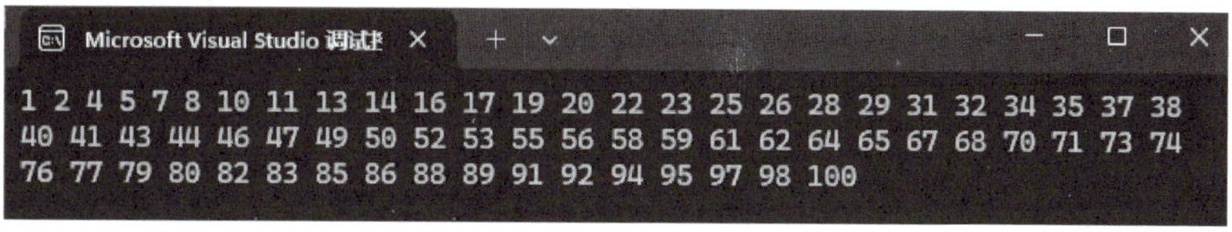

图 7.14　第 1 题运行结果

2. 接收用户输入的一个四位数，用 while 循环计算个位、十位、百位、千位之和。程序运行结果如图 7.15 所示。

图 7.15　程序运行结果

单元 8

循环语句 2

本单元将对 C 语言中的 for 循环语句进行讲解。C 语言中的 for 循环语句相比 while、do...while 循环语句更为灵活，不仅适用于循环次数已经确定的情况，而且适用于循环次数不确定的情况。它完全可以代替 while、do...while 循环语句。

本单元关键词

请在预习前学习下列单词，将其写在横线上。

for（[fɔ:,fə] 因为，由于）：________________

预习任务

（1）for 循环语句的语法规则是怎样的？请简要阐述。

（2）for 循环语句的执行流程是怎样的，请画出 for 语句循环的执行流程图。

学习导图

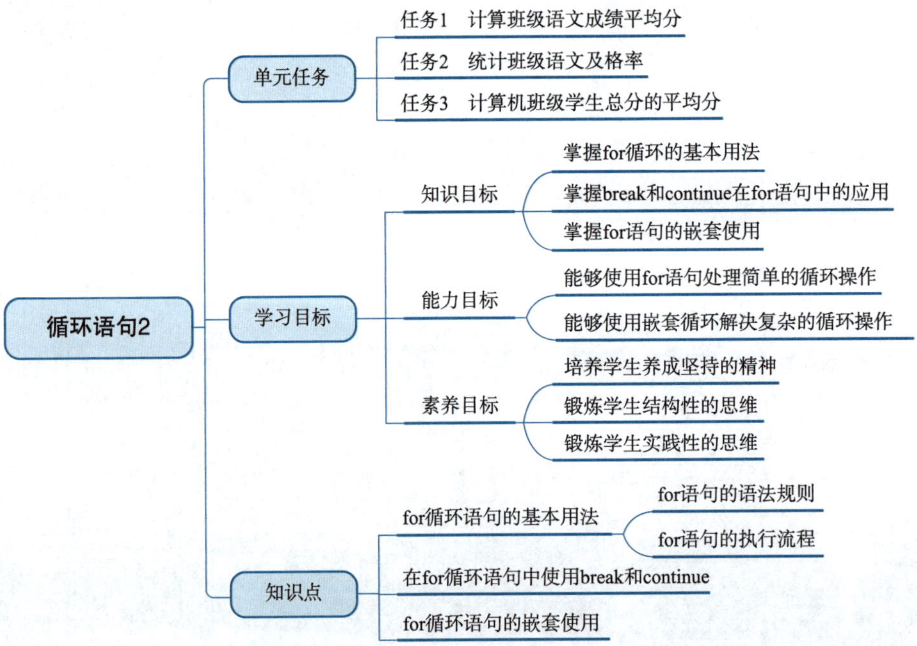

8.1　for循环语句的基本用法

8.1.1　for语句的语法规则

```
for循环的一般形式:
for(表达式 1;表达式 2;表达式 3)
{
    语句块 或者 循环体;
}
```

说明：

（1）表达式1：可用来初始化循环变量，且仅在循环开始时执行一次，也称为初始化。

（2）表达式2：用来测试是否继续循环（循环条件是否成立），也称为循环条件。

（3）表达式3：一般用来更新循环变量，也称为更新或增量。

for循环的3个组成部分（初始化、条件和更新）都是可选的，但分号(;)是必需的。例如，可以省略初始化部分，但分号必须保留。

可以在循环体中使用break语句提前退出循环，或者使用continue语句跳过当前迭代的剩余部分并立即开始下一次迭代。

循环控制变量通常在循环外部声明，这样它可以在循环结束后继续使用。但是，也可以在for循环的初始化部分中声明，这样它的作用域就仅限于循环内部。

8.1.2　for语句的执行流程

for循环的执行过程如下：

（1）先求表达式1。

（2）求表达式2的值，若为真(值为非0),则执行for循环体或语句块中的语句；若为假(值为0),则结束循环，转到第（5）步。

（3）求解表达式3。

（4）转回上面第（2）步骤继续执行。

（5）结束循环，执行for循环后面的其他语句。

for循环的流程图如图8.1所示。

例8.1　打印数字1~5。

```
#include <stdio.h>
int main(){
    for(int i=1;i<=5;i++){
        printf("%d\n",i);
    }
    return 0;
}
```

在例8.1中，定义循环的初始值为1，循环条件为i<=5，循环增量为i++。在循环体中，打印当前i的值。程序运行结果如图8.2所示。

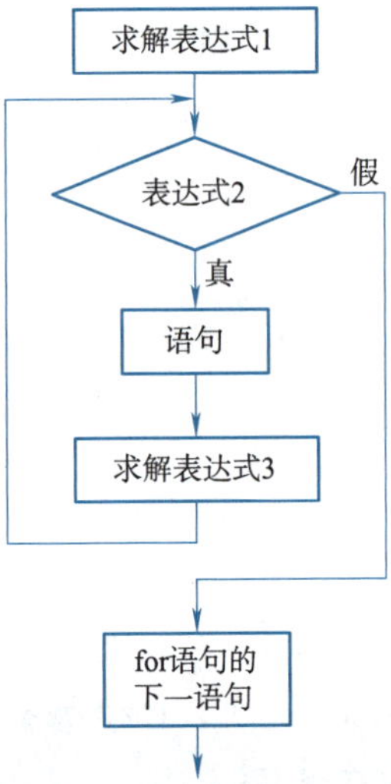

图 8.1　for 循环的流程图

图 8.2　例 8.1 程序运行结果

【任务 1】计算班级语文成绩平均分

视 频

计算班级语文成绩平均分

1. 任务情景

每次考试结束，都需要对学生成绩进行分析，其中，计算科目的平均得分，可以迅速了解一个班级的整体学习水平；各个科目的平均分进行对比，也可以了解哪些科目相对容易或困难；如果某个科目的平均分远低于其他科目，这可能意味着该科目存在教学问题、学生兴趣不高或资源分配不均等问题。这有助于教育者及时发现问题并采取相应的解决措施。红星小学的教务系统中，需要开发计算单个科目平均分的功能。

2. 任务描述

先完成计算班级语文成绩的平均分，要求：先录入班级人数，然后依次录入各学生的成绩，最后计算平均分并输出结果。

3. 任务分析

任务分析见表 8.1。

表 8.1　任务分析

任务准备	（1）工具准备：Visual Studio 2022
	（2）知识准备：C 语言的 for 循环语句
任务步骤	（1）定义变量存储输入的成绩、总分及学生人数
	（2）循环接收学生的成绩，累加到总成绩中
	（3）根据总成绩和学生人数计算平均分并输出结果

4. 任务实施

（1）打开 Visual Studio 2022，新建项目，然后新建源文件。

（2）编写如下代码：

```
##include <stdio.h>
int main(){
    //定义学生总数、语文成绩和总分
    int stu_cnt,score,total_score=0;
    //定义平均分，计算结果可能为小数
    float avg_score;
    //提示输入学生人数并接收输入的学生人数
    printf("请输入学生人数: ");
    scanf_s("%d",&stu_cnt);
    //提示输入学生成绩
    printf("请输入每个学生的语文成绩: \n");
    //循环录入每个学生成绩，累加到总分中
    for(int i=0;i<stu_cnt;i++){
        scanf_s("%d",&score);
        total_score +=score;
    }
    //计算平均分
    avg_score=(float)total_score/stu_cnt;
    //输出计算结果
    printf("总分: %d\n",total_score);
    printf("平均分: %.2f\n",avg_score);
    return 0;
}
```

（3）运行程序，结果如图 8.3 所示。

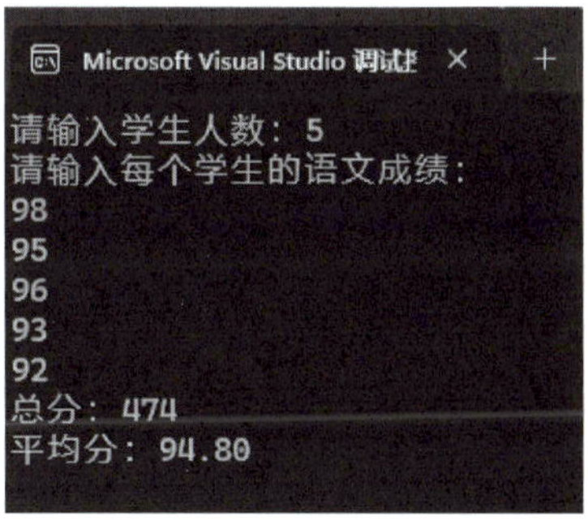

图 8.3　程序运行结果

5. 任务总结

本任务中，利用了 for 循环语句对于已知循环次数处理方便的特性，得到学生人数后，直接循环该次数，接收多个学生的成绩信息。完成过程中，要注意 for 语句的初始化、执行条件及更新三部分的编写，以及它们之间的分号（;）不要写成了逗号（,）。

8.2　在 for 循环语句中使用 break 和 continue

在 for 循环中，也可以使用 break 语句和 continue 语句。它们的作用与在 while 循环和 do...while 循环中一样。break 用于终止循环，continue 用于结束本次循环。

例 8.2 找出 1~100 中能同时被 5 和 6 整除的最小整数。

```
#include <stdio.h>
int main(){
    for(inti=1;i<=100;i++){
        if(i%5==0 && i%6==0){
            printf("1~100以内能同时被5和6整除的最小数是:%d\n",i);
            //找到该数结束循环
            break;
        }
}
    return 0;
}
```

运行程序，结果如图 8.4 所示。

图 8.4　例 8.2 程序运行结果

【任务 2】统计班级语文及格率

视频

统计班级语文及格率

1. 任务情景

及格率是衡量教师教学效果的重要指标之一。通过统计班级及格率，教师可以了解学生对课程内容的掌握情况，进而评估自己的教学方法和策略是否有效。较高的及格率通常意味着教学方法得当，学生的学习效果良好，也可以增强学生的自信心和学习动力，促使他们更加努力地学习；而较低的及格率则可以提醒学生注意自己的学习状态，及时调整学习策略，争取取得更好的成绩。红星小学的教务系统中，需要开发功能统计班级某科目的及格率。

2. 任务描述

先计算语文成绩的及格率，要求录入班级学生人数及语文成绩，然后统计及格率。

3. 任务分析

任务分析见表 8.2。

表 8.2　任务分析

任务准备	（1）工具准备：Visual Studio 2022
	（2）知识准备：C 语言中 for 循环语句、continue 语句的应用
任务步骤	（1）定义变量存储输入的成绩、及格人数及学生人数
	（2）循环接收学生的成绩，如果及格，及格人数加 1
	（3）根据总人数和及格人数，计算及格率并输出

4. 任务实施

（1）打开 Visual Studio 2022，新建项目，然后新建源文件。

（2）编写如下代码：

```
#include <stdio.h>
int main(){
    int stu_cnt,pass_cnt=0,score;
    float pass_rate;
    printf("请输入学生人数: ");
    scanf_s("%d",&stu_cnt);
    printf("请依次输入每个学生的语文成绩:\n");
    for(int i=0;i<stu_cnt;i++)
    {
        scanf_s("%d",&score);
        if(score<60){
            continue;
        }
        pass_cnt++;
    }
    pass_rate=(float)pass_cnt/(float)stu_cnt;
    printf("该班级的语文及格率是: %.2f",pass_rate);
    return 0;
}
```

（3）运行程序，结果如图 8.5 所示。

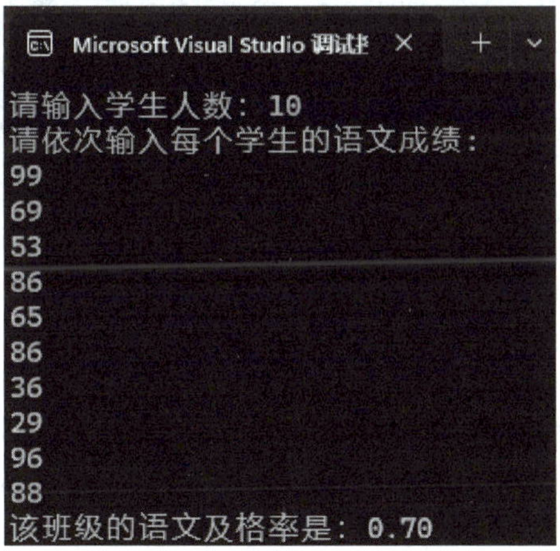

图 8.5 程序运行结果

5. 任务总结

当前任务中，使用 for 循环依次接收学生成绩，对及格人数进行累加。在输入后对当前成绩进行判断，不及格则直接进入下一次循环，不再累加及格人数。需要注意最后计算及格率时，要将总人数和及格人数转换为浮点型进行计算，否则会执行得到一个不满足预期的结果。

8.3 for 循环语句的嵌套使用

循环体中也可以有循环，这就是所谓的循环嵌套。循环嵌套可以帮助人们解决很多问题，经常用于按行列方式输出数据。

例 8.3 按行列方式输出九九乘法表。

```
#include <stdio.h>
int main()
{
    int i,j;
    for(i=1;i<=9;++i)          // 外循环控制输出多少行
    {
        for(j=1;j<=i;++j)      // 内循环控制输出多少列
        {
            printf("%d×%d=%d\t",j,i,i*j);     //输出乘积
        }
        printf("\n");          // 换行
    }
    return 0;
}
```

程序运行结果如图 8.6 所示。

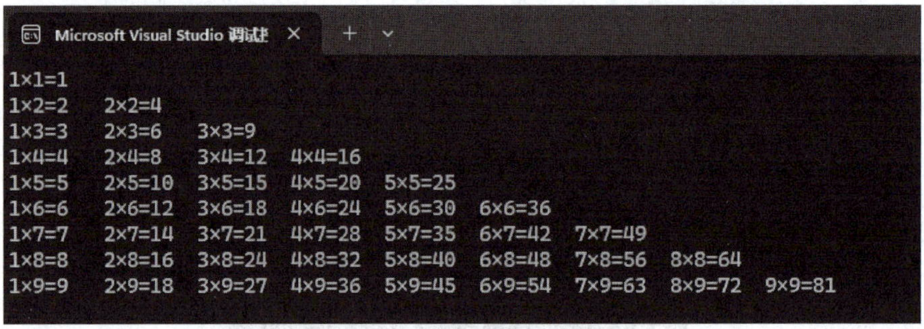

图 8.6 例 8.3 程序运行结果

本例中的外循环共循环 9 次（即一共输出 9 行），当 i 等于 10 时循环终止。外循环的每轮循环都会执行内循环，在外循环的每轮循环中，内循环的循环次数都不相同。因为外循环的每轮循环都会使 i 增 1，而且 j 的值也会被重新赋值为 1，而内循环的结束条件是 j <=i，且内循环的每轮循环中 j 只增加 1，所以外循环每循环一次，内循环的循环次数就增加一次：在外循环的第一轮循环，内循环的循环次数为 1；在外循环的第二轮循环，内循环的循环次数为 2；在外循环的第三轮循环，内循环的循环次数为 3……

下面模拟本例的运行过程：

（1）外循环第一轮循环：

i 的值为 1（以下简写为 i=1），故而 i<=9 成立，进入循环体。

内循环的第一轮循环：

j=1，故而 j<=i 成立，进入循环体。

输出 i*j（即 1*1）的乘积和一个空格，即 1。

++j-->j=2，j<=i 不成立，内循环结束。

输出 \n，换行。

++i-->i=2，故而 i<=9 成立，开始第二轮循环。

（2）外循环第二轮循环：

①内循环的第一轮循环：

j=1，j<=i 成立，进入循环体。

输出 i*j(2*1) 和一个空格，即 2。

++j-->j=2，j<=i 仍然成立，开始第二轮循环。

②内循环的第二轮循环：

输出 i*j(2*2) 和一个空格，即 4。

++j-->j=3，j<=i 不成立，内循环结束。

输出 \n，换行。

++i-->i=3，i<=ROWS 成立，开始第三轮循环。

至此，输出结果为：

```
1×1=1
1×2=2    2×2=4
```

（3）外循环第三轮循环至第九轮循环略，请大家自行模拟一次。

（4）外循环第九轮循环：

/* ...... */

++i-->i=10，i<=ROWS 不成立，外循环结束。

并非一定要同种结构的循环才能进行嵌套。for 循环中也可以嵌套 while、do…while 循环，while 循环中也可也嵌套 for、do…while 循环。循环体中可以嵌套多个内循环，内循环中还可以嵌套内循环，如图 8.7 所示。

```
while(条件表达式)
{
    do
    {
        循环体
    }
    while(条件表达式);
    while(条件表达式);
    {
        for(表达式1；表达式2；表达式3)
        {
            for(表达式1；表达式2；表达式3)
            {
                循环体
            }
        }
    }
    …
}
```

图 8.7　循环嵌套

例 8.4 输出素数。

输出 100 以内的素数。素数是只能被 1 和本身整除的数。可用穷举法来判断一个数是否是素数。

```
#include <stdio.h>
int main()
{
    int n,i;
    for(n=2;n<=100;n++)
    {
        for(i=2;i<n;i++)
        {
            if(n%i==0)
            {
                break;
            }
        }
        if(i>=n)
        {
            printf("\t%d",n);
        }
    }
    printf("\n");
    return 0;
}
```

程序运行结果如图 8.8 所示。

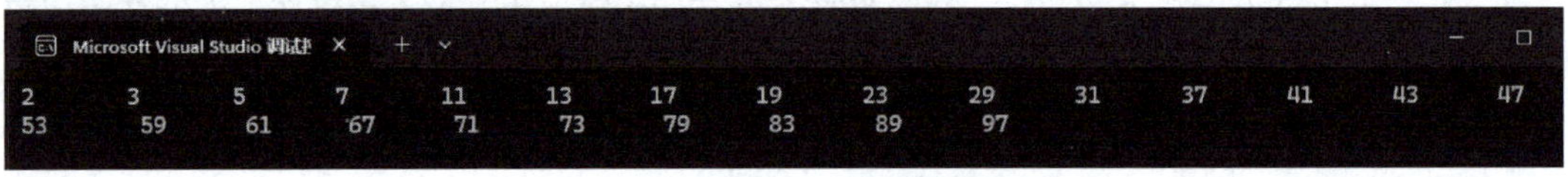

图 8.8　例 8.4 程序运行结果

本例程序中，第一层循环表示对 1~100 这 100 个数逐个判断是否是素数，共循环 100 次，在第二层循环中则对数 n 用 2~n-1 逐个去除，若某次除尽则跳出该层循环，说明不是素数。如果在所有的数都是未除尽的情况下结束循环，则为素数，此时有 i>=n，故可经此判断后输出素数，然后转入下一次大循环。

【任务 3】计算班级学生总分的平均分

1. 任务情景

计算班级单科的平均分仅能反映学生对于这门课程的掌握情况及老师的教学情况，计算学生总分的平均成绩则能反映学生学习的综合情况。红星小学的教务系统中需要开发功能来计算班级学生总分的平均分，根据结果进行该班级学生学习情况的整体评价。

2. 任务描述

视 频

计算班级学生总分的平均分

输入班级学生人数，然后依次输入每个学生语文、数学、英语三门课程的成绩，输入时要保证输入成绩的有效性，无效则重新输入。最后计算学生总分的平均分。

3. 任务分析

任务分析见表 8.3。

表 8.3　任务分析

任务准备	（1）工具准备：Visual Studio 2022
	（2）知识准备：C 语言的 for 循环语句，循环语句的嵌套使用
任务步骤	（1）定义变量存储输入的成绩、学生人数、总分及平均分
	（2）接收输入的学生人数，然后循环接收每个学生三门课的成绩，并累加
	（3）根据总人数和总分，计算平均分并输出

4. 任务实施

（1）打开 Visual Studio 2022，新建项目，然后新建源文件。

（2）编写如下代码：

```
#include <stdio.h>
int main(){
    //定义学生人数、语文成绩、数学成绩、英语成绩总分、平均分
    int stu_cnt,chinese_score,math_score,englise_score,sum_score=0;
    float avg_score;
    printf("请输入学生人数: ");
    scanf_s("%d",&stu_cnt);
    for(int i=0;i<stu_cnt;i++)
    {
        printf("请输入第%d个学生的语文成绩: ",i+1);
        while(true){
            scanf_s("%d",&chinese_score);
            //成绩无效，提示重新输入
            if(chinese_score<0 || chinese_score>100){
                printf("输入的语文成绩无效，请重新输入:");
            }
            else{
                //成绩有效 累加到总分中
                sum_score+=chinese_score;
                break;
            }
        }
        printf("请输入第%d个学生的数学成绩: ",i + 1);
        while(true){
            scanf_s("%d",&math_score);
            //成绩无效，提示重新输入
            if(math_score<0 || math_score>100){
```

```
                printf("输入的数学成绩无效，请重新输入:");
            }
            else{
                //成绩有效 累加到总分中
                sum_score+=math_score;
                break;
            }
        }
        printf("请输入第%d个学生的英语成绩: ",i+1);
        while(true){
            scanf_s("%d",&englise_score);
            //成绩无效，提示重新输入
            if(englise_score<0 || englise_score>100){
                printf("输入的英语成绩无效，请重新输入:");
            }
            else{
                //成绩有效 累加到总分中
                sum_score+=englise_score;
                break;
            }
        }

    }
    //计算平均分
    avg_score=(float)sum_score/(float)stu_cnt;
    printf("该班级学生平均分为: %.2f",avg_score);
    return 0;
}
```

（3）运行程序，根据提示输入数据，结果如图 8.9 所示。

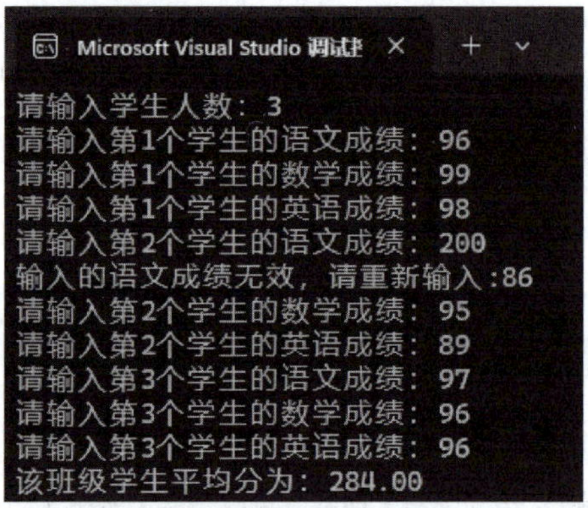

图 8.9　程序运行结果

5. 任务总结

本任务在 for 循环中嵌套 while 循环，保证用户在成绩录入错误时能够重新录入。每个学生的成绩录入方式相同，所以用了一个 for 循环来进行整个大循环操作。在录入单个成绩时，用 while 循环来循环读取输入的成绩，当成绩有效时，停止接收并进入下一个成绩的录入，内层循环执行了 break 语句只会终止当前循环，不会终止整个大的 for 循环。

智慧之光

关键词：坚持和毅力 结构性 实践性

切入点：for 循环的特点之一就是重复执行代码块，直到满足某个条件为止。这种重复性可以类比为素质教育中强调的坚持和毅力，即在面对困难和挑战时，需要坚持不懈地努力，直到达到目标。

for 循环具有清晰的结构，包括初始化、条件判断和迭代更新三部分。这种结构性体现了素质教育中强调的系统性和整体性，即在分析问题和解决问题时，要把握事物的整体结构和内在联系。

for 循环在编程中是一种非常实用的工具，用于解决实际问题。同样，素质教育也强调理论与实践相结合，鼓励学生将理论知识应用到实际生活中，通过实践来检验和深化对素质理念的理解。

小结

（1）for 循环语句使用最为灵活，不仅适用于循环次数已经确定的情况，而且适用于循环次数不确定的情况。它完全可以代替 while、do…while 循环语句。

（2）for 可以在循环体内通过 break、return 等强行跳出循环。

（3）循环嵌套就是在循环体中还包含循环。

作业

一、选择题

1. 在 C 语言中，给定代码片段如下所示，则编译运行后，输出结果是（　　）。

```
for(int i=0;i<10;i++){
        if(i==10-i){
            break;
          }
        if(i%3!=0){
            continue;
          }
        printf("%d ",i);
}
```

A. 0　　B. 0 3　　C. 0 3 6　　D. 0 3 6 9

2. 在 C 语言中，给定代码片段如下所示，则编译运行后，输出结果是（　　）。

```
int i=0,j=10;
for(i=0;i<j;i++,j--)
{
    j++;
        if(i==10)
```

```
        {
            printf("%d,%d\n",i,j);
        }
    }
    printf("%d,%d",i,j);
```

A. 10,10　　B. 10,10 10,　　C. 10,11 10,10　　D. 10,11

3. 在 C 语言中，给定代码片段如下所示，则编译运行后，输出结果是（　　）。

```
int i;
for(i=0;i<3;i++)
{
    switch(i)
    {
        case 1:printf("%d",i);
        case 2:printf("%d",i);
        default: printf("%d",i);
    }
}
```

A. 011122　　B. 012　　C.012020　　D.120

二、编程题

1. 使用嵌套 for 循环打印菱形，效果如图 8.10 所示。

2. 找出 1~100 之间个位数字不是 2、3、4、7，并且不能被 3 整除的整数之和。（提示：获取个位数字用取模运算）。结果如图 8.11 所示。

图 8.10　打印菱形

图 8.11　第 2 题运行结果

单元 9 一维数组

数组是一种组合类型的数据，数组中的每个成员称为“数组元素”，每个数组元素都可以当作单个变量来使用。同一个数组中的所有元素的数据类型必须是相同的，可以是基本数据类型，也可以是指针型、结构型等其他数据类型。数组元素的类型就是数组的类型，可以有整型数组、实型数组、字符型数组、指针型数组、结构型数组等。本单元将详细讲解普通一维数组的定义、数组元素的赋值取值以及插值算法和冒泡排序的方法。

本单元关键词

请在预习前学习下列单词，将其写在横线上。

（1）search（[sə:tʃ] 检索，查找）：______

（2）insert（[in'sə:t] 插入，嵌入）：______

（3）delete（[di'li:t] 删除）：______

（4）temp（[temp] 临时）：______

预习任务

（1）简要说明什么是数组。

（2）如何访问数组的元素？

学习导图

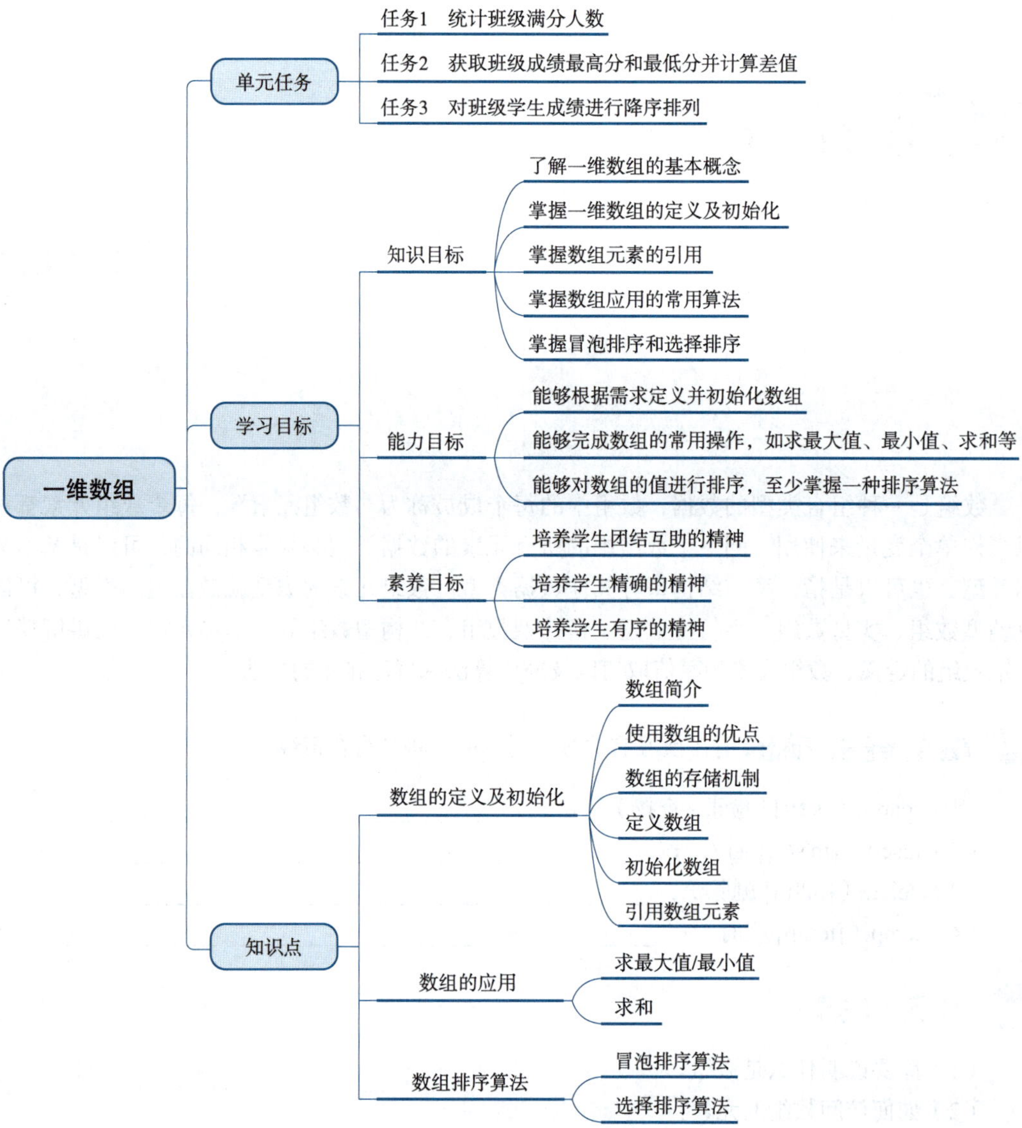

9.1 数组的定义及初始化

9.1.1 数组简介

数组是一组有序的、类型相同的数据集合。

一个数组就像是一列火车，而每个数组元素就是这列火车的每一节车厢。每个数组元素都可以当作单个变量来使用。同一个数组中的所有元素的数据类型必须是相同的，可以是基本数据类型，也可以是指针型、结构型等其他数据类型。数组元素的类型就是数组的类型，可以有整型数组、实型数组、字符型数组、指针型数组、结构型数组等。

给数组命名同给其他变量命名一样，应该遵循标识符命名规则。

数组和图书馆很相似。图书馆有上万本图书，可以说是一个书的集合。读者到图书馆去借书时，直接查找好比大海捞针，但实际上读者可以非常快地借到自己想要的图书，那么图书馆是怎么做到的呢？办法是给图书编号。

再如，乘坐火车旅行时，要按照车票上指定的车厢号上车就座。为了访问数组中的每一个元素，也需要给它们编号，这种编号称为数组元素的下标。C 语言规定下标从 0 开始。

由于有了下标，元素在数组中的位置（或排列顺序）被唯一地确定下来，用数组名和下标就可以准确地访问数组中的每一个元素。

总结来说，数组主要有以下特点：

（1）数组中的元素类型必须相同。

（2）数组的长度一旦指定就不能改变。

（3）数组中的值通过数组名和下标组合起来进行访问。

9.1.2　使用数组的优点

在程序中，如果需要存储一个数值，可以在程序中声明一个变量来进行存储。但是有些时候，为了程序操作方便，需要将一组相关的数值存储在一起，这就是数组出现的最初原因。

例如有 10 个数字，如果要用变量来存放它们，就要分别使用 10 个变量，而且要记住这 10 个变量的名字，很麻烦，此时可以用一个数组变量来存放。

在实际使用时，数组的目的就是存储一组相关的数据，例如棋牌游戏中的一副牌等，从存储数值的角度考虑，其作用是和变量等价的。在实际使用时，数组名称代表一个整体，类似学校里的班级名称，为了能够方便地访问数组中某个具体的值，可对数组中的值进行强制编号，这个编号称作数组的下标，类似班级中每个学员的学号。在实际引用数组中的值时，使用数组名称和下标一起进行指定，类似于 ×× 班级学号为 *n* 的学员。

9.1.3　数组的存储机制

数组元素具有相同的数据类型。在内存中，数组均由连续的存储单元组成，最低地址对应于数组的第一个元素，最高地址对应于数组的最后一个元素，数组可以是一维的，也可以是多维的。

例如，int a[7]，数组 a 在内存中的情形如图 9.1 所示。

元素	0	1	3	4	5	6
地址	1011	1015	1023	1027	1031	1035

图 9.1　整型数组 a 在内存中的情形（假定起始地址为 1011）

9.1.4　定义数组

在本单元中，先介绍一维数组。一维数组的定义方式如下：

```
类型说明符 数组名 [常量表达式];
```

其中：

（1）类型说明符是任一种基本数据类型或构造数据类型。

（2）数组名是用户自定义的数组标识符。

（3）方括号中的常量表达式表示数据元素的个数，也称为数组的长度。

例如：

```
int a[10]; //表示有10个元素的整型数组a
//表示有10个元素的单精度浮点型数组b和有20个元素的单精度浮点型数组c
float b[10],c[20];
char d [20];//表示有20个元素的字符数组d
```

对于数组类型说明应注意以下几点：

（1）数组的类型实际上是指数组元素的取值类型。对于同一个数组，其所有元素的数据类型都是相同的。

（2）数组名的书写规则应符合标识符的书写规定。

（3）数组名不能与其他变量名相同。例如：

```
int a=5;
char a[3];
```

（4）方括号中常量表达式表示数组元素的个数，如 a[5] 表示数组 a 有 5 个元素，但是其下标从 0 开始计算。因此，5 个元素分别为 a[0]、a[1]、a[2]、a[3]、a[4]。

（5）不能在方括号中用变量表示元素的个数，但可以是符号常量或常量表达式。

例 9.1 用常量表达式定义数组大小。

```
#define SIZE 5
int main()
{
    int a[5+4],b[2*SIZE];            //正确，方括号内可放常量或常量表达式
    return 0;
}
```

使用符号常量、一般常量定义数组大小是合法的。但是下列代码表示是错误的：

```
int main()
{
    int a=20;
    int b[a];                     //方括号内不能放变量或变量表达式
    return 0;
}
```

（6）允许在同一个类型说明中，声明多个数组和多个变量。例如：

```
int a,b,c,d,m1[13],m2[24];
```

9.1.5 初始化数组

初始化数组是指在创建数组的同时为数组的元素赋予初始值的过程。在 C 语言中，有以下几种方式初始化数组。

1. 完全初始化

完全初始化，就是在定义时，将数组中的每个元素的值都定义。例如：

```
int array[5]={1,2,3,4,5};
```

采用完全初始化的方式定义数组时，数组的长度可省略。程序在编译时会自动计算数组长度。例如：

```
int array[]={1,2,3,4,5};         //数组的长度为5
```

2. 部分初始化

部分初始化，就是在定义时，只给部分元素定义值，剩余未定义的元素会被设置为 0 或未定义的值。例如：

```
int array[5]={1,2};              // 数组为{1,2,0,0,0}
```

3. 使用循环初始化

也可以在初始化时使用循环为每个元素定义值。例如：

```
int array[5];
for(int i=0;i<5;i++){
    array[i]=i+1;
}
```

4. 使用字符串初始化字符数组

对于字符数组，可以采用字符串字面量来初始化。例如：

```
char str[]="Hello,World!";
```

在这个例子中，创建了一个字符数组，并使用字符串 "Hello,World!" 来初始化。注意，字符串的结尾会有一个空字符（'\0'）作为结束符。

注意：

数组的大小在 C 语言中必须是固定的，且一旦数组被声明，其大小就不能改变。

9.1.6 引用数组元素

数组元素是组成数组的基本单元。数组元素也是一种变量，其标识方法为数组名后跟一个下标。下标表示了元素在数组中的顺序号。

引用数组元素的一般形式如下：

```
数组名，[下标]
```

其中，下标只能为整型常量或整型表达式，当为小数时，C 语言编译时将自动取整。

例如：

```
a[5]
a[i+j]
a[i++]
```

都是合法的数组元素。

注意：在 C 语言中只能逐个使用数组元素，不能一次引用整个数组。

例如，输出有 10 个元素的数组必须使用循环语句逐个输出各个数组元素：

```
for(i=0;i<10;i++){
```

```
    printf("%d",s[i]);
}
```

不能用一条语句输出整个数组。下面的写法是错误的：

```
printf("%d",s);
```

上述引用数组元素的方法称为“下标法”。C 语言规定，以下标法使用数组元素时，下标可以越界，即下标可以不在 0~(长度 -1) 的范围内。例如，定义数组为 a[3]，能合法使用数组元素是 a[0]、a[1]、a[2]。而 a[3]、a[4] 虽然也能使用，但由于下标越界，超出数组元素的范围，造成程序运行结果不可预料。

C 语言中还允许使用“指针方式”来引用数组元素，称为“指针法”。这个问题将在后面介绍。

数组名始终代表数组的首地址，是一个常量。例如，图 9.1 中数组 a 的值为 1011。

当执行 a[5]=200 这条语句时，计算机先要根据数据的首地址计算出 a[5] 元素的地址，计算规则为：a+5*sizeof(int)=1011+5*4=1031，然后把 200 放到 1031 这个内存单元中。如果执行 a[5]=a[5]+200; 元素 a[5] 被引用了两次，地址计算也需要计算两次，所以数组的缺点是速度比普通变量慢。

【任务 1】统计班级满分人数

视 频

统计班级满分人数

1. 任务情景

统计班级满分人数，可以反映教师的教学水平和教学质量，也可以反映班级学生的学习水平和对知识的掌握程度，还可以激励学生积极学习。红星小学的教务系统中，需要统计班级获得满分的人数。

2. 任务描述

用数组存储班级学生成绩，最后输出学生成绩明细和满分人数。

3. 任务分析

任务分析见表 9.1。

表 9.1　任务分析

任务准备	（1）工具准备：Visual Studio 2022
	（2）知识准备：C 语言的 for 循环语句，数组定义及遍历
任务步骤	（1）定义数组存储学生成绩
	（2）遍历数组，统计满分人数
	（3）输出学生成绩明细及满分人数

4. 任务实施

（1）打开 Visual Studio 2022，新建项目，然后新建源文件。

（2）编写如下代码：

```
#include <stdio.h>
int main(){
    //定义班级语文成绩
```

```
    intscore[20]={98,99,95,86,75,100,69,100,86,83,100,93,92,96,100,75,86,94,100,92};
    int count=0;
    //遍历数组　统计满分人数
    for(int i=0;i<20;i++){
        if(score[i]==100){
            count++;
        }
    }
    printf("该班级学生成绩明细如下: ");
    for(int i=0;i<20;i++){
        printf("%d ",score[i]);
    }
    printf("\n满分人数为: %d人",count);
    return 0;
}
```

（3）运行程序，结果如图 9.2 所示。

图 9.2　程序运行结果

5. 任务总结

当前任务中，用数组存储当前班级学生的考试成绩，对该数组进行了两次遍历，第一次用于查找满分人数，第二次用于输出成绩明细。在完成该任务时，可以思考如何采用一次循环来解决查找满分人数和输出成绩明细两个问题，然后对示例代码进行优化。

9.2　数组的应用

数组应用的常见算法如下：

1. 求最大值与最小值

求最大值与最小值是比较常见的算法，在程序中运用得比较广泛。在若干数中求最大值，一般先取第一个数为最大值的初值（即假设第一个数为最大值），然后在循环体内将每一个数与最大值比较，若该数大于最大值，将该数替换为最大值，直到循环结束。

求最小值的方法和求最大值的方法类似。

例 9.2　求最大值与最小值。

```
/**
* 对数组元素求最大值、最小值
 */
#include <stdio.h>
int main()
```

```
{
    //num[5]存放要排序的数字
    //max、min为最大值、最小值
    //i 循环变量
    int num[5],max,min,i;
    /*循环输入5个数字*/
    printf("请输入5个数字:");
    for(i=0;i<5;i++)
    {
        scanf_s("%d",&num[i]);
    }
    //默认将最大值、最小值均设置为数组的第一个元素
    max=num[0];
    min=num[0];

    /**
     *循环遍历数组，
     *将max与每个数组元素相比较，求出最大值。
     *将min与每个数组元素相比较，求出最小值。
     *i从1开始，即从数组第二个元素开始，
     *是因为默认了max=min=num[0]，
     *所以不需要与数组第一个元素比较。
     */
    for(i=1;i<5;i++)
    {
        //如果当前数组元素比max还大，则将该数组元素设置为最大值
        if(max<num[i])
        {
            max=num[i];
        }
        //如果当前数组元素比min还小，则将该数组元素设置为最小值
        if(min>num[i])
        {
            min=num[i];
        }
    }
    //输出最大值和最小值
    printf("\n最大值为:%d",max);
    printf("\n最小值为:%d\n",min);
    return 0;
}
```

程序运行结果如图 9.3 所示。

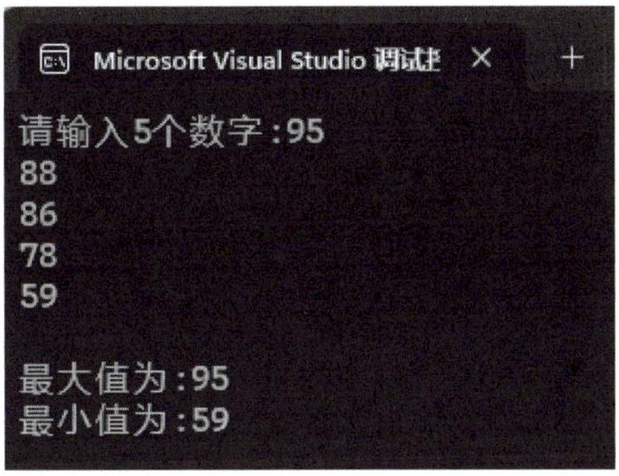

图 9.3　例 9.2 程序运行结果

2. 求（数组元素的）总和

求和的思路就是将数组所有元素的值循环相加。

例 9.3 求总和。

```
#include<stdio.h>
int main()
{
    //sum为总和
    int sum=0;
    //num为要计算总和的数组
    int num[10]={1,2,3,4,5,6,7,8,9,10};
    //计算总和
    //循环遍历数组元素
    for(int i=0;i<10;i++)
    {
        sum+=num[i];
    }
    //输出结果(总和)
    printf("数组的元素总和为:%d\n",sum);
    return 0;
}
```

程序运行结果如图 9.4 所示。

图 9.4　例 9.3 程序运行结果

在求和的基础上，还可以继续求平均值，这里就不再详细介绍。

【任务 2】获取班级成绩最高分和最低分并计算差值

视 频

获取班级成绩最高分和最低分，并计算差值

1. 任务情景

在教务系统中，获取学生的最高分、最低分以及它们的差值可以提供一些有用的信息。这些信息对于教务管理、教学质量评估和学生学习情况分析等方面都有一定的意义。最高分和最低分能够反映出课程或教师教学效果的上下限，也能反映学生的学习情况，对于教务管理的决策有一定的参考作用。

2. 任务描述

在红星小学的教务系统中，开发功能实现录入班级成绩后，获取最高分和最低分，并计算差值，最后将明细和结果输出。

3. 任务分析

任务分析见表 9.2。

表 9.2 任务分析

任务准备	（1）工具准备：Visual Studio 2022
	（2）知识准备：C 语言的 for 循环语句，从数组中获取最大值和最小值
任务步骤	（1）定义数组、用来存储学生成绩
	（2）定义最高分、最低分和差值
	（3）接收输入的学生成绩
	（4）遍历数组，查找最高分和最低分，计算差值并输出

4. 任务实施

（1）打开 Visual Studio 2022，新建项目，然后新建源文件。

（2）编写如下代码：

```
#include<stdio.h>
int main()
{
    //定义成绩数组，设置该班级为10人
    int score[10];
    int max_score ,min_score,diff_score;
    //录入学生成绩
    printf("请依次输入学生成绩: ");
    for(int i=1;i<10;i++){
        scanf_s("%d",&score[i]);
    }
    //默认最大值和最小值为数组中的第一个元素
    max_score=min_score=score[0];
    //查找最高分和最低分
    for(int i=0;i<10;i++){
        if(score[i]>max_score){
```

```
            max_score=score[i];
        }
        if(score[i]<min_score){
            min_score=score[i];
        }
    }
    //计算差值
    diff_score=max_score-min_score;
    printf("最高分为: %d,最低分为%d,差值为: %d",max_score,min_score,diff_score);
    return 0;
}
```

（3）运行程序，结果如图 9.5 所示。

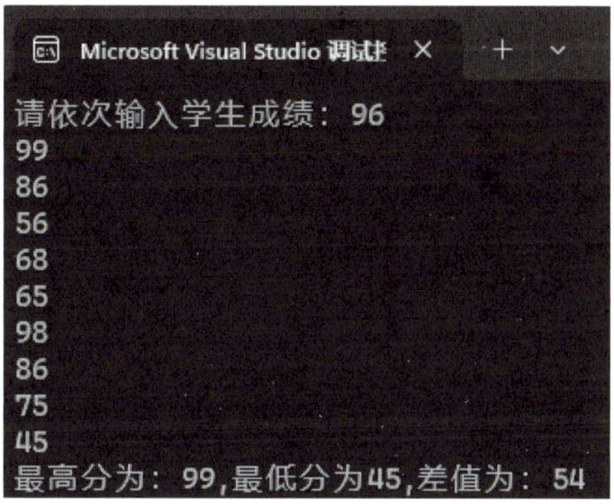

图 9.5　程序运行结果

5. 任务总结

当前任务比较简单，主要为遍历数组获取最高分和最低分，然后计算差值。与前面的例 9.2 实现差不多，需要重点理解为何后面的循环从下标 1 开始，而不是从 0 开始。

9.3　数组排序算法

9.3.1　冒泡排序算法

1. 冒泡排序思路

冒泡排序（bubble sort）是一种简单的排序算法，它重复地遍历要排序的数列，一次比较两个元素，如果它们的顺序错误就互相交换位置。遍历数列的工作是重复地进行，直到没有再需要交换的元素，也就是说该数列已经排序完成。

这个算法的名字由来是因为越小的元素会经由交换慢慢“浮”到数列的顶端。就如同气泡一样，较大的元素会沉到数列下方。

以下是冒泡排序的基本思路和步骤：

（1）初始化：从数列的第一个元素开始，将其与相邻的元素进行比较。

（2）比较与交换：如果当前元素比其相邻的元素大，则交换这两个元素的位置。这样，经过第一次遍历后，最大的元素会被“冒泡”到数列的最后一个位置。

（3）继续遍历：然后，从数列的第二个元素开始（因为最后一个元素已经是最大的了，不需要再比较），重复上述比较和交换的过程。这样，经过第二次遍历后，次大的元素会被冒泡到倒数第二个位置。

（4）重复上述步骤：继续这个过程，每次遍历都会使当前未排序部分的最大元素冒泡到其正确的位置，直到整个数列都被排序。

冒泡排序第一次循环的示意图如图 9.6 所示。

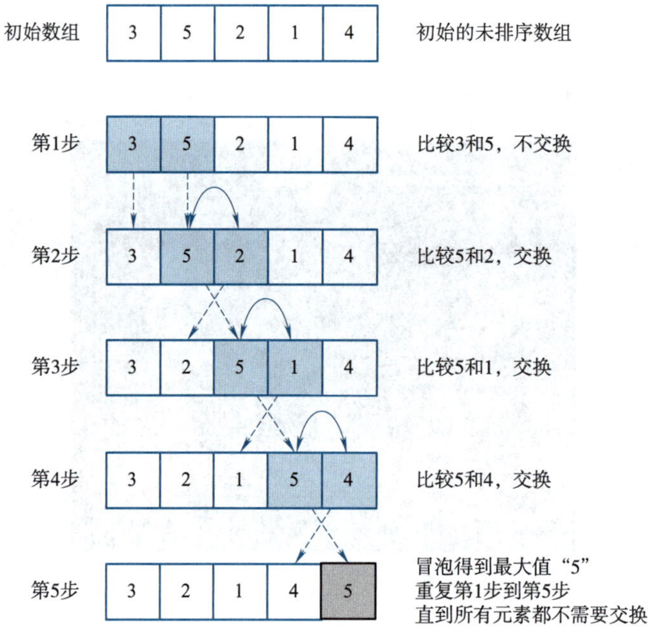

图 9.6　冒泡排序第一次循环示意图

2. 实现代码参考

例 9.4 冒泡排序。

```
/*冒泡排序算法*/
#define SIZE 6
#include <stdio.h>
int main()
{
    int i,j,temp;
    int a[SIZE]={ 23,78,45,8,32,56 };
    printf("冒泡排序前: ");
    //输出排序前的结果
    for(i=0;i<SIZE;i++)
    {
        printf(" %d ",a[i]);
    }
```

```
    printf("\n冒泡排序后: ");
    //排序算法核心实现代码
    for(i=0;i<SIZE-1;++i)
    {
        for(j=0;j<SIZE-i-1;++j)
        {
            if(a[j]>a[j+1])
            {
                temp=a[j];
                a[j]=a[j+1];
                a[j+1]=temp;
            }
        }
    }
    //输出排序后的结果
    for(i=0;i<SIZE;i++)
    {
        printf(" %d ",a[i]);
    }
    printf("\n");
    return 0;
}
```

运行程序，结果如图 9.7 所示。

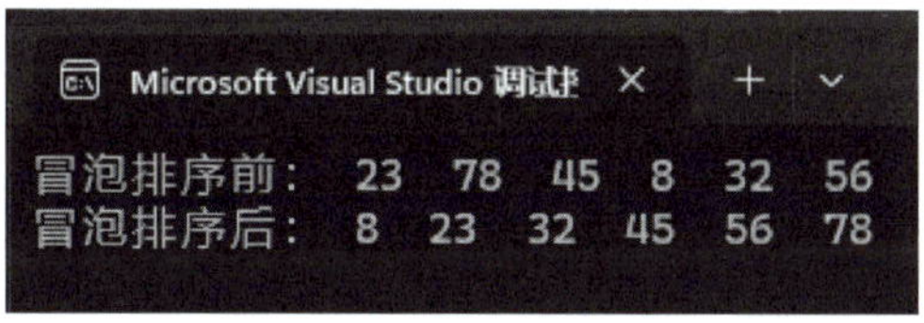

图 9.7　例 9.4 程序运行结果

对于冒泡排序，有一个口诀可以帮助掌握：*N* 个元素来排序，外层循环 *N*-1，内层循环 *N*-*i*-1，两两相比小（大）靠前。

9.3.2　选择排序算法

1. 选择排序思路

选择排序（selection sort）是一种简单直观的排序算法。其基本思路是：在待排序的序列中，每次从未排序部分选择最小（或最大）的一个元素，将其存放到已排序序列的末尾，直到所有元素均排序完毕。

以下是选择排序的详细步骤：

（1）初始化：从待排序序列的第一个元素开始，将其视为当前最小（或最大）的元素。

（2）选择最小（或最大）元素：从当前元素开始，遍历整个未排序部分，寻找最小（或最大）的元素。在此过程中，记录下最小（或最大）元素的索引。

（3）交换位置：如果找到的最小（或最大）元素的索引不是当前元素的索引，则将它们交换位置。这样，最小（或最大）的元素就被放到了已排序部分的末尾。

（4）继续排序：将当前元素的位置向后移动一位，然后重复步骤（2）和步骤（3），直到所有元素都被排序。

需要注意的是，选择排序是一种不稳定的排序方法。也就是说，如果待排序的序列中存在两个或多个相等的元素，选择排序可能会改变它们的相对顺序。选择排序的过程如图 9.8 所示。

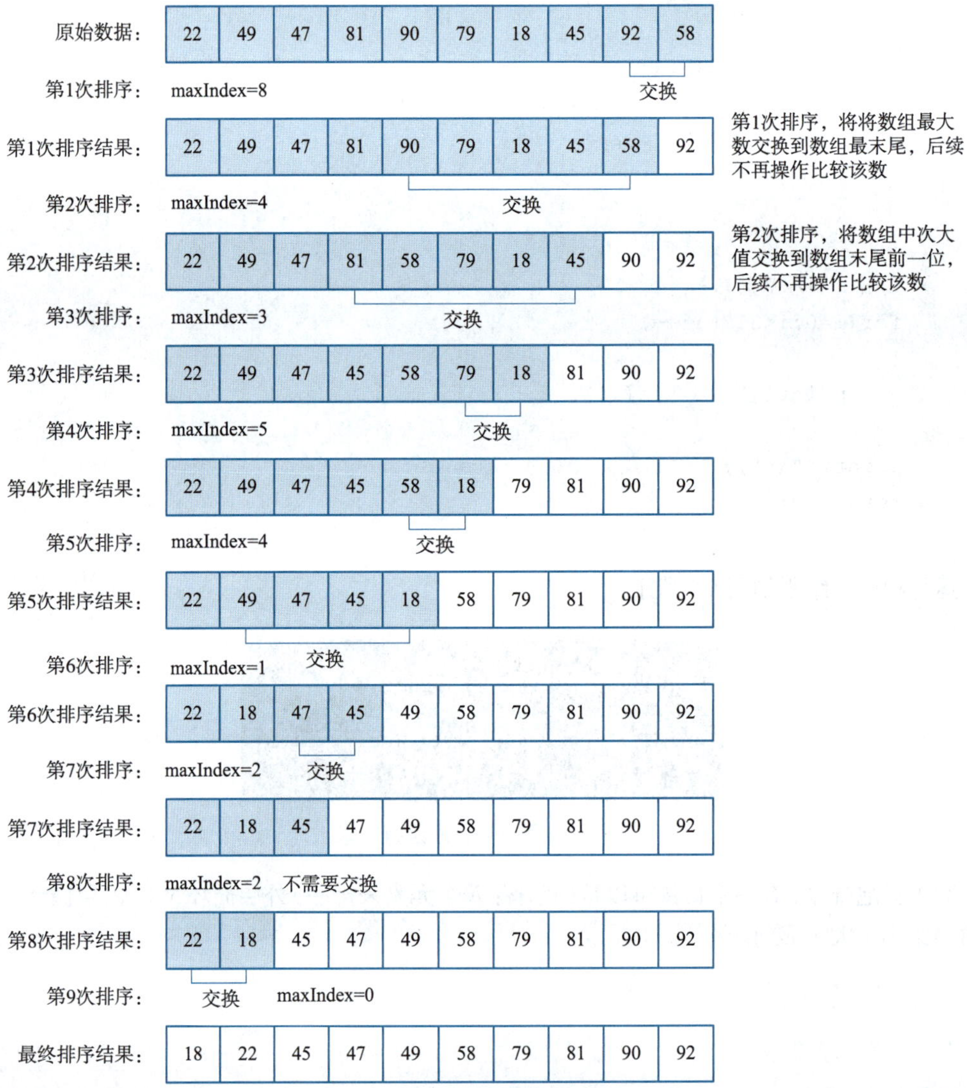

图 9.8　选择排序示意图

2. 实现代码参考

例 9.5 选择排序。

```
#include <stdio.h>
#define N 5
```

```
int main(){
    int arr[]={ 64,25,12,22,11 };
    printf("原始数组:\n");
    for(int i=0;i<N;i++){
        printf("%d ",arr[i]);
    }
    int   minIndex,temp;
    // 遍历所有数组元素
    for(int i=0;i<N-1;i++){
        // 寻找未排序部分的最小元素
        minIndex=i;
        for(int j=i+1;j<N;j++){
            if(arr[j]<arr[minIndex]){
                minIndex=j;
            }
        }
        // 将找到的最小元素与第一个未排序位置交换
        temp=arr[minIndex];
        arr[minIndex]=arr[i];
        arr[i]=temp;
    }
    printf("\n排序后的数组: \n");
    for(int i=0;i<N;i++){
        printf("%d ",arr[i]);
    }
    return 0;
}
```

运行程序，结果如图 9.9 所示。

图 9.9　例 9.5 程序运行结果

9.3.3　冒泡排序和选择排序的区别

冒泡排序和选择排序的区别如下：

（1）比较次数：在冒泡排序中，每一轮都会进行多次比较，直到没有元素需要交换为止。因此，冒泡排序的总比较次数可能会比选择排序多。而选择排序每轮只进行一次最小（或最大）元素的查找和交换，所以总比较次数相对较少。

（2）交换次数：冒泡排序每轮都可能需要进行多次交换，因为相邻的元素可能需要多次交换才能到达正确的位置。而选择排序每轮只需要进行一次交换，将找到的最小（或最大）元素放到已排序序列的末尾。

（3）稳定性：冒泡排序是稳定的排序方法，因为它不会改变相同元素的相对顺序。这意味着如果有两个相同的元素，它们在排序后的顺序与原始顺序相同。而选择排序则不稳定，因为在每次选择最小（或最大）元素的过程中，可能会破坏相同元素的原始顺序。

（4）空间复杂度：冒泡排序和选择排序都是原地排序算法，不需要额外的存储空间。因此，它们的空间复杂度为 $O(1)$。

（5）时间复杂度：冒泡排序和选择排序的时间复杂度都是 $O(n^2)$，其中 n 是待排序数组的长度。这是因为它们都需要进行多次比较和交换操作。

（6）应用场景：由于冒泡排序的稳定性和简单性，它通常用于小规模数据的排序。而选择排序适用于任何规模的数据排序，但可能不如其他更高效的排序算法（如快速排序、归并排序等）适用于大规模数据。

【任务 3】对班级学生成绩进行降序排列

视 频

对班级学生成绩进行降序排列

1. 任务情景

成绩排序最直接地反映了学生在某个时间段或特定任务上的学习成果。它帮助学生和教师了解学生在课程中的强项和弱项，从而可以针对这些信息进行针对性的教学和学习策略调整。此外，也可以为教育决策者提供有价值的信息。例如，学校可以根据学生的整体成绩排序情况来调整课程设置、教学方法或学习资源分配，以更好地满足学生的需求。红星小学的教务系统中，要对考试成绩进行排序。

2. 任务描述

将某班级 20 名学生的语文成绩按照降序排列，便于老师对成绩分布进行分析。20 名学生的语文成绩分别为 98、96、86、99、100、68、100、97、89、96、76、82、84、83、96、93、92、82、85、87。

3. 任务分析

任务分析见表 9.3。

表 9.3　任务分析

任务准备	（1）工具准备：Visual Studio 2022
	（2）知识准备：冒泡排序或选择排序
任务步骤	（1）定义数组，用来存储学生成绩
	（2）对成绩进行降序排序
	（3）输出排序后的成绩

4. 任务实施

（1）打开 Visual Studio 2022，新建项目，然后新建源文件。

（2）由于该班级只有 20 个名学生，数据规模不算大，所以采用冒泡排序算法。

（3）根据冒泡排序口诀，降序排列时，两两相比大靠前。编写代码如下：

```
#include <stdio.h>
#define N 20
int main(){
    int arr[20]={ 98,96,86,99,100,68,100,97,89,96,76,82,84,83,96,93,92,82,85,87 };
    //遍历所有数组元素
    for(int i=0;i<N-1;i++){
        for(int j=0;j<N-i-1;j++){
            if(arr[j]<arr[j+1]){
                int temp=arr[j];
                arr[j]=arr[j+1];
                arr[j+1]=temp;
            }
        }
    }
    printf("排序后的成绩: \n");
    for(int i=0;i<N;i++){
        printf("%d ",arr[i]);
    }
    return 0;
}
```

（4）运行程序，结果如图 9.10 所示。

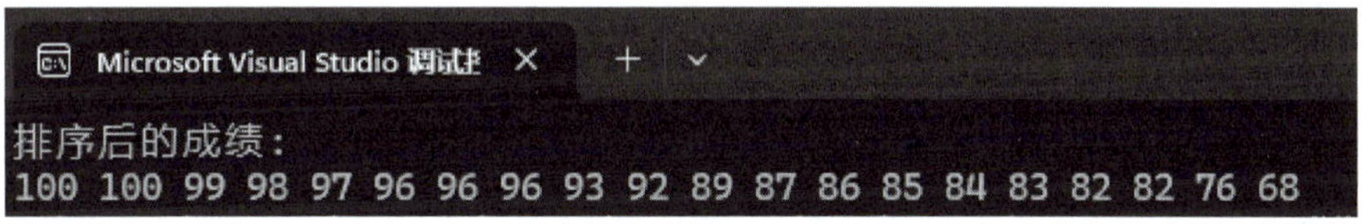

图 9.10　成绩排序结果

5. 任务总结

本任务是冒泡排序的实际应用，对于两两比较，是小靠前还是大靠前取决于是升序排序还是降序排序，升序是从小到大排序，所以小靠前，降序排序是从大到小，所以大靠前。在实际使用中需要灵活运用。

智慧之光

关键词： 团结　精确　有序

切入点： 一维数组中的元素按照特定的顺序排列。这可以映射到素质元素中的“纪律性”或“规范性”。在社会生活中，纪律和规范是维持秩序和保证效率的基础，正如数组中的元素需要按照一定的规则排列才能有效地被访问和处理。

数组作为一个整体，其元素共同构成了数组的全部内容。这可以象征集体主义和团结精神。在素质教育中，我们经常强调集体的力量，个人应当服从集体，为集体的发展贡献力量。

数组中的每个元素都有明确的位置和值，这种精确性可以映射到素质要素中的“严谨性”或“求真精神”。在学习和实践中，我们应当追求真理，严谨对待每一个问题，确保工作的准确性和可靠性。

小结

在本单元中，主要讲解了如下知识点：

（1）为什么使用数组？为了程序操作的方便，需要将一组相关的数值存储在一起，单个变量不能满足需求，而数组可以。

（2）数组是一组有序的、类型相同的数据的集合。

（3）数组的存储机制：

- 数组元素具有相同数据类型。
- 在内存中，数组均由连续的存储单元组成。

（4）一维数组名 [下标] 就可以引用一维数组元素。

（5）数组名的含义：始终代表数组的首地址，是一个常量。

（6）初始化数组有 3 种方法。

（7）简单字符串的应用：输入 / 输出字符串。

（8）冒泡排序的原理：根据轻气泡不能在重气泡之下的原则，从下往上扫描数组：凡扫描到违反本原则的轻气泡，就使其向上“飘浮”。如此反复进行，直到最后任何两个气泡都是轻者在上、重者在下为止。

（9）选择排序的原理：遍历未排序部分，取到最大（小）值，用本次遍历区间的第一个元素与之交换，直到遍历完成。

作业

一、选择题

1. 分析如下所示的代码，编译运行后的输出结果是（　　）。

```
int main()
{
    char ch[]={ 'a','b','c' };
    for(int i=0;i < 3;i++)
    {
        printf("%c",ch[i]);
        i++;
    }
   return 0;
}
```

A. abc　　B. ab　　C. ac　　D. a

2. 设 array 为一个数组，则表达式 sizeof(array)/sizeof(array[0]) 的结果是（　　）。

A. array 数组首地址　　B. array 数组的元素个数

C. array 数组中每个元素所占的字节数　　D. array 数组所占的总字节数

3. 在 C 语言中，为了采用冒泡排序法将 45、80、35、20、100 几个数字按从小到大的顺序排列，在下画线处应该填写的代码是（　　）。

```
int main()
```

```
{
    int num[5]={ 45,80,35,20,100 };
    int i,j,temp;
    for(i=0;i<5;i++)
    {
        for(j=0;j < 5 - i - 1;j++)
        {
            if(________)
            {
                temp=num[j + 1];
                num[j + 1]=num[j];
                num[j]=temp;
            }
        }
    }
}
```

A. num[j]<num[j+1]　　B. i>j　　C. num[j]>num[j+1]　　D. i<j

二、编程题

1. 小强从超市购买了10件商品。编写一个程序，用于接收每件商品的价格，计算应付的总金额并输出。运行结果如图9.11所示。

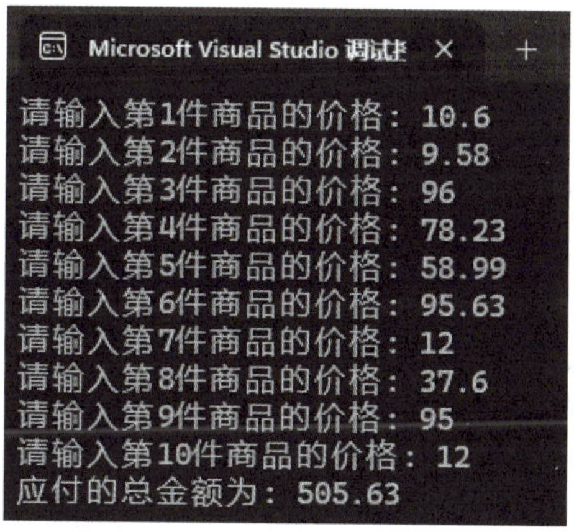

图9.11　计算应付总金额

2. 接收用户输入的一个6位数字，将这个6位数字按逆序输出。例如，输入123456，输出654321。（提示：分解这个数字的个位、十位……十万位，存放到数组中，将数组元素逆序输出）。程序运行结果如图9.12所示。

图9.12　逆序输出数字

单元10

函数

在单元 1 中已经介绍过，C 语言源程序是由函数组成的。虽然在前面各章的程序中都只有一个主函数 main()，但实用程序往往由多个函数组成。函数是 C 语言源程序的基本模块，通过对函数模块的调用实现特定的功能。C 语言的函数相当于其他高级语言的子程序。C 语言不仅提供了极为丰富的库函数（如 MS C、Turbo C 都提供了 300 多个库函数），还允许用户自己定义函数。用户可把自己的算法编成一个个相对独立的函数模块，然后通过调用的方式使用函数。

可以说 C 语言程序的全部工作都是由各式各样的函数完成的，所以也把 C 语言称为函数式语言。由于采用了函数模块式的结构，C 语言易于实现结构化程序设计，使程序的层次结构清晰，便于程序的编写、阅读、调试。本单元将详细讲解 C 语言中的函数，包括函数的基本概念、函数定义、函数调用以及常用的系统函数。

本单元关键词

请在预习前学习下列单词，并将其写在横线上：

（1）total（['təutəl] 总计的，全部的）：____________________

（2）max（[mæks] 最高的，最大极限的）：____________________

（3）min（['min] 最小值，最小的）：____________________

（4）bios（['baiɔs] 生长素，生命素）：____________________

（5）function（['fʌŋkʃən] 功能，作用）：____________________

预习任务

编写一个函数，接收 3 个整型变量，然后将它们从大到小进行输出。

学习导图

- 函数
  - 单元任务
    - 任务1 用函数实现成绩录入
    - 任务2 录入成绩后完成成绩处理
    - 任务3 计算斐波那契数列第N项的值
  - 学习目标
    - 知识目标
      - 了解函数的概念
      - 掌握函数的定义和调用
      - 了解函数参数的类型
      - 了解函数的原型声明
      - 掌握局部变量和全局变量的区别
      - 理解函数递归调用的思想
      - 掌握函数的递归调用
    - 能力目标
      - 能够根据需求编写合适的函数
      - 能够在项目中合理地使用局部变量和全局变量
    - 素养目标
      - 培养学生逻辑严谨的工作态度
      - 培养学生团队合作与分工的思维
      - 培养学生精益求精的精神
  - 知识点
    - 函数基础
      - 函数的概念
      - 使用函数的优点
      - 函数分类
      - 函数的三大特征
      - 函数定义
      - 函数调用
      - 参数的类型
      - 函数原型声明
    - 局部变量和全局变量
      - 局部变量
      - 全局变量
    - 函数的递归调用
      - 递归调用的基本思想
      - 递归调用的特点

10.1 函数基础

10.1.1 函数的概念

C 语言中的函数是一种非常重要的编程结构，它允许将代码块组织在一起以执行特定的任务。所以，又称函数是一个可以完成特定任务的子程序。

10.1.2 使用函数的优点

在C语言中使用函数的优点其实就像人们在生活中使用各种工具一样，可使人们的工作变得更轻松、更高效。

1. 整理代码

想象一下书桌，如果所有的东西都堆在一起，找东西会很麻烦。函数就像一个个小盒子，可以把相关的代码放到同一个盒子里，这样桌面就会变得整洁。要做什么事情，直接打开对应的盒子即可。

2. 重复利用

如果有一个很好的工具，如一把好用的剪刀，你是否会每次都重新做一个？当然不会，你会一直用它，直到它坏掉。函数也是这样，一旦写好了一个函数，就可以在很多地方重复使用，不用每次都重新写。

3. 更容易理解

如果一个函数只做一件事情，如“计算两个数的和”，那么每次看到这个函数的名字，就知道它是做什么的。这样，当别人看此代码时，就能更快地理解它。

4. 方便调试

如果代码出了问题，只需要检查出问题的函数，而不是整个程序。这就像计算机出了问题，只需要检查出问题的部件，而不是整个计算机。

5. 效率

有些函数可能做了很复杂的计算，但如果把它写好并保存下来，下次需要时就可以直接调用，不用每次都重新计算。这就像你学了一项新技能，以后每次需要用这项技能时，都能快速上手，不用从头开始学。

所以，使用函数就像使用工具一样，可让编程工作变得更简单、更高效。

10.1.3 函数分类

在C语言中可从不同的角度对函数分类。

1. 从函数定义的角度分类：

（1）库函数（标准）：由C语言系统提供，无须用户定义，也不必在程序中进行类型说明，只需要在程序前包含有该函数原型的头文件即可在程序中直接调用。在前面各章的例题中反复用到printf()、scanf()、getchar()、putchar()等函数均属此类。

（2）用户定义函数：由用户按需要编写的函数。对于用户自定义函数，不仅要在程序中定义函数本身，而且在主调函数模块中还必须对该被调函数进行类型说明，然后才能使用。

2. 从C语言函数兼有其他语言中的函数和过程两种功能的角度分类

（1）有返回值函数：此类函数被调用执行完后，将向调用者返回一个执行结果，称为函数返回值，如数学函数即属于此类函数。由用户定义的这种要返回函数值的函数，必须在函数定义和函数说明中明确返回值的类型。

（2）无返回值函数：此类函数用于完成某项特定的处理任务，执行完成后不向调用者返回函数值。这类函数类似于其他语言的过程。由于函数无须返回值，用户在定义此类函数时可指定它的返回为“空类型”，空类型的说明符为 void。

3. 从主调函数和被调函数之间数据传送的角度分类

（1）无参函数：函数定义、函数说明及函数调用中均不带参数。主调函数和被调函数之间不进行参数传送。此类函数通常用来完成一组指定的功能，可以返回或不返回函数值。

（2）有参函数：也称为带参函数。在函数定义及函数说明时都有参数，称为形式参数(简称为形参)。在函数调用时也必须给出参数，称为实际参数(简称为实参)。进行函数调用时，主调函数将把实参的值传送给形参，供被调函数使用。

4. 从 C 语言提供的库函数功能角度分类

（1）字符类型分类函数：用于对字符按 ASCII 码分类：字母、数字、控制字符、分隔符、大小写字母等。

（2）转换函数：用于字符或字符串的转换；在字符量和各类数字量(整型等)之间进行转换；在字母大、小写之间进行转换。

（3）目录路径函数：用于文件目录和路径操作。

（4）诊断函数：用于内部错误检测。

（5）图形函数：用于屏幕管理和各种图形功能。

（6）输入 / 输出函数：用于完成输入 / 输出功能。

（7）接口函数：用于与 DOS、BIOS 和硬件的接口。

（8）字符串函数：用于字符串操作和处理。

（9）内存管理函数：用于内存管理。

（10）数学函数：用于数学函数计算。

（11）日期和时间函数：用于日期、时间转换操作。

（12）进程控制函数：用于进程管理和控制。

（13）其他函数：用于其他各种功能。

以上各类函数不仅数量多，而且有的还需要硬件知识才会使用，因此要想全部掌握则需要一个较长的学习过程。应首先掌握一些最基本、最常用的函数，再逐步深入。

10.1.4　函数的三大特征

1. 函数名

函数名代表函数的入口地址，指出了函数的位置。

2. 函数返回值类型

函数的返回值是指调用函数时从函数中得到的值，指定了返回值的类型。

3. 函数的参数类型和数目

指定了调用函数时要向函数传递的数据的类型和数目。函数参数的类型在本单元后面将详细介绍。

10.1.5　函数定义

前面讲了函数的三大特征，在定义函数时，这三大特征都会表现在函数的定义语句上。

函数定义的语法规则如下：

```
函数返回值类型  函数名([参数1类型 参数1名称[,参数2类型 参数2名称...]])
{
    函数体
}
```

当函数没有返回值时，函数返回值类型使用 void。函数名由开发者自定义，命名规范遵循标识符的命名规则。函数名后面有一个小括号，括号里面根据需要添加参数，也可以不需要参数。大括号里面的内容为函数体，也就是当前函数完成特定功能的语句集合。

例 10.1 输出欢迎语函数。

```
void hello()
{
    printf("欢迎来到C语言的世界，尽情地遨游吧！！\n");
}
```

以上代码定义了一个用于输出欢迎语的函数。这个函数没有参数也没有返回值。当调用该函数时，会输出“欢迎来到 C 语言的世界，尽情地遨游吧！！”。

例 10.2 求两个整数的和。

```
int plus(int a,int b)
{
    return a+b;
}
```

以上代码定义了一个函数，接收两个整数，然后计算它们的和，最后用 return 返回。

例 10.3 输出两个整数中的最大值。

```
void max(int a,int b)
{
    if(a>b){
        printf("最大值是: %d",a);
    }else{
        printf("最大值是: %d",b);
    }
}
```

以上代码定义了一个用来输出两个整数中最大值的函数，传入参数为 a 和 b 两个整数，通过判断后，输出最大的值，没有返回值。

从上面的例子中可以看到，函数是否需要参数和返回值，取决于这个函数的作用。如果需要通过这个函数得到一个结果，就需要返回值；如果需要这个函数对某些数据进行处理，就需要参数。例 10.1 是输出一段欢迎语，所以不需要参数也不需要返回值；例 10.2 是求两个整数的和，两个整数是需要处理的数据，和是需要得到的结果，所以有参数也有返回值。例 10.3 是输出两个整数中的最大值，两个整数是需要处理的数据，直接输出了结果，不需要结果，所以有参数无返回值。

函数的返回值采用 return 关键字进行返回，return 后面跟一个可以得出确切值的表达式，如计算得出的变量、三目表达式、一个常量表达式等。

10.1.6　函数调用

函数定义之后，就如同制作完成了一个工具，但它并不会自动发挥作用。要想这个工具真正为我们完成某项工作，就需要对其进行调用。简单来说，函数的调用就是使用这个工具的过程，只有当真正去调用它，它才能发挥其预定的功能，产生我们期望的效果。所以，函数的定义只是创建了这个工具，而调用才是让它真正发挥作用的关键步骤。

函数调用的一般形式：

```
[返回值类型  变量=]函数名([参数值1,参数值2…参数值n ]);
```

依照函数定义，有返回值的就需要声明变量进行接收，无返回值则可以直接使用函数名进行调用。需要注意的是，必须根据函数声明时定义的参数列表传递参数。

例 10.4 调用例 10.3 定义的 max() 函数。

```
#include<stdio.h>
//定义函数max()
void max(int a,int b)
{
    if(a>b){
        printf("最大值是: %d",a);
    }
    else{
        printf("最大值是: %d",b);
    }
}
//程序主入口main()函数
int main(){
    max(10,8);
}
```

运行程序，结果如图 10.1 所示。

图 10.1　例 10.4 程序运行结果

例 10.5 文字滚动效果。

```
#include <stdio.h>
#include <windows.h>            // 为了使用Sleep()函数
#define DELAY 500               // 毫秒，即0.5 s
#define WIDTH 10                // 假设终端宽度为80字符
int main(){
    char animation_char='*';
```

```
    int position=0;
    int direction=1;              // 1表示向右，-1表示向左

    while(1){                     // 无限循环，直到用户手动停止程序
        // 清除当前位置的字符并移动到新位置
        system("cls");            // 清屏，Windows特有命令
        for(int i=0;i<position;++i){
            printf(" ");          // 打印空格来移动光标到正确位置
        }
        printf("%c",animation_char);      // 打印动画字符
        // 更新位置
        position+=direction;
        // 如果字符到达边界，改变方向
        if(position==0 || position==WIDTH-1){
            direction*=-1;        // 反转方向
        }
        // 延时
        Sleep(DELAY);
    }
    return 0;
}
```

10.1.7 参数的类型

参数的类型有两种：

1. 形式参数

形式参数简称形参，出现在函数定义中，在整个函数体内都可以使用，离开该函数则不能使用。比如，例 10.3 中 int max(int a,int b) 中的 a、b 就是形式参数。

2. 实际参数

实际参数简称实参，可以是常量、变量或者表达式。在函数调用时，实参出现在主调函数中，进入被调函数后，实参变量也不能使用。比如，例 10.4 中的 int m=max(5,8); 此处的实参是 5 和 8。形参和实参的功能是进行数据传送。发生函数调用时，主调函数把实参的值传送给被调函数的形参，从而实现主调函数向被调函数的数据传送。

函数的形参和实参具有以下 3 个特点：

（1）形参变量只有在被调用时才分配内存单元，在调用结束时，即刻释放所分配的内存单元，因此形参只有在函数内部有效。函数调用结束返回主调函数后则不能再使用该形参变量。

（2）实参可以是常量、变量、表达式、函数等，无论实参是何种类型的量，在进行函数调用时，都必须具有确定的值，以便把这些值传送给形参。因此，应预先用赋值、输入等办法使实参获得确定值。

（3）实参和形参在数量上、类型上、顺序上应严格一致，否则会发生“类型不匹配”的错误。

10.1.8 函数原型声明

如果将例 10.4 中，max() 函数和 main() 函数的位置交换一下，如下所示：

```
#include<stdio.h>
//程序主入口 main()函数
int main(){
    max(10,8);
}
//定义函数max()
void max(int a,int b)
{
    if(a>b){
        printf("最大值是: %d",a);
    }
    else{
        printf("最大值是: %d",b);
    }
}
```

运行程序时，会提示如图 10.2 所示的错误。

图 10.2 报错提示

这个错误的意思是找不到 max 的定义，由于 C 语言的代码执行顺序是从上往下的，在执行 main() 函数时，并未执行到 max() 函数的定义，所以会找不到 max() 函数。而 main() 函数是程序的主入口，一般都会写在前面，这里就需要使用函数的原型声明来解决问题。

函数原型声明的语法如下：

```
返回值类型  函数名([参数1类型 参数1名称,参数2类型  参数2名称…参数n类型 参数n名称]);
```

与函数定义的区别在于缺少了函数体，也就是不需要实现，只声明函数的三大特征即可。函数原型声明的作用是把函数的返回值类型、函数的名字、形参的类型和数目通知编译系统，以便在调用该函数时系统按此进行对照检查（例如函数名是否正确，实参与形参的类型和个数是否一致）。在函数声明中也可以不写形参名，而只写形参的类型。在 C 语言中，函数声明称为函数原型 (function prototype)。其作用主要是利用它在程序的编译阶段对调用函数的合法性进行检查，提前发现函数调用过程中可能存在的错误，如函数名拼写错误、参数类型不匹配、参数个数不一致等问题，从而提高程序的可靠性和稳定性。同时，函数声明使得代码的编写可以更加灵活，不必严格遵循函数定义的先后顺序，能够让程序员在编写代码时更方便地组织程序的逻辑结构，增强程序的可读性和可维护性，有助于多人协作开发项目，不同开发者可以依据函数声明来理解函数的接口规范，进而独立开发不同的模块，最终整合形成完整的程序系统。

函数原型声明一般都集中写在预编译区下面，这是编程的良好习惯。但实际上，函数原型声明可以出现在被调用函数之前的任何地方。

如果在所有函数定义之前，在函数的外部已做了函数声明，则在各个主调用函数中不必对所调用的函数再做声明。

例 10.6 函数原型声明。

```
#include<stdio.h>
//函数原型声明
void max(int,int);
//程序主入口 main()函数
int main(){
    max(10,8);
}
//定义函数max()
void max(int a,int b)
{
    if(a>b){
        printf("最大值是: %d",a);
    }
    else{
        printf("最大值是: %d",b);
    }
}
```

在例 10.6 中，在 main() 函数之前对 max() 函数进行了原型声明，则程序可以编译通过。

【任务 1】用函数实现成绩录入

视频

用函数实现成绩录入

1. 任务情景

在教务系统中，成绩录入是经常会使用的一项重要功能，由于用户输入的不确定性，需要对用户输入的数据进行检查，有误则需要重新输入。当一个程序中需要多次录入成绩时，重复代码就会很多。现要使用函数技术对其进行优化。

2. 任务描述

编写函数，实现成绩录入，当输入的成绩正确时，直接返回，否则提示错误并要求用户重新录入，直至得到正确的成绩为止。

3. 任务分析

任务分析见表 10.1。

表 10.1　任务分析

任务准备	（1）工具准备：Visual Studio 2022
	（2）知识准备：函数的定义与调用
任务步骤	（1）编写成绩录入函数
	（2）在主函数（main() 函数）中调用测试

4. 任务实施

（1）打开 Visual Studio 2022，新建项目，然后新建源文件。

（2）编写文件预处理部分（#include 部分），代码如下：

```
#include<stdio.h>
```

（3）成绩录入函数进行原型声明，代码如下：

```
int get_score();
```

（4）编写成绩录入函数，代码如下：

```
int get_score(){
    int score;
    printf("请输入成绩: ");
    while (1) {
        scanf_s("%d",&score);
        if(score>=0 && score<=100){
            break;
        }
        else{
            printf("输入的成绩有误，请输入0~100之间的成绩: ");
        }
    }
    return score;
}
```

（5）在 main() 函数中调用测试，代码如下：

```
int main(){
    int score[3];
    printf("请输入张三的语文、英语、数学成绩\n");
    for(int i=0;i<3;i++){
        score[i]=get_score();
    }
    printf("张三的成绩如下所示: ");
    for(int i=0;i<3;i++){
        printf("%d ",score[i]);
    }
    return 0;
}
```

（6）运行完整的程序代码，结果如图 10.3 所示。

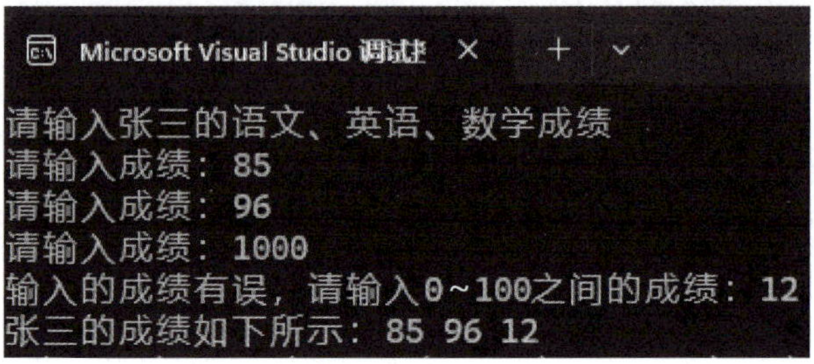

图 10.3 程序运行结果

5. 任务总结

当前任务中，将成绩录入部分封装成函数，在需要录入成绩时直接调用，便可方便地获得输入的有效成绩，极大地增加了代码的可维护性。

10.2 局部变量和全局变量

10.2.1 局部变量

把函数中定义的变量称为局部变量，由于形参相当于函数中定义的变量，所以形参也相当于局部变量。这里“局部”有两个含义：

1. 某个函数中定义的变量不能被另一个函数使用

例如 print_time() 函数中的 hour 和 minute 在 main() 函数中没有定义，不能使用，同样 main() 函数中的局部变量也不能被 print_time() 函数使用。例如：

```
void print_time(int hour,int minute)
{
    printf("%d:%d\n",hour,minute);
}
int main()
{
    int hour=23,minute=59;
    print_time(hour,minute);
return 0;
}
```

Main() 函数中定义了局部变量 hour，print_time() 函数中也有参数 hour，虽然它们名称相同，但仍然是不同的变量，代表不同的存储空间，只不过各自的存储空间中存了相同的值 23。Main() 函数的局部变量 minute 和 print_time() 函数的参数 minute 也是如此。

2. 每次调用函数时局部变量都表示不同的存储空间

局部变量是在每次函数调用时分配存储空间，每次函数返回时释放存储空间的。例如，调用 print_time(23,59) 时，分配 hour 和 minute 两个变量的存储空间，在里面分别存上 23 和 59，函数返回时释放它们的存储空间，下次再调用 print_time(12,20) 时，又分配 hour 和 minute

两个变量的存储空间，在里面分别存上 12 和 20。

10.2.2　全局变量

与局部变量的概念相对的是全局变量。全局变量定义在所有的函数体之外，在整个程序开始之前分配存储空间，在程序结束时释放存储空间，所有函数都可以通过全局变量名访问。

例 10.7 全局变量的使用。

```
#include <stdio.h>
int hour=23,minute=59;
void print_time()
{
    printf("%d:%d 在 print_time 函数中输出\n",hour,minute);
}

int main()
{
    print_time();
    printf("%d:%d 在 main 函数中输出\n",hour,minute);
    return 0;
}
```

程序运行结果如图 10.4 所示。

图 10.4　例 10.6 程序运行结果

全局变量在整个程序的所有函数中都可以访问，所以在整个程序运行过程中全局变量被读 / 写的顺序从源代码中看不出来，因为源代码的书写顺序并不能反映函数的调用顺序。出现了故障（bug）往往就是因为某个地方对全局变量的读 / 写顺序不正确。如果代码规模很大，这种错误是很难找出来的。对于局部变量的访问不仅局限在一个函数内部，而且局限在一次函数调用之中，从函数的源代码也很容易看出访问的先后顺序是怎样的，所以比较容易找到故障。因此，虽然全局变量用起来很方便，但一定要慎用，能用函数传参代替的就不要用全局变量。

如果全局变量和局部变量重名，会怎么样？下面修改例 10.7，通过例 10.8 进行说明。

例 10.8 作用域示例。

```
#include <stdio.h>
```

```
int hour=23,minute=59;
void print_time()
{
    printf("%d:%d 在 print_time 函数中输出\n",hour,minute);
}

int  main()
{
    int hour=30,minute=55;
    print_time();
    printf("%d:%d 在 main 函数中输出\n",hour,minute);
    print_time();
    return 0;
}
```

程序运行结果如图 10.5 所示。

图 10.5　例 10.7 程序运行结果

显然在 main() 函数中输出的是在 main() 函数中定义的局部的 hour 和 minute；而在 print_time() 中输出的是全局的 minute 和 hour。在 C 语言中，每个标识符都有特定的作用域，全局变量是定义在所有函数体之外的标识符，其作用域从定义的位置开始直到源文件结束，而 main() 函数局部变量的作用域仅限于 main() 函数之中。也就是说，当一个函数中既可以使用全局变量，也可以使用局部变量时，全局变量被隐藏了，优先使用局部变量。

【任务 2】录入成绩后完成成绩处理

视频

录入成绩后完成成绩处理

1. 任务情景

对于班级成绩的处理，包括排序，计算平均分等操作。每种操作都具有不同的意义，现要将各项操作集成到一个程序中，方便用户操作。

2. 任务描述

某班级一共 20 人，需要在成绩录入后完成排序及平均分计算。要实现此任务，可以将成绩录入、排序、计算平均分等操作封装成函数，然后在 main() 函数中统一调配处理。

3. 任务分析

任务分析见表 10.2。

表 10.2　任务分析

任务准备	（1）工具准备：Visual Studio 2022
	（2）知识准备：函数的定义与调用、全局变量和局部变量
任务步骤	（1）编写成绩录入函数、成绩排序函数、计算平均分函数
	（2）在主函数（main() 函数）中调用测试

4. 任务实施

（1）打开 Visual Studio 2022，新建项目，然后新建源文件。

（2）编写文件预处理部分（#include 部分）和函数声明部分，代码如下：

```
#include <stdio.h>
//班级成绩录入
void get_score();
//成绩排序
void sort();
//计算平均分
void score_avg();
//录入单个成绩
int score_in();
```

（3）声明一个全局的数组存储班级的学生成绩，代码如下：

```
//声明一个数组存储该班级的学生成绩
int score[20];
```

（4）编写各个函数的实现，代码如下：

```
/*
单个成绩录入*/
int score_in(){
    int score;
    printf("请输入成绩: ");
    while (1) {
        scanf_s("%d",&score);
        if(score>=0 && score<=100){
            break;
        }
        else{
            printf("输入的成绩有误，请输入0-100之间的成绩: ");
        }
    }
    return score;
}
/*
班级成绩录入
```

```
*/
void get_score(){
    for(int i=0;i<20;i++){
        score[i]=score_in();
    }
}
/*
计算平均分*/
void score_avg(){
    float avg=0;
    float sum=0;
    for(int i=0;i<20;i++){
        sum+=score[i];
    }
    avg=(float)sum/20;
    printf("该班级平局分为: %.2f\n",avg);
}
/*
成绩排序
*/
void score_sort(){
    for(int i=0;i<19;i++){
        for(int j=0;j<19-i;j++){
            if(score[j]<score[j+1]){
                int temp=score[j];
                score[j]=score[j+1];
                score[j+1]=temp;
            }
        }
    }
    //输出排序结果
    printf("该班级成绩排序如下: ");
    for(int i=0;i<20;i++){
        printf("%d ",score[i]);
    }
}
```

（5）编写 main() 函数，代码如下：

```
int main(){
    //首先进行成绩录入
    get_score();
    //计算平均分
    score_avg();
```

```
    //对成绩进行排序
    score_sort();
    return 0;
}
```

（6）运行上述程序，结果如图 10.6 所示。

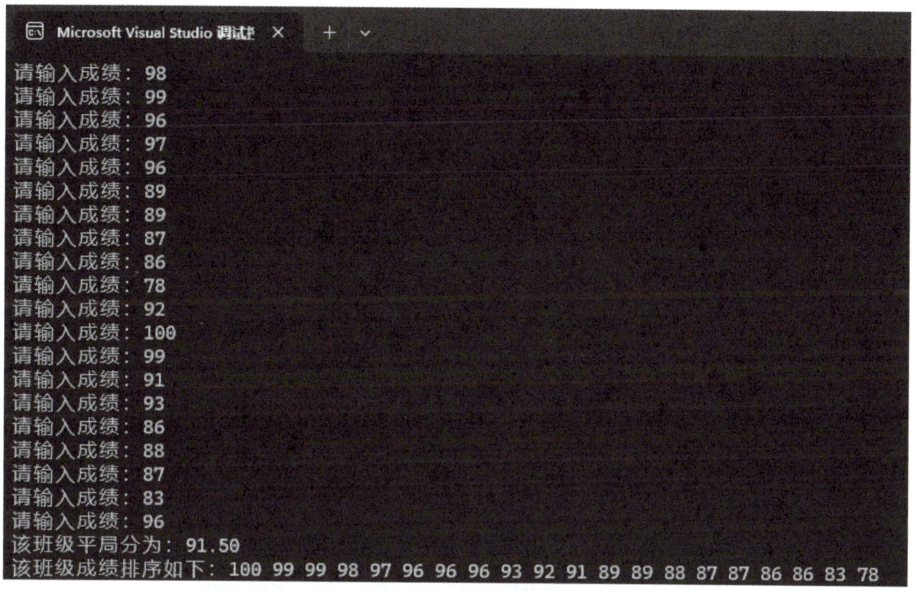

图 10.6　程序运行结果

5. 任务总结

当前任务中，采用全局变量存储学生成绩，首先调用成绩录入函数，将成绩存储到全局的数组中。然后分别调用计算平均分和排序的函数，对成绩进行处理。

10.3　函数的递归调用

递归调用是函数调用的一种特殊形式，其中函数直接或间接地调用自身。递归调用在解决某些问题时非常有用，特别是分解为更小、更简单的子问题时。

10.3.1　递归调用的基本思想

递归调用的基本思想是将一个大的问题分解为若干个与原问题相似的、规模较小的问题来解决。当这些小问题被解决时，原问题也就得到了解决。

10.3.2　递归调用的特点

递归调用的特点如下：

（1）自身调用：递归函数直接或间接地调用自身。

（2）终止条件：递归必须有一个或多个终止条件，否则递归将无限进行下去，导致栈溢出错误。

（3）递推关系：递归调用通常基于某种递推关系，即每次进行递归调用时，问题的规模都有所减小。

例 10.9 阶乘计算。

N的阶乘为$N\times(N\text{-}1)\times(N\text{-}2)\cdots\times 1$。也可以理解为$N\times(N-1)$的阶乘。用程序表示这种关系，代码如下：

```
#include <stdio.h>
    int factorial(int n){
        if(n==1){  // 终止条件
        return 1;
    }else{
        return n*factorial(n-1); // 自身调用，规模减小
    }
}

int main(){
    int n=5;
    printf("%d的阶乘是%d\n",n,factorial(n));
    return 0;
}
```

运行程序，结果如图 10.7 所示。

图 10.7　例 10.8 程序运行结果

【任务 3】计算斐波那契数列第 *N* 项的值

视 频

计算斐波那契数列第N项的值

1. 任务情景

斐波那契数列 (Fibonacci sequence) 又称黄金分割数列，因意大利数学家莱昂纳多·斐波那契以兔子繁殖为例而引入，因此也称为“兔子数列”。

斐波那契数列的递推定义是$F(0)=1$，$F(1)=1$，$F(n)=F(n-1)+F(n-2)$（$n\geqslant 2$，$n\in \mathrm{N}$），这个数列从第三项开始，每一项都是前两项的和。斐波那契数列在数学、物理、计算机科学等领域都有广泛的应用，并且与黄金分割率有密切的关系。

2. 任务描述

编写程序，求斐波那契数列的第 N 项。

3. 任务分析

任务分析表见表 10.3。

表 10.3　任务分析

任务准备	（1）工具准备：Visual Studio 2022
	（2）知识准备：函数的声明与调用、函数递归调用
任务步骤	（1）编写函数计算斐波那契数列的第 N 项
	（2）调用函数，测试结果

4. 任务实施

（1）打开 Visual Studio 2022，新建项目，然后新建源文件。

（2）编写如下代码：

```
#include <stdio.h>
// 用递归函数计算斐波那契数列
long long fibonacci(int n){
    if(n<=1){
        return n;                    // 递归结束条件
    }
    else{
        return fibonacci(n-1)+fibonacci(n-2);        //递归调用
    }
}

int main(){
    int position=30;
    long long fib_number=fibonacci(position);
    printf("斐波那契数列的第 %d 项是 %lld\n",position,fib_number);
    return 0;
}
```

（3）运行上述程序，结果如图 10.8 所示。

图 10.8　程序运行结果

5. 任务总结

本任务中，采用递归调用的方式计算了斐波那契数列第 N 项的值。对于递归调用，必须牢记的一点是一定要有递归结束条件，否则会使得程序进入死循环。

智慧之光

关键词：逻辑严谨性　团队合作与分工　精益求精的态度

切入点：C 语言函数的设计和执行都强调逻辑严谨性。每一个函数都有其特定的输入和输出，函数的执行过程需要严格遵循逻辑规则。这种严谨性可以映射到素质教育中，强调人们在思考和解决问题时也应该保持逻辑清晰、条理分明，避免主观臆断和随意性。

在编写大型C语言程序时，通常需要多个函数协同工作，每个函数负责完成特定的任务。这种分工合作精神可以类比到素质教育中强调的团队合作和集体意识。在现代社会，个人的力量是有限的，只有通过团队协作，才能更好地实现共同的目标。

在编写C语言函数时，我们追求的是高效、简洁、无错误的代码。这种精益求精的态度可以看作素质教育中强调的工匠精神和追求卓越的品质。无论是学习还是工作，都应该保持这种态度，不断追求进步和完善。

小结

通过本单元的学习，可掌握如下知识点：

（1）使用函数是为了减少代码冗余，增强代码的可读性，提高程序的可维护性。

（2）函数是一个独立的子程序，由相关代码组成，能完成一定的功能，能重复多次使用。

（3）函数的分类：可按不同角度分类，按函数的定义，可分为库函数和用户自定义函数。

（4）函数的三大特征：函数名、函数返回值以及参数类型和数目。

（5）定义一个函数分为有参和无参两种形式。

（6）参数的类型：形式参数与实际参数。

（7）函数的返回值：就是return语句返回的值。

（8）调用函数：“返回值类型 变量名 = 函数名 (参数值1, 参数值2, …, 参数值*n*);”。

（9）局部变量是在每次函数调用时分配存储空间，每次函数返回时释放存储空间。

（10）全局变量在整个程序开始之前分配存储空间，在程序结束时释放存储空间，所有函数都可以访问。

（11）递归调用就是在函数体内调用函数本身，可以将复杂的问题化为一个个更为简单的问题进行处理，但是要注意必须有递归结束条件。

作业

一、选择题

1. 在C语言中，关于函数的定义说法有误的是（　　）。

   A. 函数是一个独立的子程序

   B. 函数由相关代码组成

   C. 函数能完成一定的功能

   D. 函数只能使用一次

2. 在C中，下列关于带参数的方法说法正确的是（　　）。

   A. 方法的参数可以为一个或多个

   B. 方法的返回值的数据类型要和参数的数据类型一致

   C. 当方法有多个参数时，多个参数的数据类型必须一致

   D. 方法的参数必须为int类型

3. 以下关于函数变量说法错误的是（　　）。

A. 全局变量就是在函数外定义的变量，因此又称外部变量

B. 一个函数中既可以使用本函数中的局部变量，也可以使用全局变量

C. 局部变量的定义和全局变量的定义含义不同

D. 如果在同一个源文件中，全局变量和局部变量同名，则在局部变量的作用范围内，全局变量通常不起作用

二、编程题

1. 用函数打印直角三角形，用户输入几行，就打印几行，如输入 7，运行结果如图 10.9 所示。（函数定义：void getSquare(int num){}）

图 10.9　输出直角三角形

2. 输出一个数字的绝对值，用函数完成，运行结果如图 10.10 所示。（函数定义：int getZheng (int num){}）

图 10.10　输出数字绝对值

单元 11

字符数组和字符串

C语言中，字符串被系统当作字符数组来处理。前面的章节简单提到了字符串，本单元将详细讲解字符串与字符数组的关系、字符串的输入/输出，以及常用的字符串处理函数。

本单元关键词

请在预习前学习下列单词，将其写在横线上。

（1）string（字符串）:______

（2）fputs（字符串输出）:______

（3）fgets（字符串输入）:______

（4）strlen（计算字符串长度）:______

（5）strcpy（复制字符串）:______

（6）strcmp（比较字符串）:______

（7）strstr（在字符串中查找字符串）:______

（8）strchr（在字符串中查找字符）:______

预习任务

编写函数，比较两个字符串是否相同，相同返回1，否则返回0。

学习导图

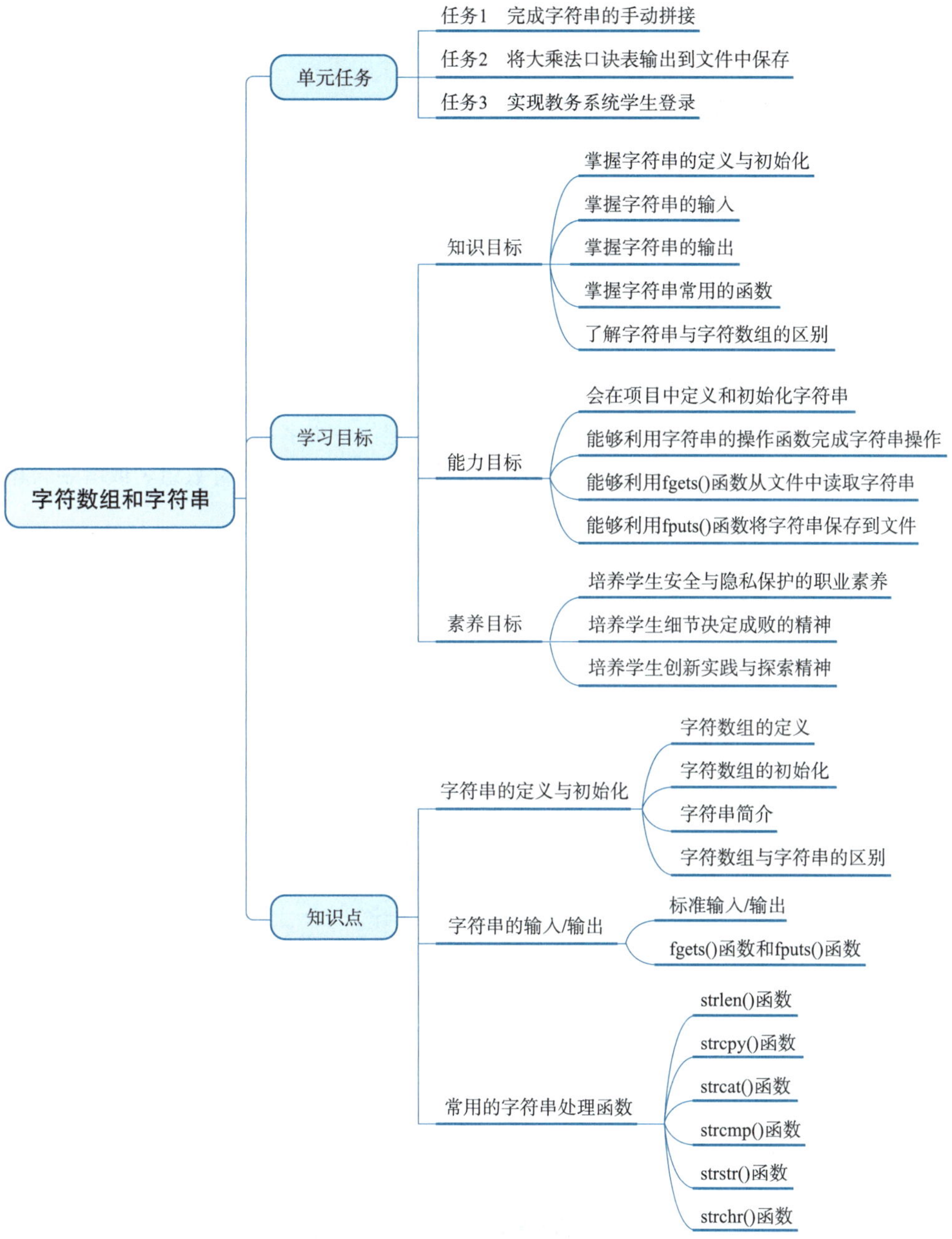

11.1　字符串的定义与初始化

11.1.1　字符数组的定义

字符数组实际上是一系列字符变量的集合，具有一定顺序关系，也就是字符串（string）。在C语言中，没有专门的字符串变量，没有string类型，通常就用一个字符数组来存放一个字符串。字符数组具备普通数组的性质，同时又具备自身独特的性质。

字符数组的定义形式在讲解数据类型和数组时都有提到过，如下所示：

```
char 数组名称 [ 数组长度 ]
```

11.1.2 字符数组的初始化

1. 直接为字符数组中的每一个数组元素赋值

```
char ch[4]={'a','b','c','\0'};
```

2. 将字符串常量直接赋值给字符数组

```
char ch[10]={"abcdefghj"};
```

等同于这样的效果：

```
char ch[10]={'a','b','c','d','e','f','g','h','j','\0'};
```

字符串是一系列连续字符的组合，要想在内存中定位一个字符串，除了要知道它的开头，还要知道它的结尾。找到字符串的开头很容易，知道它的名字（字符数组名或者字符串名）即可；然而，如何找到字符串的结尾呢？

注意：用字符串来初始化字符数组，字符串结尾是以“\0”结尾，上面看起来只有9个字母，但字符串隐含了结束标志\0，相当于10个字符。

例11.1 遍历字符数组。

```
#include <stdio.h>
#include <string.h>
int main()
{
    char ch[10]={ "abcdefghj" };
    printf("%d\n",sizeof(ch));
    for (int i=0; i<sizeof(ch)/sizeof(char); i++)
    {
        printf("%c\n",ch[i]);
    }
    return 0;
}
```

程序运行结果如图11.1所示。

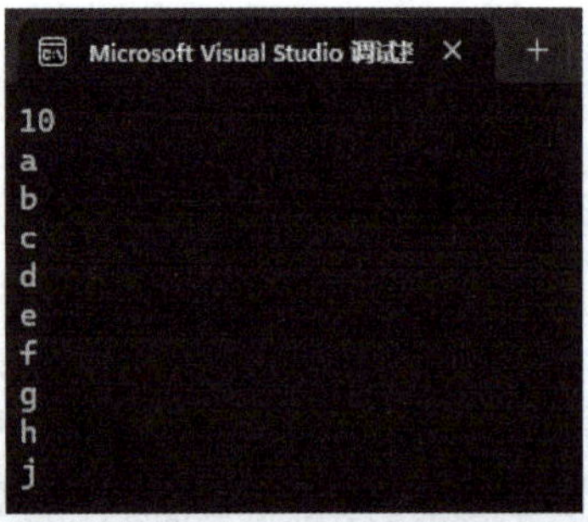

图 11.1 例 11.1 程序运行结果

3. 不完全初始化（对字符数组元素部分初始化）

例11.2 不完全初始化。

```
#include <stdio.h>
#include <string.h>
int main()
{
    char ch[5]={"abc"};
    printf("%d\n",sizeof(ch));
    for(int i=0 ; i <sizeof(ch)/sizeof(char); i++)
    {
        if(ch[i]!=NULL)
        {
            printf("%c\n",ch[i]);
        }
    }
    return 0;
}
```

程序运行结果如图11.2所示。

图 11.2 例 11.2 程序运行结果

这里虽然字符数组初始化时只有3个元素，在进行数组遍历时可以看到，ch[3]和ch[4]是为空的，但是在分配内存空间时，还是有内存空间的，所以对数组求sizeof时是5。

11.1.3 字符串简介

在C语言中，严格上讲是没有字符串这个数据类型的，不管是原生的还是构造的数据类型，但是为何在程序员心中是有字符串这个类型的？首先，C语言是面向过程的一种语言，而基于C语言更高级的语言如Ojective-C是面向对象的语言，而在高级语言中有字符串这一类型，所以，在C语言中，程序员可以通过字符数组模拟字符串。字符串指的是以“\0”作为结束字符的一组字符，因此当把一个字符串存入一个数组时，也把结束符“\0”存入数组，并以此作为该字符串是否结束的标志。如何定义字符串变量：由于字符串是由同一种类型的数据组成，并且是有序的，而数组就是用于存储很多同一种类型的有序数据，所以可以使用数组来保存字符串。

C语言规定，字符串必须以“\0”结尾（作为字符串的结束符号），所以字符串变量的元素个数比字符数组的元素个数多一个“\0”。

11.1.4 字符串与字符数组的区别

虽然一般用字符数组来表示字符串，但是，它们之前也存在一些区别，具体如下：

（1）终止符：字符数组可以包含任意类型的字符，并不一定要有终止符。而字符串总是以空字符（'\0'）结尾，这是C语言中字符串的一个重要特性。

（2）操作方式：字符数组通常作为一组独立的字符来处理，可以使用索引来访问和修改数组中的每个元素。而字符串通常被当作一个整体来处理，使用特定的字符串函数（如strlen()、strcpy()、strcat()等）进行操作。

（3）存储方式：字符数组的大小在定义时确定，而字符串的大小可以动态变化，只要确保有足够的空间存储字符串和它的空字符终止符。

（4）初始化：字符数组可以通过逐个赋值来初始化，而字符串通常使用双引号包围的文本进行初始化。

（5）用途：字符数组在需要处理单个字符或字符序列时很有用，如二进制数据处理。而字符串主要用于处理文本数据，如用户输入、文件内容等。

【任务 1】完成字符串的手动拼接

视频

完成字符串的手动拼接

1. 任务情景

在编程领域，字符串是一个非常重要的数据类型，在动态构建消息、组合多个数据片段、构建SQL查询或命令语句，以及构建文件路径或URL等方面都需要对字符串进行拼接。C语言提供了一个专门用于处理字符串各项操作的库（string.h）。当前项目的编译环境缺少该库，需要手动完成字符串拼接功能。

2. 任务描述

接收输入的两个字符串，然后将其拼接后输出。

3. 任务分析

任务分析见表11.1。

表 11.1 任务分析

任务准备	（1）工具准备：Visual Studio 2022
	（2）知识准备：字符串的定义与调用
任务步骤	（1）编写代码，实现字符串拼接
	（2）执行程序，测试效果

4. 任务实施

（1）打开Visual Studio软件，新建项目，新建源文件，然后编写如下代码：

```
#include <stdio.h>
int main(){
    // 声明两个字符数组（字符串）
```

```
    char str1[10];
    char str2[10];
    printf(“请输入第一个字符串：”);
    scanf_s("%s",&str1,10);
    printf("请输入第二个字符串：");
    scanf_s("%s",&str2,10);
    // 声明一个足够大的字符数组来存储拼接后的字符串
    char str3[50];
    // 将 str1 的内容复制到 str3
    int i=0;
    while (str1[i]!='\0'){
        str3[i]=str1[i];
        i++;
    }
    // 将 str2 的内容追加到 str3
    int j=0;
    while (str2[j] != '\0') {
        str3[i]=str2[j];
        i++;
        j++;
    }
    // 添加字符串结束符
    str3[i]='\0';
    // 打印拼接后的字符串
    printf("%s\n",str3);
    return 0;
}
```

（2）运行程序，根据提示输入两个字符串，结果如图11.3所示。

图 11.3　程序运行结果

5. 任务总结

当前任务，采用手动的方式实现了字符串的拼接，在C语言中，字符串的拼接采用的是将字符数组中的元素进行逐个复制，通过本任务能够更深入地理解字符串中的结构。

11.2 字符串的输入 / 输出

11.2.1 标准输入 / 输出

字符串也可以使用标准的输入 / 输出函数进行操作，sacnf()用于接收用户从键盘输入的字符，printf()用于输出字符串，用“%s”进行占位。前面的单元中已经演示了很多，这里不再讲解。

11.2.2 fgets() 和 fputs() 函数

gets()和puts()是C语言标准库中的两个函数，用于从标准输入（通常是键盘）读取字符串和向标准输出（通常是屏幕）写入字符串。

1. fgets() 函数

fgets()函数用于从标准输入读取一个字符串，直到遇到换行符（\n）或EOF（end of file）为止。其原型如下：

```
char *fgets(char *str,int n,FILE *stream);
```

参数说明：

（1）str：指向一个字符数组的指针，用于存储读取的字符串。

（2）n：指定要读取的最大字符数（包括空字符\0），通常设置为字符数组的大小。

（3）stream：指向FILE对象的指针，表示输入流。通常使用标准输入流stdin或者通过fopen()函数打开的文件流。

提示：指针是一种指向内存地址的特殊变量。数组名其实就是指向存储数组内存区间的起始位置。在后面的单元会详细讲解指针。

例11.3 使用fgets()函数接收输入的字符串。

```
#include <stdio.h>
int main(){
    char ch[100];
    printf("请输入字符串：");
    if (fgets(ch,sizeof(ch),stdin)!=NULL){
        printf("您输入的是：%s”,ch);
    }
    else{
        printf("读取内容失败\n");
    }
    return 0;
}
```

运行程序，结果如图11.4所示。

fgets()函数也用于读取文件内容。如上面所示，读取文件内容需要传入一个fopen()函数打开的文件流。

fopen()函数用于打开一个文件，并返回一个与该文件相关联的文件指针。fopen()函数的原型如下：

```
FILE *fopen(const char *filename,const char *mode);
```

图 11.4 例 11.3 程序运行结果

参数说明：

（1）filename：一个字符串，指定要打开文件的名称（如果需要，也可以包括路径）。

（2）mode：一个字符串，指定文件打开的模式。模式字符串决定了文件应如何被打开和访问。

fopen()函数返回一个指向FILE结构体的指针，该结构体包含了文件的各种信息，如文件位置指示器、缓冲区等。如果文件成功打开，则返回一个非空的文件指针；如果打开失败，则返回NULL。

下面是一些常用的mode字符串及其含义：

（1）"r"：以只读方式打开文件。文件必须存在，且指针会放在文件的开头。

（2）"w"：以写入方式打开文件。如果文件不存在，则创建新文件；如果文件存在，则清空原有内容。

（3）"a"：以追加方式打开文件。如果文件不存在，则创建新文件；如果文件存在，则写入的数据会被添加到文件末尾。

（4）"r+"：以读/写方式打开文件，文件必须存在。

（5）"w+"：以读/写方式打开文件。如果文件不存在，则创建新文件；如果文件存在，则清空原有内容。

（6）"a+"：以读/写方式打开文件，写入的数据会被添加到文件末尾。如果文件不存在，则创建新文件。

此外，还可以在模式字符串中添加额外的字符来修改打开方式：

"b"：以二进制方式打开文件，而不是文本方式。这在处理非文本文件（如图像或音频文件）时非常重要。

文件打开操作完成之后，一定要用fclose()进行关闭，传入参数为当前操作的文件流指针。

在Visiual Studio 2022中，要使用更安全的版本函数fopen_s()。函数原型如下：

```
errno_t  fopen_s( FILE** pFile,const char *filename,const char *mode );
```

参数说明：

（1）pFile：一个指向FILE*指针的指针，用于存储成功打开文件后返回的文件指针。

（2）filename：要打开的文件的名称（包括路径）。

（3）mode：文件的打开模式，与fopen的模式字符串相同。

例 11.4 使用fgets()函数读取文件内容。在D盘新建一个文本文件，命名为test.txt，然后在文件中写入一段文本。

```
#include <stdio.h>
int main(){
    FILE *file;
    char ch[100];
    // 以只读方式打开文件
    fopen_s(&file,"d://test.txt","r");
    if (file==NULL){
        perror(" 打开文件失败 ");
        return 1;
    }
    // 从文件中读取内容
    while (fgets(ch,sizeof(ch),file)!=NULL){
        printf("%s",ch);
    }
        // 关闭文件
    fclose(file);
    return 0;
}
```

程序运行结果如图11.5所示。

图 11.5　例 11.4 程序运行结果

注意： 由于系统字符集与当前编译器设置问题，在处理中文字符串时可能会导致乱码，需要使用第三方库或者宽字符函数处理，这里不再详细讲述。

2. fputs() 函数

fputs()函数用于将一个字符串写入指定的输出流中，其原型如下：

```
int fputs(const char *str,FILE *stream);
```

参数说明：

（1）str：指向要写入字符串的指针。

（2）stream：指向FILE对象的指针，表示输出流。通常使用标准输出流stdout或者通过fopen()函数打开的文件流。

fputs()函数将str指向的字符串（不包括空字符\0）写入stream指向的输出流中。如果写入成功，函数返回非负值；如果发生错误，则返回EOF。

利用fputs()写入字符串到文件，不会自动在字符串末尾加上换行符。如果需要，需要在字符串末尾加上“\0”来换行。

例11.5 输出字符串到控制台。

```
#include <stdio.h>
```

```
int main(){
    char message[]="Hello,World!";
    fputs(message,stdout);                    //将字符串写入标准输出
    return 0;
}
```

运行程序，结果如图11.6所示。

图 11.6　例 11.5 程序运行结果

例11.6 输出字符串到文件。

```
#include <stdio.h>

int main(){
     FILE *file;
char message[]="Hello,World!";
    fopen_s(&file,"d://test.txt","w");        //以只写方式打开文件
fputs(message,file);                          //将字符串写入标准输出
    // 关闭文件
    fclose(file);
    return 0;
}
```

运行程序，然后打开文件，可以看到字符串已经写入文件中，如图11.7所示。

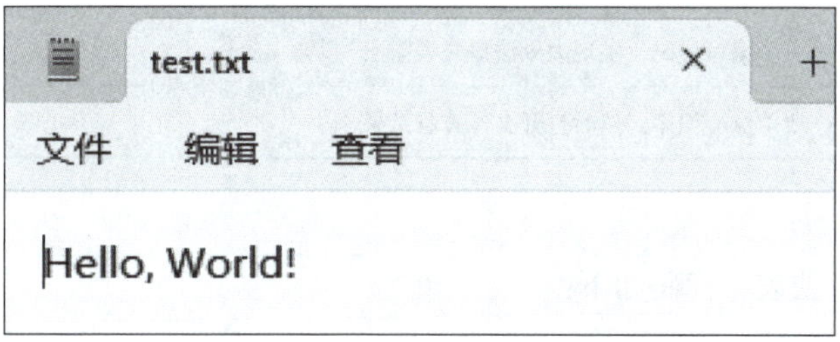

图 11.7　test.txt 文件内容

3. fprintf() 函数

fprintf()函数是C语言标准库中用于将格式化输出写入文件的函数。其原型如下：

```
int fprintf(FILE *stream,const char *format,...);
```

参数说明：

（1）stream：这是一个指向FILE对象的指针，该对象标识了要写入数据流的文件。可以是标准输出stdout、标准错误stderr或任何通过fopen()打开的文件流。

（2）format：这是一个包含格式控制字符串的字符常量指针，它定义了后续参数如何被格式化并写入指定的流中。在字符串中可以包含普通字符（直接复制到输出）和格式说明符（如%d、%s等，用于指定变量的类型和格式）。

（3）...：这是可变数量的额外参数，其内容将被格式化后写入文件。这些参数的数量和类型必须与format字符串中的格式说明符相匹配。

【任务 2】将大乘法口诀表输出到文件中保存

视 频

将大乘法口诀表输出到文件中保存

1. 任务情景

九九乘法表又称小乘法口诀表，除了这个乘法口诀表，还有一个大乘法口诀表，包含19 × 19以内的乘法，这对于加快多位数的乘法运算尤其有帮助。例如，当需要进行两位数的乘法运算时，如果已经掌握了大乘法口诀表，就可以直接得出结果，而不需要分别计算每个位的乘积再相加。通过学习和使用大乘法口诀表，可以更好地理解和运用乘法的分配律、交换律和结合律。这些数学规则对于解决更复杂的数学问题至关重要。红星小学希望能将大乘法口诀表打印出来发给学生进行背诵，找到你所在的项目组求助。

2. 任务描述

使用程序生成大乘法口诀表，并输出到文件中保存。

3. 任务分析

任务分析见表11.2。

表 11.2 任务分析

任务准备	（1）工具准备：Visual Studio 2022
	（2）知识准备：文件操作、字符串输出到文件
任务步骤	（1）编写代码，实现大乘法口诀表输出
	（2）执行程序，然后打开文件查看结果

4. 任务实施

（1）输出乘法口诀表，代码如下：

```
#include <stdio.h>
int main(){
    for (int i=1; i<=19; i++){
        for (int j=1; j<=i; j++){
            printf("%d*%d =%d ",j,i,i*j);
        }
        printf("\n");           // 换行
    }
    return 0;
}
```

（2）将输出到控制台改为输出到文件，代码如下：

```
#include <stdio.h>
int main(){
    FILE* fs;
    fopen_s(&fs,"D:// 大乘法口诀表 .txt","w");// 以写的方式打开文件
     for (int i=1;i<=19;i++){
        for (int j=1;j<=i;j++){
            fprintf(fs,"%d*%d=%d  ",j,i,i*j);
        }
        fprintf(fs,"\n");                              // 换行
    }
    fclose(fs);
    return 0;
}
```

（3）执行上述代码，然后在D盘查看生成的“大乘法口诀表.txt”文件，结果如图11.8所示。

```
1*1=1
1*2=2 2*2=4
1*3=3 2*3=6 3*3=9
1*4=4 2*4=8 3*4=12 4*4=16
1*5=5 2*5=10 3*5=15 4*5=20 5*5=25
1*6=6 2*6=12 3*6=18 4*6=24 5*6=30 6*6=36
1*7=7 2*7=14 3*7=21 4*7=28 5*7=35 6*7=42 7*7=49
1*8=8 2*8=16 3*8=24 4*8=32 5*8=40 6*8=48 7*8=56 8*8=64
1*9=9 2*9=18 3*9=27 4*9=36 5*9=45 6*9=54 7*9=63 8*9=72 9*9=81
1*10=10 2*10=20 3*10=30 4*10=40 5*10=50 6*10=60 7*10=70 8*10=80 9*10=90 10*10=100
1*11=11 2*11=22 3*11=33 4*11=44 5*11=55 6*11=66 7*11=77 8*11=88 9*11=99 10*11=110 11*11=121
1*12=12 2*12=24 3*12=36 4*12=48 5*12=60 6*12=72 7*12=84 8*12=96 9*12=108 10*12=120 11*12=132 12*12=144
1*13=13 2*13=26 3*13=39 4*13=52 5*13=65 6*13=78 7*13=91 8*13=104 9*13=117 10*13=130 11*13=143 12*13=156 13*13=169
1*14=14 2*14=28 3*14=42 4*14=56 5*14=70 6*14=84 7*14=98 8*14=112 9*14=126 10*14=140 11*14=154 12*14=168 13*14=182 14*14=196
1*15=15 2*15=30 3*15=45 4*15=60 5*15=75 6*15=90 7*15=105 8*15=120 9*15=135 10*15=150 11*15=165 12*15=180 13*15=195 14*15=210 15*15=225
1*16=16 2*16=32 3*16=48 4*16=64 5*16=80 6*16=96 7*16=112 8*16=128 9*16=144 10*16=160 11*16=176 12*16=192 13*16=208 14*16=224 15*16=240 16*16=256
1*17=17 2*17=34 3*17=51 4*17=68 5*17=85 6*17=102 7*17=119 8*17=136 9*17=153 10*17=170 11*17=187 12*17=204 13*17=221 14*17=238 15*17=255 16*17=272 17*17=289
1*18=18 2*18=36 3*18=54 4*18=72 5*18=90 6*18=108 7*18=126 8*18=144 9*18=162 10*18=180 11*18=198 12*18=216 13*18=234 14*18=252 15*18=270 16*18=288 17*18=306 18*18=324
1*19=19 2*19=38 3*19=57 4*19=76 5*19=95 6*19=114 7*19=133 8*19=152 9*19=171 10*19=190 11*19=209 12*19=228 13*19=247 14*19=266 15*19=285 16*19=304 17*19=323 18*19=342 19*19=361
```

图 11.8　大乘法口诀表 .txt 文件内容示意

5. 任务总结

当前任务使用fprintf()函数将字符串格式化输出到文件中，与printf()函数的用法基本一致，只是前面多了一个用于操作文件的文件流这一参数。特别需要注意的是，打开文件操作完之后一定要关闭。

11.3　常用的字符串处理函数

最常见的几个字符串处理函数包括strlen()、strcpy()、strcat()、strcmp()、strstr()、strchr()。这些函数的原型存放在string.h文件中，在程序中使用它们时别忘了用#include命令包含string.h文件。

1. strlen（s）函数

strlen用来求字符串的长度（不含字符串结束标志"\0"），原型如下：

```
size_t strlen(const char *s);
```

其中，参数s为字符串。函数参数“字符串”可以是字符串常量，也可以是字符变量。

返回值为字符串的长度（不含字符串结束标志'\0'）。

例11.7 strlen函数应用示例。

```
#include <stdio.h>
#include <string.h>
int main()
{
    char ch_1[]="abc\n";
    char ch_2[]="";

    printf("ABC 的长度 :%d\n",strlen("ABC"));
    printf("ch_1 的长度: %d\n",strlen(ch_1));
    printf("ch_2 的长度: %d\n",strlen(ch_2));
    return 0;
}
```

程序运行结果如图11.9所示。

图 11.9 例 11.7 程序运行结果

“abc\n”长度为4，而非5，“\n”被看成一个字符。""长度为0，是因为它是空字符串没有有效字符。

2. strcpy（s1,s2）函数

strcpy()函数用于实现两个字符串的复制，函数原型如下：

```
char*strcpy(char *dest,const char *src)
```

参数：src为源串的起始地址，dest为目标串的起始地址。返回值为目标串的起始地址。

其中，dest必须是字符串变量，而不能是字符串常量。strcpy()函数把src的内容完全复制到dest中，而不管dest中原先存放的是什么。复制后，src保持不变。

在Visiual Studio 2022中，需要使用更加安全的strcpy_s()函数。参数与返回值和strcpy()函数一致。

例11.8 strcpy_s使用示例。

```
#include <stdio.h>
#include <string.h>
int main()
{
    char str[10],str2[10];
```

```
    strcpy_s(str,"abcdefg");          //将字符串常量复制给字符串变量 str
    strcpy_s(str2,str);               //再将字符串变量 str 拷贝到字符串变量 str2
    printf("str:%s\n",str);
    printf("str2:%s\n",str2);
    return 0;
}
```

程序运行结果如图11.10所示。

图 11.10　例 11.8 程序运行结果

注意：由于字符串是字符数组，所以两个字符串复制不能通过赋值运算进行。

3. strcat（s1,s2）函数

strcat()函数可以将两个字符串连接起来，形成一个新的字符串，函数原型如下：

```
char*strcat(char *dest,const char *src)
```

参数说明：src为源串的起始地址，dest为目标串的起始地址。返回值为目标串的起始地址。

在Visual Studio 2022中，要使用更加安全的strcat_s()函数。参数与返回值和strcat()函数一致。

例11.9　strcat_s()函数使用示例。

```
#include <stdio.h>
#include <string.h>
int main()
{
    char s1[50]="good";
    char s2[]="morning";
    strcat_s(s1,s2);              //连接字符串
    printf("%s\n",s1);
    return 0;
}
```

程序运程行结果如图11.11所示。

图 11.11　例 11.9 程序运行结果

4. strcmp（s1,s2）函数

strcmp()函数用于按照ASCII码顺序比较字符串s1和字符串s2的大小，函数原型如下：

```
int strcmp(const char *s1,const char *s2)
```

参数s1为参与比较的第一个字符串，参数s2为参与比较的第二个字符串，返回值为比较结果，具体如下。

（1）字符串1=字符串2，返回值=0。

（2）字符串2>字符串2，返回值>0。

（3）字符串1<字符串2，返回值<0。

字符串比较的规则：将两个字符串从左至右逐个字符按照ASCII码进行比较，直到出现不相等的字符或遇到'\0'为止。如果所有字符都相等，则这两个字符串相等。如果出现了不相等的字符，以第一个不相等字符的比较结果为准。下面的代码输入两个字符串，比较它们的大小并输出结果。

例11.10 strcmp使用示例。

```
#include <stdio.h>
#include <string.h>
int main()
{
    char s1[100],s2[100];
    int i;
    printf("请输入第一个字符: ");
    scanf_s("%s",&s1,100);
    printf("请输入第二个字符: ");
    scanf_s("%s",&s2,100);
    i=strcmp(s1,s2);          //比较字符串
    if (i==0)
    {
        printf("string1==string2");
    }
    else if(i>0)
    {
        printf("string1>string2");
    }
    else
    {
        printf("string1< string2");
    }

    printf("\n");
    return 0;
}
```

程序运行结果如图11.12所示。

图 11.12　例 11.10 程序运行结果

提示：不能直接比较两个字符数组的名称来决定二者是否相等。

以下是错误的代码：

```
char s1[100],s2[100];
scanf_s("%s",&s1,100);
scanf_s("%s",&s2,100);
if(s1==s2){
    printf("same!");
}
```

s1和s2是数组名称，它们代表的是数组的首地址，所以它们永远不可能相等。

5. strstr（str1,str2）函数

strstr（str1,str2）函数搜索一个字符串在另一个字符串中的第一次出现。如果匹配str2则返回首次出现str2位置的指针，否则返回null，函数原型如下：

```
char *strstr(const char *str1,const char *str2);
```

如果search为数字，则搜索与数字匹配的ASCII值的字符。

注意：该函数对大小写敏感，如果需要进行大小写不敏感的搜索，请使用stristr()。

例11.11　strstr()函数使用示例。

```
#include <stdio.h>
#include <string.h>
int main()
{
    char str[]="I like monkey,you like cat!";
    char search[]="like";
    char *s=strstr(str,search);
    printf("%s\n",s);
    return 0;
}
```

程序运行结果如图11.13所示。

图 11.13　例 11.11 程序运行结果

6. strchr（s,c）函数

搜索字符串s中首次出现字符c的位置。返回首次出现c的位置的指针，如果s中不存在c则返回NULL。

strchr()函数的原型如下：

```
char *strchr(const char *str,int c);
```

strchr()和strstr()很相似，只是strstr()是查找的字符串，而strchr()查找的是单个字符，用法一致。

【任务3】实现教务系统学生登录

视频

实现教务系统学生登录

1. 任务情景

红星小学的学生需要登录到教务系统中，查询自己的成绩。为了保证信息安全，需要为每个学生设置不同的账号和密码，便于登录后区分学生信息，然后显示相应的成绩信息。学生的账号一般为学号，密码为个性化设置的“字母+数字”的组合。

2. 任务描述

实现学生登录，登录方式为学号和密码的组合。假定学生学号为202202001，密码为abc123。实际系统中的账号和密码应该从数据库中查找匹配记录。

3. 任务分析

任务分析见表11.3。

表 11.3　任务分析

任务准备	（1）工具准备：Visual Studio 2022
	（2）知识准备：字符串的比较
任务步骤	（1）编写代码，提示用户输入账号和密码
	（2）使用字符串比较的方法，对输入的账号和密码进行对比，然后根据对比结果给出相应提示

4. 任务实施

（1）打开Visual Studio软件，新建项目、新建源文件，然后编写如下代码：

```
#include <stdio.h>
#include <string.h>
int main()
{
    //定义原始账号和密码
    char account[]="202202001";
    char pwd[]="abc123";
    //定义变量接收输入的账号和密码
    char account_in[20],pwd_in[20];
    printf("请输入账号：");
    gets_s(account_in,20);
```

```
    printf("请输入密码: ");
    gets_s(pwd_in,20);
    //判断账号和密码是否正确
    if (strcmp(account,account_in) ==0 && strcmp(pwd,pwd_in)==0){
        printf("账号密码正确，即将跳转到成绩查询页面");
    }
    else{
        printf("账号密码不正确，请重试。");
    }
    return 0;
}
```

（2）运行程序，结果如图11.14、图11.5所示。

图 11.14　登录成功

图 11.15　登录失败

5. 任务总结

本任务中需要注意两个要点：第一，字符串不能直接用变量名进行比较，需要使用strcmp()函数进行比较；第二，两个字符串相同时，strcmp的返回值是0。

【智慧之光】

关键词：细节决定成败　安全与隐私保护　创新实践与探索精神

切入点：字符串操作看似简单，但实际上涉及很多细节，如字符串的结束标志、字符编码方式、内存分配等。一个小的疏忽就可能导致程序崩溃或数据丢失。这告诉我们，在处理问题时，要关注每一个细节，因为细节往往决定成败。在日常生活中，我们也应该注重细节，做到事无巨细，确保工作的质量和效率。

在处理包含敏感信息的字符串时，如用户姓名、密码等，需要特别注意数据的安全性和隐私保护。这涉及加密技术、访问控制等多个方面，也强调了信息安全的重要性，提醒我们在处理个人信息时要遵守相关法律法规，保护用户的隐私权益。

虽然C语言提供了基本的字符串操作函数，但实际应用中可能需要根据具体需求进行创新和探索。我们可以尝试开发新的字符串处理算法、优化现有的字符串操作函数，甚至结合其他技术实现更高级的字符串应用。这种创新实践和探索精神是推动技术进步和社会发展的重要动力。

小结

本单元主要讲解了字符串与字符数组的关系、字符串的输入和输出方式以及常用的字符串函数。在使用字符串函数时，要先导入头文件string.h。

作业

一、选择题

1. 以下（　　）字符数组的初始化方式是正确的。(选择多项)

A.char arr1[7]={'H','e','l','l','o','1'};　　B.char arr2[5]="Hello";

C.char arr3[6]="Hello";　　D.char arr4[5]={'H','e','l','l','\0'};

2. 以下代码，最终输出结果是（　　）。

```
#include<stdio.h>
#include<string.h>
int main(){
if (strlen("abcd")-strlen("abcdef")>0)
{
    printf(">\n");
}
else{
    printf("<=\n");
}
return 0;
}
```

A. >　　B. <=　　C. 报错　　D. 没有输出

3. 关于打开文件的几种方式，下列说法错误的是（　　）。

A. w表示只能写入

B. r表示只能读取

C. w+表示可读可写，文件不存在时会自动创建

D. r+表示可读可写，文件不存在时会自动创建

二、编程题

1. 编写一个C语言函数，用于将字符串中的大写字母转换为小写字母。函数接收一个字符串作为参数，并修改该字符串。例如，输入"HelloWORLD"，输出应为"helloworld"。

2. 编写一个C语言函数，用于将字符串中的数字字符提取出来并拼接成一个新的字符串。例如，从"abc123def456"中提取数字，得到"123456"。

单元 12

指 针

指针是一个特殊的数据类型，指针变量存储的是内存的一个地址。本单元将对C语言中的指针进行讲解，包括指针的简介、指针和数组的关系、指针和函数的关系等。

本单元关键词

请在预习前学习下列单词，将其写在横线上。

（1）pointer（[ˈpɒɪntə（r）]）指针：__________

（2）address（[əˈdres]）地址：__________

（3）dereference（[ˌdiːˈrefərəns]）解引用：__________

（4）increment（[ˈɪŋkrəmənt]）递增：__________

（5）decrement（[dɪˈkrɪmənt]）递减：__________

（6）null pointer（[ˈnʌlˈpɒɪntə（r）]）空指针：__________

（7）array pointer（[ˈeəriːˈpɒɪntə（r）]）数组指针：__________

（8）function pointer（[ˈfʌŋkʃnˈpɒɪntə（r）]）函数指针：__________

预习任务

简单解释一下什么是指针？什么是指针数组？什么是数组指针？什么是指针函数？什么是函数指针？

学习导图

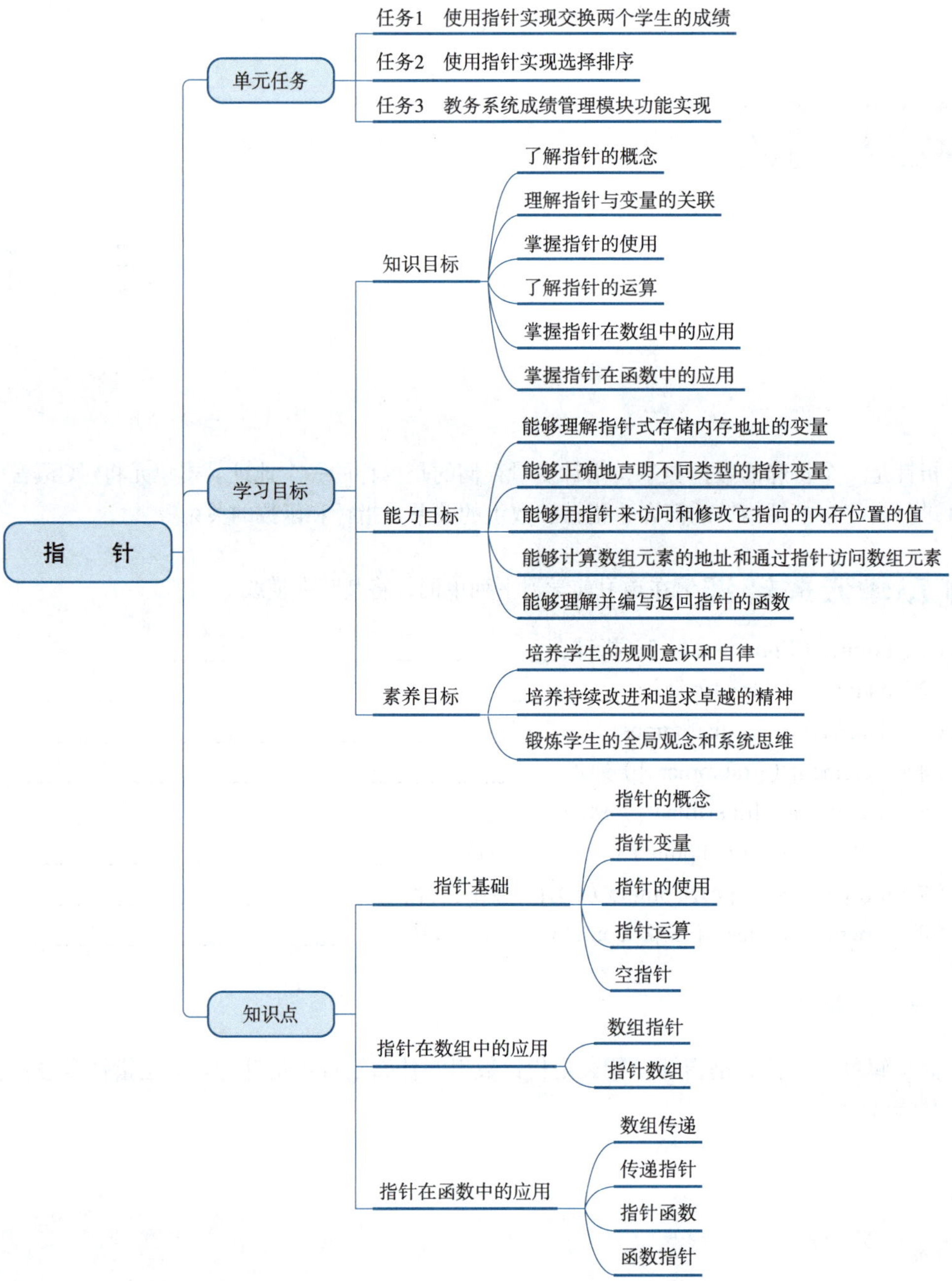

12.1　指针基础

12.1.1　指针的概念

指针是一个变量，其值为另一个变量的地址。换句话说，指针存储了内存地址，通过这个地址，可以访问和修改该地址上的数据。在C语言中，一切变量都存储在内存中，每个变量都有一个唯一的内存地址。通过指针，可以直接访问和操作这个内存地址上的数据。

指针是C语言程序设计的灵魂，开发者在使用指针时，可以更加快速、高效、紧凑，在进行复杂的数据结构操作时，指针用于避免复杂的操作，直接快速有效。在此，只介绍指针基础知识，掌握了这些基础知识后再学习更为复杂的知识。

12.1.2 指针变量

指针变量是一个特殊的变量，用于存储另一个变量的地址。声明一个指针变量时，需要使用一个星号（*）作为前缀。例如，int *p; 声明了一个指向整数的指针变量p。

指针定义的一般形式如下：

```
类型说明符 *变量名;
```

说明：

（1）类型说明符表示本指针变量所指向的变量的数据类型。

（2）“*”符号表明定义的是一个指针变量。

（3）变量名即为定义的指针变量名。

指针变量同普通变量一样，使用之前不仅要定义说明，而且必须赋予具体的值。未经赋值的指针变量不能使用，否则将造成系统混乱，甚至死机。指针变量的赋值只能赋予地址，决不能赋予任何其他数据，否则将引起错误。

在C语言中，变量的地址是由编译系统分配的，对用户完全透明，用户不知道变量的具体地址。C语言中提供了地址运算符&来表示变量的地址。其一般形式为：

```
&变量名;
```

如&a表示变量a的地址，&b表示变量b的地址。变量本身必须预先说明。

例12.1 指针变量示例。

```
int i=10;
int *p=&i;                    //p现在存储了x的内存地址
```

其中，i为定义的一个整数，值为10。i存储的内存地址是2000（这里是假设，实际存储的内存地址由编译器根据当前系统资源进行分配）。然后，用定义的p来存储i的地址，值为2000，同样，p也会占用一个内存空间来存储，地址为1000，如图12.1所示。

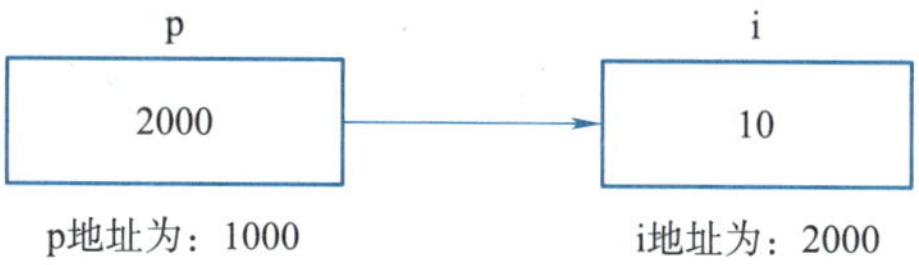

图12.1 指针变量与它指向的变量

12.1.3 指针的使用

假设有一个int类型的变量a，pa是指向它的指针，那么*&a和&*pa分别是什么意思？

&a可以理解为（&a），&a表示取变量a的地址（等价于pa），*（&a）表示取这个地址上的数据（等价于*pa），*&a仍然等价于a。

&*pa可以理解为&（*pa），*pa表示取得pa指向的数据（等价于a），&（*pa）表示数据的地址（等价于&a），所以&*pa等价于pa。

对于&和*这两个运算符的说明：

（1）&：取地址运算符。

（2）*：指针运算符（间接存取运算符）。

例12.2 指针使用示例。

```
#include <stdio.h>
int main()
{
    int* p1,* p2,a,b;
    a=1; b=20;
    p1=&a;
    p2=&b;
    printf("a=%d,b=%d\n",a,b);
    printf("*p1=%d,*p2=%d\n",*p1,*p2);
    printf("&a=0x%x,&b=0x%x\n",&a,&b);
    printf("p1=0x%x,p2=0x%x\n",p1,p2);
    *p1=20;
    printf("改变*p1的值之后......\n");
    printf("a=%d,b=%d\n",a,b);
    printf("*p1=%d,*p2=%d\n",*p1,*p2);
    return 0;
}
```

程序运行结果如图12.2所示。

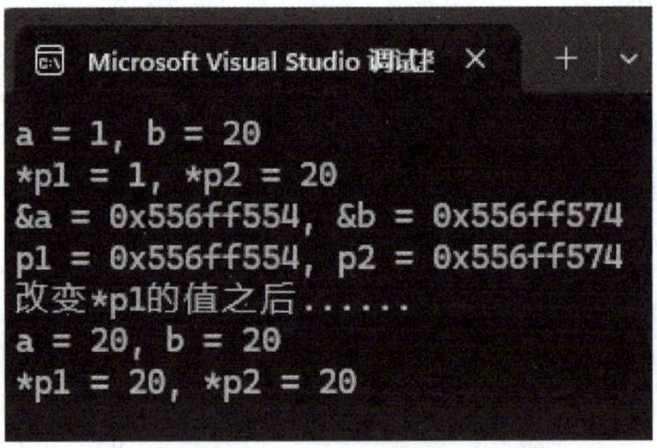

图 12.2 例 12.2 程序运行结果

12.1.4 指针运算

指针变量保存的是地址，而地址本质上是一个整数，指针的运算其实就是地址的运算。地址运算的种类是有限制的，只能进行算术运算、关系运算和赋值运算。

1. 指针变量的算术运算

指针的算术运算，在C语言程序中是一个很基础的操作，需要熟练掌握，具体内容见表12.1。

表 12.1　指针的算术运算符

运 算 符	计算形式	意　义
+	p+n	指针向地址大的方向移动 n 个数据
-	p-n	指针向地址小的方向移动 n 个数据
++	p++ 或 ++p	指针向地址大的方向移动 1 个数据
--	p—或 --p	指针向地址小的方向移动 1 个数据
-	p-q	两个指针之间相隔数据元素的个数

不同数据类型的指针进行加减整数运算是无意义的。

例12.3 指针算术运算示例。

```
#include <stdio.h>
int main(int argc,char *argv[])
{
    int m=10;
    double n=20;
    int *p;
    double *q;
    p=&m;
    q=&n;
    printf("m=%d &m=%p\n",m,&m);
    printf("p=%p p+2=%p\n",p,p+2);
    printf("\nn=%lf &n=%p\n",n,&n);
    printf("q=%p q+2=%p\n",q,q+2);
    return 0;
}
```

程序运行结果如图12.3所示。

图 12.3　例 12.3 程序运行结果

2. 指针的关系运算

两指针之间的关系运算，表示它们指向地址之间的关系运算。指向地址大的指针大于指向地址小的指针。具体运算符见表12.2。

表 12.2 指针的关系运算符

运算符	说明	例子	运算符	说明	例子
>	大于	p>q	<=	小于等于	p<=q
<	小于	p<q	!=	不等于	p!=q
>=	大于等于	p>=q	==	等于	p==q

对于指针的关系运算来讲，前提是具有相同的数据类型；对于不同的数据类型的指针变量来讲，关系运算没有任何意义。

例12.4 指针的关系运算示例。

```
#include <stdio.h>
#include <string.h>
int main()
{
    char s[]="hello";
    char *p=NULL,*q=NULL,t;
    printf("%s\n",s);
    p=s;
    q=s+strlen(s)-1;
    while (p<q)
    {
        t=*p;
        *p=*q;
        *q=t;
        p++;
        q--;
    }
    printf("%s\n",s);
    return 0;
}
```

在该程序中，指针p指向字符数组的第一个字符h，指针q指向最后一个字符o，循环中指针p往地址大的方向移动，指针q往地址小的方向移动。当指针相等时，停止字符交换。

程序运行结果如图12.4所示。

图 12.4 例 12.4 程序运行结果

12.1.5 空指针

空指针不指向任何实际的对象或者函数。反过来，任何对象或者函数的地址都不可能是空指针。这里讲的空指针，指的是指针变量存了零号地址，当然也可以在程序中理解为指针变量赋值为零，如int *p=0；在于C语言中，指针常量只有一个NULL，代表空，也就是0。NULL指针的实际应用也非常广泛，它可以用在指针变量还并没有指向任何一个对象时对指针变量进行赋值。有经验的开发者，会在使用指针时，习惯性地在指针初始化时将指针设置为NULL，这是一个很好的习惯，这样处理可以避免很多因为指针而产生的错误。

【任务 1】使用指针实现交换两个学生的成绩

1. 任务情景

视频

使用指针实现交换两个学生的成绩

数据准确性在教务系统中占据着举足轻重的地位。鉴于部分数据由人工录入，错误难以避免，因此，系统需要提供有效的错误修正机制。一旦数据出现错误，除了通过系统的修改功能进行更正外，还应考虑利用数据交换的方式，对录入错误的数据进行互换，以此提高系统的便捷性和用户体验。在红星小学的教务系统中，为了应对老师在录入学生成绩时可能出现的成绩与学生不匹配的情况，亟须开发一项交换两个学生成绩的功能。这一功能的实现将极大地提升教务管理的灵活性和效率，确保数据的准确性，从而满足学校日常教务管理的需要。

2. 任务描述

使用指针，实现两个学生成绩交换。

3. 任务分析

任务分析见表12.3。

表 12.3 任务分析

任务准备	（1）工具准备：Visual Studio 2022
	（2）知识准备：指针变量的使用
任务步骤	（1）编写函数，实现使用指针交换两个学生的成绩
	（2）调用函数，测试效果

4. 任务实施

（1）打开Visual Studio软件，新建项目，然后新建源文件。

（2）打开源文件，编写如下代码：

```
#include <stdio.h>
void swapScores(int* score1,int* score2){
    int temp=*score1;
    *score1=*score2;
    *score2=temp;
}
int main(){
```

```
    int scoreA=85;
    int scoreB=90;
    printf("交换前: scoreA=%d,scoreB=%d\n",scoreA,scoreB);
    swapScores(&scoreA,&scoreB);
    printf("交换后: scoreA=%d,scoreB=%d\n",scoreA,scoreB);
    return 0;
}
```

（3）运行程序，结果如图12.5所示。

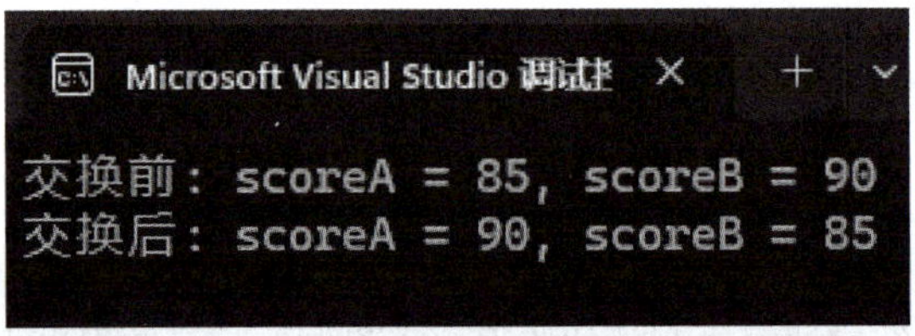

图 12.5 程序运行结果

5. 任务总结

对于当前任务，需要理解指针和变量之间的关系，牢记"*取值，&取地址"这一操作口诀。然后在使用时，严格遵守这个方式，就可以快速掌握指针的基础用法。

12.2 指针在数组中的应用

12.2.1 数组指针

对数组来说，数组名就是数组在内存存放的首地址。那么指针和数组有怎样的关系？下面通过示例进行说明。

示例一：

```
int main()
{
    int a[]={1,3,4,7,9,2,4,6};
    for(int i=0; i<sizeof(a)/sizeof(int); i++)
    {
        printf("%d\n",a[i]);
    }
    return 0;
}
```

示例二：

```
int main()
{
    int a[]={1,3,4,7,9,2,4,6};
    for (int i=0; i<sizeof(a)/sizeof(int); i++)
    {
```

```
        printf("%d\n",*(a+i));
    }
    return 0;
}
```

通过上面两个示例，可以看到两个程序运行后的结果是一样的，但写法却是不同的。从示例一和示例二可以得出，示例一通过遍历来显示数组a中的每一个元素，示例二是通过指针*（a+i）来得到和遍历数组中的每一个元素，但是，通过输出结果，发现这两种方式是一样的结果。以前在讲数组时，提到过数组的名称其实也是一个地址，对数组名取地址和数组的首个元素取地址，其实是一样的，也就是说，数组名其实就是一个数组的起始地址，如int a[10]; a和 &a[0]，这里需要提到的是数组指针的概念。

数组指针是指向数组起始地址的指针。一维数组的数组名为一维数组的指针。前面已经讲解了指针的运算，从前面示例二可以看到，那里就用了一个指针的运算，从而可以得出指针的加法运算和数组的下标运算有如下的对应关系：数组名+i →数组名[i]。

对于数组名来讲，数组名就是一个常量地址，向大地址进行偏移后，也属于一个指针常量，所以箭头左边是一个指针常量，它指向的是右边的变量。

例12.5 数组和指针的关系示例。

```
#include<stdio.h>
int main()
{
    int a[]={ 1,3,4,7,9,2,4,6 };
    int* p=a;                    //定义一个指针
    for (int i=0; i<sizeof(a)/sizeof(int); i++)
    {
        printf("%p %p %p %p\n",a,(a+i),p,(p+i));
    }
    return 0;
}
```

程序运行结果如图12.6所示。

图 12.6　例 12.5 程序运行结果

结论：利用指针或者直接用数组名所表达的作用是一样的。

即有这样的说法：一维数组a的第i个元素，有下标法和指针法。假设指针变量p指向数组的首元素，则有4种数组元素的表达方式：a[i] ⇔ p[i] ⇔ *（p+i）⇔ *（a+i）。

需要特别说明的一点是，指针变量和数组在访问数组中元素时，一定条件下其使用方法具有相同的形式，因为指针变量和数组名都是地址量。但是两者也有所不同，数组在初始化后其内存地址是无法改变的，数组名可以理解为地址常量，而指针是一个地址变量。数组名可以参与指针运算，但是不能再次进行赋值操作。

字符串是以字符数组的形式存储的，所以，字符串的操作也可以使用指针进行处理。

12.2.2 指针数组

指针数组是指相同存储类型和数据类型的指针变量构成的集合。指针数组的定义形式如下：

```
< 存储类型 > < 数据类型 > *< 指针变量数组名 >[ 数组大小 ]
```

例如：

```
int *p[5],char *ch[6];
```

注意：这里由于“[]”的优先级高于“*”，因此，数组名p先与“[]”结合，这就构成了一个数组的形式。

例12.6 指针数组使用示例。

```
int main()
{
    int m=50,n=100;
    int* p[2];
    p[0]=&m;
    p[1]=&n;
    printf("sizeof(p)=%lu\n",sizeof(p));
    printf("&m=%p &n=%p\n",&m,&n);
    printf("p[0]=%p p[1]=%p\n",p[0],p[1]);
    printf("p=%p &p[0]=%p &p[1]=%p\n",p,&p[0],&p[1]);
    printf("\nm=%d n=%d\n",m,n);
    printf("*p[0]=%d *p[1]=%d\n",*p[0],*p[1]);
    printf("**p=%d **(p+1)=%d\n",**p,**(p+1));
    return 0;
}
```

程序运行结果如图12.7所示。

图 12.7 例 12.6 程序运行结果

在该程序中指针数组存储了两个整数的地址，p[0]指向变量m，p[1]指向变量n；如果要得到m的值，可以用*p[0]或**p，如果要得到n的值，可以用*p[1]或**（p+1）。可以发现，任何指针都占4字节，所以，指针数组中每个元素占4字节。

【任务 2】使用指针实现选择排序

视频

使用指针实现选择排序

1. 任务情景

数组排序中，最常用的两种排序方式就是冒泡排序和选择排序。排序过程中，除了对值进行操作，还可以采用指针进行操作。

2. 任务描述

利用指针，对整型数组进行选择排序，排序方式为升序。

3. 任务分析

任务分析见表12.4。

表 12.4　任务分析

任务准备	（1）工具准备：Visual Studio 2022
	（2）知识准备：指针变量的使用
任务步骤	（1）定义一个整型数组
	（2）使用指针对数组元素进行降序排列

4. 任务实施

（1）打开Visual Studio软件，新建项目，新建源文件，然后编写如下代码：

```
#include <stdio.h>
int main(){
    int arr[]={ 64,34,25,12,22,11,90 };
    int n=sizeof(arr)/sizeof(arr[0]);
    int i,j,min_idx;
    int temp;
    for(i=0;i<n-1;i++){
        min_idx=i;
        for (j=i+1;j<n;j++){
            if (arr[j]<arr[min_idx]){
                min_idx=j;
            }
        }
        temp=*(arr+min_idx);
        *(arr+min_idx)=*(arr+i);
        *(arr+i)=temp;
    }
    printf(" 排序后的数组: ");
```

```
    for (i=0; i<n; i++){
        printf("%d ",arr[i]);
    }
    printf("\n");

    return 0;
}
```

（2）运行程序，结果如图12.8所示。

图 12.8　排序后的数组

5. 任务总结

当前任务中，利用指针和数组名的关系，在进行元素交换时，采用指针的方式进行处理。完成本任务时，要充分理解数组名与元素指针的关联。

12.3　指针在函数中的应用

12.3.1　数组传递

在定义函数时，当形参是数组形式时，其本质上也是一个指针。数组作为实参传递时，形参并没有复制实参所有的内容，而是复制了实参数组的首地址。由于数组的特殊性，只要知道了数组的首地址，就可以依次访问数组中的所有元素。

例12.7 计算整型数组元素总和及奇数元素的数量。

```
#include <stdio.h>
int test_array(int a[],int n,int  *p)
{
    int i,sum=0;
    *p=0;
    for(i=0;i<n;i++)
    {
    sum +=a[i];
    if(a[i]%2){
      (*p)++;
    }

    }
    return sum;
}
```

```
int main()
{
    int a[]={ 9,12,2,3,29,31,40,80 },n;
    int sum=0,odd=0;
    n=sizeof(a)/sizeof(int);
    sum=test_array(a,n,&odd);
    printf("总和为：%d，奇数元素个数为：%d\n",sum,odd);
    return 0;
}
```

程序运行结果如图12.9所示。

图 12.9　例 12.7 程序运行结果

12.3.2　传递指针

指针作为函数的形参，在实际开发中非常常见，只要掌握好了指针，传递指针也能熟练掌握。

例12.8　函数传递指针示例。

```
#include <stdio.h>
void fun(int *x)
{
    *x +=5;                          //修改的是指针x指向的内存单元值
}
int main()
{
    int y=0;
    fun(&y);
    printf("%d\n",y);
    return 0;
}
```

在函数中参数是以定义指针变量的形式存在，告诉编译器：把变量的地址赋予函数中的指针变量，也就是函数复制了一个指针，这个指针的值是y的地址。所以调用函数，将指针指向的内存单元值修改后，会使得y的值发生变化。程序运行结果如图12.10所示。

图 12.10　例 12.8 程序运行结果

再看一下字符串复制函数的原型：

```
char*strcpy(char *dest,const char *src)
```

源字符串前面用了const修饰，而目标字符串前面没有修饰。一般用const修饰有两种写法，分别表达了不同的含义：

（1）const char *p;：const修饰*p, 所以*p是一个常量，不可修改。

（2）char* const p;：const修饰p, 所以指针p是一个常量，不可修改。

12.3.3 指针函数

指针函数，简单地说，就是一个返回指针的函数，其本质是一个函数，而该函数的返回值是一个指针。

指针函数的定义的一般形式如下：

```
<数据类型>  *<函数名称>(<参数说明>)
{
    语句块;
}
```

其中，<数据类型> 、<函数名称>、<参数说明> 等与一般函数定义相同。在<函数名称>之前的“*”符号，说明该函数返回一个地址量。

例12.9 指针函数示例。

```
#include <stdio.h>
int *sum(int *a,int *b)
{
    int j;
    int *p=&j;
    j=*a +*b;
    return p;
}
int main()
{
    int i=10;
    int k=20;
    int *s;
    s=sum(&i,&k);
    printf("%d\n",*s);
    return 0;
}
```

程序运行结果如图12.11所示。

该程序中声明和实现了一个返回值为int *，函数名为sum的函数，由于这个返回值为int *，因此，这类函数称为指针函数。

图 12.11　例 12.9 程序运行结果

12.3.4　函数指针

函数指针是专门用来存放函数地址的指针。函数地址是一个函数的入口地址，函数名代表了函数的入口地址。

如果一个函数指针指向了一个函数，就可以通过这个指针来调用该函数，可以将函数作为参数传递给函数指针。

1. 定义函数指针变量

函数指针变量说明的一般形式如下：

```
<数据类型> (*<函数指针名称>)(<参数说明列表>);
```

（1）<数据类型>：函数指针所指向的函数的返回值类型。

（2）<函数指针名称>：符合标识符命名规则。

（3）<参数说明列表>：应该与函数指针所指向的函数的形参说明保持一致。

（*<函数指针名称>）中，*说明为指针，()不可缺省，表明为指向函数的指针。

2. 定义函数指针类型

函数指针类型说明的一般形式如下：

```
typedef <数据类型> (*<函数指针类型名称>)(<参数列表>);
```

在函数指针变量说明前面，加上typedef，就变成了函数指针类型。

例12.10 函数指针类型定义。

```
#include <stdio.h>
typedef int (*MFunc)(int,int);
int test(int a,int b,MFunc pFunc);
int plus(int a,int b);          //函数声明
int minus(int,int);             //函数声明，缺省形参名称
int main(int argc,const char*argv[])
{
    int x=5,y=8;
    MFunc  pFunc;
    pFunc=plus;
    printf("%d\n",(*pFunc)(x,y));
    pFunc=minus;
    printf("%d\n",(*pFunc)(x,y));
    printf("%d\n",test(15,5,plus));
    printf("%d\n",test(15,5,minus));
```

```
    return 0;
}
int plus(int a,int b){
    return (a+b);
}
int minus(int a,int b){
    return (a-b);
}
int test(int a,int b,MFunc pFunc){
    return ((*pFunc)(a,b));
}
```

程序运行结果如图12.12所示。

图 12.12　例 12.10 程序运行结果

【任务 3】教务系统成绩管理模块功能实现

视 频

教务系统成绩管理模块功能实现

1. 任务情景

红星小学教务系统中，对于成绩管理，之前的处理方式是将有关操作全部实现，录入成绩后直接输出所有相关结果，现在需要改为根据用户的功能选择进行操作。

2. 任务描述

只需要完成功能菜单输出以及功能选择，包括计算平均分和查找最高分两项功能。成绩录入为预定义的方式。

3. 任务分析

任务分析见表12.5。

表 12.5　任务分析

任务准备	（1）工具准备：Visual Studio 2022
	（2）知识准备：指针变量的使用
任务步骤	（1）分别定义计算平均分和查找最高分两个函数
	（2）在 main() 函数中编写菜单，然后根据用户选择进行相关函数调用

4. 任务实施

（1）打开Visual Studio软件，新建项目，新建源文件，然后编写如下代码：

```
#include <stdio.h>
//假设的成绩数组
int scores[]={ 85,90,78,92,88 };
int numScores=sizeof(scores)/sizeof(scores[0]);
//计算平均分的函数
double calculateAverage(int* scores,int count){
    double sum=0;
    for (int i=0; i<count; i++){
        sum +=scores[i];
    }
    return sum/count;
}
//查找最高分的函数
int findHighestScore(int* scores,int count){
    int highest=scores[0];
    for (int i=1; i<count; i++){
        if (scores[i]>highest){
            highest=scores[i];
        }
    }
    return highest;
}
int main(){
    int choice;
    printf("请选择操作: \n");
    printf("1.计算平均分\n");
    printf("2.查找最高分\n");
    scanf_s("%d",&choice);
    double (*calculateFunc)(int*,int)=NULL;
    int (*findFunc)(int*,int)=NULL;
    switch (choice){
    case 1:
        calculateFunc=calculateAverage;
        break;
    case 2:
        findFunc=findHighestScore;
        break;
    default:
        printf("选择无效\n");
        return 1;
    }
    //根据用户选择调用相应的函数
    if (calculateFunc !=NULL){
        double average=calculateFunc(scores,numScores);
```

```
        printf("平均分: %.2f\n",average);
    }
    else if (findFunc !=NULL){
        int highestScore=findFunc(scores,numScores);
        printf("最高分: %d\n",highestScore);
    }
    return 0;
}
```

（2）运行程序，结果图12.13所示。

图 12.13　程序运行结果

5. 任务总结

本任务采用函数指针，实现了根据用户选择动态调用不同函数的功能；定义了两个函数指针，分别执行计算平均分和查找最高分函数；然后根据用户的选择，给不同的函数指针添加指向；最后判断函数指针，完成相关函数的调用。

【智慧之光】

关键词：规则意识与自律　持续改进与追求卓越　全局观念与系统思维

切入点：在C语言中，指针的使用受到严格的规则限制。程序员必须遵守这些规则，否则可能会导致程序出错或崩溃。这就要求程序员具备强烈的规则意识和自律精神，能够自觉遵守编程规范和标准，不随意破坏或绕过规则。这种规则意识和自律精神，不仅是编程中的重要素质，也是素质教育中强调的遵纪守法和社会责任感的体现。

指针操作在C语言中是一个相对高级且容易出错的话题。通过不断实践和学习，程序员可以逐渐掌握其精髓，并发现更多的优化和改进空间。这种持续改进和追求卓越的精神，不仅有助于提升个人的编程能力，也体现了持续学习、自我提升和不断创新的价值观。

在复杂的程序中，指针的使用往往涉及整个程序的内存布局和数据结构。程序员需要站在全局的角度，考虑指针的使用对整个系统的影响。这种全局观念和系统思维，有助于程序员更好地理解程序的运行机制，并做出更加合理的决策。同时，也体现了全局意识和系统思考的能力，这对于个人和组织的长期发展都具有重要意义。

小结

简单理解，指针就是内存的地址。C语言允许用一个变量来存放指针，这种变量称为指针变量。指针变量可以存放基本类型数据的地址，也可以存放数组、函数以及其他指针变量的地址。数组名其实也是指向数组首元素地址的指针，函数参数可以使用指针进行传递。返回值为指针的函数也称为指针函数。

作业

一、选择题

1. 假设有一个整数指针int *ptr，要将其指向的整数值增加10，应用使用（ ）语句。

A. ptr=ptr+10　　B. *ptr +=10;

C. (*ptr) +=10;　　D. &ptr +=10;

2. 指针的算术运算中，ptr++表示（ ）。

A. 增加ptr指向的地址　　B. 减少ptr指向的地址

C. 增加ptr指向的值　　D. 减少ptr指向的值

3. 下面（ ）声明定义了一个指针数组，该数组包含3个整数指针。

A. int *arr[3];　　B. int arr*[3];

C. int arr[3][];　　D. int (*arr)[3];

二、编程题

1. 编写一个函数，接收两个字符串的指针作为参数，并将这两个字符串连接起来，结果存储在第三个字符串的指针所指向的内存中。

2. 使用指针操作查找一个整数数组中的最大值及其索引。

单元 13

预处理和内存管理

本单元将对C语言的预处理语句和内存管理进行讲解。预处理是程序编译的一个重要部分，常用的预处理语句包含宏定义、条件编译等。在计算机系统中，特别是嵌入式系统，内存资源是非常有限的，如何有效管理内存资源，是作为开发者在程序设计时要考虑的。

本单元关键词

请在预习前学习下列单词，将其写在横线上。

（1）#include（包含其他文件）:________

（2）#define（定义宏或常量）:________

（3）#if、#ifdef、#ifndef、#else、#elif、#endif（条件编译指令）:________

（4）malloc（动态分配内存函数）:________

（5）free（释放内存函数）:________

预习任务

（1）简要讲解一下什么是宏定义。

（2）C语言的内存有哪几种内存分区？

（3）堆和栈有什么区别？

学习导图

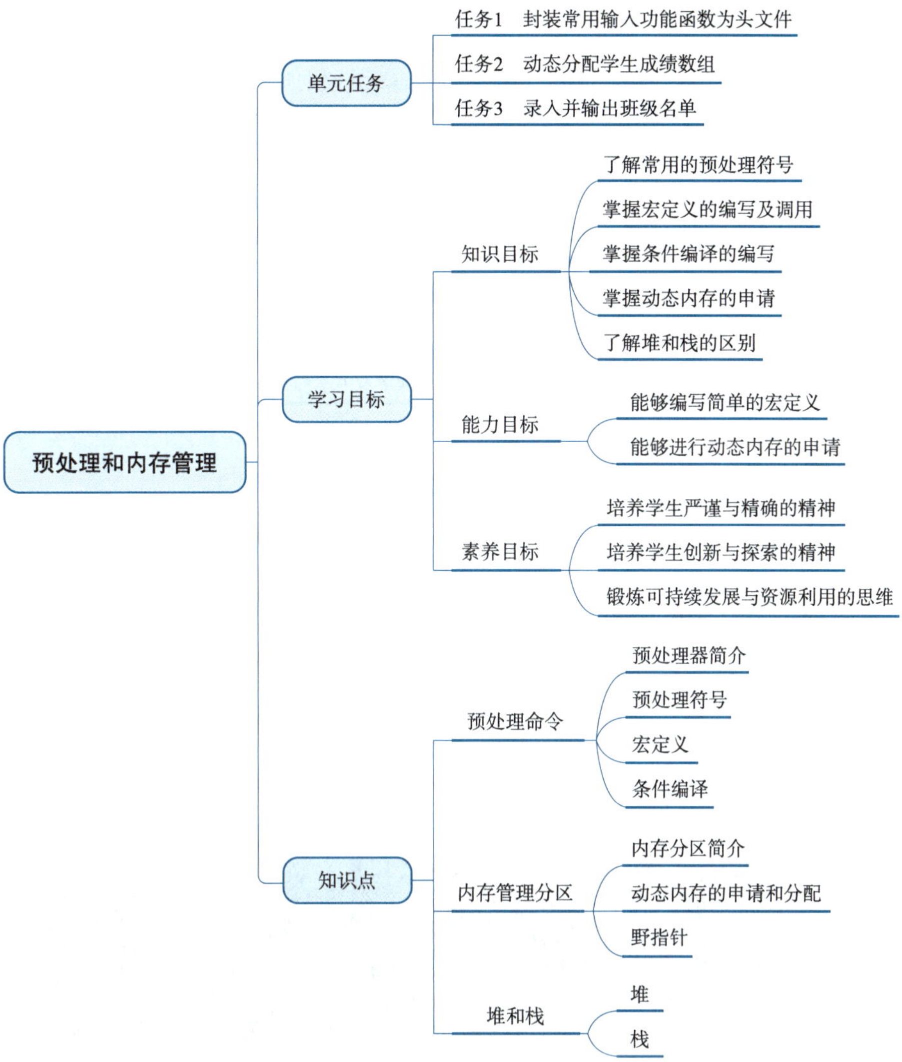

13.1　预处理命令

13.1.1　预处理器简介

C预处理器不是编译器的组成部分，但它是编译过程中一个单独的步骤。简而言之，C预处理器就是一个文本替换工具，它会指示编译器在实际编译之前完成所需的预处理。通常把C预处理器（C preprocessor）简写为CPP。

所有的预处理器命令都是以井号（#）开头。它必须是第一个非空字符，为了增强可读性，预处理器指令应从第一行开始。

C语言提供了多种预处理功能，包括宏定义、文件包含、条件编译等。合理地使用这些预处理功能，有利于程序的阅读、修改、调试和移植，也有利于程序的模块化设计。

13.1.2 预处理符号

ANSI C 定义了许多宏。在编程中可以使用这些宏，但是不能直接修改这些预定义的宏。常见的C语言预定义的宏见表13.1。

表 13.1 常见的 C 语言预定义的宏

宏	描　述
__DATE__	当前日期，一个以 "MMM DD YYYY" 格式表示的字符常量
__TIME__	当前时间，一个以 "HH:MM:SS" 格式表示的字符常量
__FILE__	这会包含当前文件名，一个字符串常量
__LINE__	这会包含当前行号，一个十进制常量
__STDC__	当编译器以 ANSI 标准编译时，则定义为 1

例13.1 预定义的宏使用示例。

```
#include <stdio.h>
    int main(){
    printf("当前日期: %s\n",__DATE__);
    printf("当前时间: %s\n",__TIME__);
    printf("当前文件名: %s\n",__FILE__);
    printf("当前行号: %d\n",__LINE__);
    return 0;
}
```

程序运行结果如图13.1所示。

图 13.1 例 13.1 程序运行结果

由于这几个预定义的宏表示的内容跟当前日期、当前时间、文件路径以及代码所在行的行号有关系，所以运行结果不会与图13.1展示的内容一致。

13.1.3 宏定义

1. 不带参数的宏定义

不带参数的宏定义格式：

```
#define 宏名 字符串
```

#表示这是一条预处理命令，所有的预处理命令都以#开头；define是预处理命令；宏名是标识符的一种，命名规则和标识符相同；字符串可以是常数、表达式等。

这里所说的字符串是一般意义上的字符序列，不要和C语言中的字符串等同，它不需要双引号。

程序中反复使用的表达式就可以使用宏定义，例如：

```
#define ZX (z*z+3*z)
```

其作用是指定标识符ZX来代替表达式（z*z+3*z）。在编写源程序时，所有的（z*z+3*z）都可由ZX代替，而对源程序编译时，将先由预处理程序进行宏代换，即用（z*z+3*z）表达式去替换所有的宏名ZX，然后再进行编译。

例13.2 完整无参宏定义。

```
#include <stdio.h>
#define ZX (z*z+3*z)
int main()
{
    int sum,z;
    printf("请输入一个数字：");
    scanf_s("%d",&z);
    sum=3*ZX+4*ZX+5*ZX;
    printf("总和为: %d\n",sum);
    return 0;
}
```

上面的程序中首先进行宏定义，定义ZX来替代表达式（z*z+3*z），在sum=3*ZX+4*ZX+5*ZX中做了宏调用。在预处理时经宏展开后该语句变为：

```
sum=3*(z*z+3*z)+4*(z*z+3*z)+5*(z*z+3*z);
```

程序运行结果如图13.2所示。

图 13.2 例 13.2 程序运行结果

需要注意的是，在宏定义中表达式（z*z+3*z）两边的括号不能少，否则会发生错误。例如，作以下定义后：

```
#difine ZX z*z+3*z
```

在宏展开时将得到下述语句：

```
s=3*z*z+3*z+4*z*z+3*z+5*z*z+3*z;
```

这相当于：

$3z^2+3z+4z^2+3z+5z^2+3z$

这显然是不正确的。所以进行宏定义时要注意，应该保证在宏代换之后不发生错误。

对宏定义的几点说明：

（1）宏定义是用宏名来表示一个字符串，在宏展开时又以该字符串取代宏名，这只是一种简单的替换。字符串中可以含任何字符，可以是常数，也可以是表达式，预处理程序对它不做任何检查，若有错误，只能在编译已被宏展开后的源程序时发现。例如，上述程序中，在宏定义时，字符串中含有未知变量z，如果程序中没有变量z，则会编译报错。

（2）宏定义不是说明或语句，在行末不必加分号，如加上分号则连分号也一起替换。

（3）宏定义必须写在函数之外，其作用域为宏定义命令起到源程序结束。若要终止其作用域，可使用#undef命令。例如：

```
#define PI 3.14159
int main()
{
    //代码
    return 0;
}
#undef PI
void func(){
    //Code
}
```

表示PI只在main()函数中有效，在func()函数中无效。

（4）宏名在源程序中若用引号括起来，则预处理程序不对其作宏代换。例如：

```
#include <stdio.h>
#define OK 100
int main()
{
    printf("OK\n");
    return 0;
}
```

该例中定义宏名OK表示100，但在 printf 语句中 OK 被引号括起来，因此不做宏代换，而作为字符串处理。

（5）宏定义允许嵌套，在宏定义的字符串中可以使用已经定义的宏名，在宏展开时由预处理程序层层代换。例如：

```
#define PI 3.1415926
#define S PI*y*y                /*PI 是已定义的宏名 */
```

对语句：

```
printf("%f",S);
```

在宏代换后变为：

```
printf("%f",3.1415926*y*y);
```

（6）习惯上宏名用大写字母表示，以便于与变量有所区别，但也允许用小写字母。

（7）可用宏定义表示数据类型，使书写方便。

例如：

```
#define UINT unsigned int
```

在程序中可用UINT作变量说明：

```
UINT a,b;
```

应注意用宏定义表示数据类型和用typedef定义数据说明符的区别。宏定义只是简单的字符串代换，是在预处理完成的，而typedef是在编译时处理的，它不是做简单的代换，而是对类型说明符重新命名。被命名的标识符具有类型定义说明功能，例如：

```
#define PIN1 int *
typedef (int *) PIN2;
```

从形式上看这两者相似，但在实际使用中却不相同。下面用PIN1、PIN2说明变量时就可以看出它们的区别：

```
PIN1 a,b;
```

在宏代换后变成：

```
int *a,b;
```

表示a是指向整型的指针变量，而b是整型变量。然而：

```
PIN2 a,b;
```

表示a、b都是指向整型的指针变量，因为PIN2是一个类型说明符。由这个例子可见，宏定义虽然也可表示数据类型，但只是做字符代换，在使用时要分外小心，以避免出错。

2. 带参数的宏定义

C语言允许宏带有参数。在宏定义中的参数称为形式参数，在宏调用中的参数称为实际参数，这点和函数有些类似。对带参数的宏，在调用中不仅要宏展开，而且要用实参去代换形参。

带参宏定义的格式如下：

```
#define 宏名(形参列表) 字符串
```

在字符串中含有各个形参。

带参宏调用的一般形式如下：

```
宏名(实参列表);
```

例如：

```
#define M(y) y*y+3*y            //宏定义
k=M(5);                         //宏调用
```

在宏调用时，用实参5去代替形参y，经预处理宏展开后的语句为k=5*5+3*5。

例13.3 输出两个数中较大的数。

```
#include <stdio.h>
#define MAX(a,b) (a>b) ? a : b
```

```
int main()
{
    int x,y,max;

    printf("请输入两个数: ");
    scanf_s("%d %d",&x,&y);
    max=MAX(x,y);
    printf("最大数是: %d\n",max);
    return 0;
}
```

程序运行结果如图13.3所示。

图 13.3　例 13.3 程序运行结果

上面示例进行了带参宏定义，用宏名MAX表示条件表达式（a>b）? a : b，形参a、b均出现在条件表达式中。程序第7行max=MAX（x, y）为宏调用，实参x、y将代换形参a、b。宏展开后该语句如下：

```
max=(x>y) ? x: y;
```

对带参宏定义的说明：

（1）带参宏定义中，形参之间可以出现空格，但是宏名和形参列表之间不能有空格出现。例如：

```
#define MAX(a,b)  (a>b)?a:b
```

写为：

```
#define MAX   (a,b)   (a>b)?a:b
```

将被认为是无参宏定义，宏名MAX代表字符串(a,b) (a>b)?a:b。宏展开时，宏调用语句：

```
max=MAX(x,y);
```

将变为：

```
max=(a,b)(a>b)?a:b(x,y);
```

这显然是错误的。

（2）在带参宏定义中，不会为形参分配内存，因此不必指明数据类型。而在宏调用中，实参包含了具体的数据，要用它们去代换形参，因此必须指明数据类型。

这一点和函数是不同的：在函数中，形参和实参是两个不同的变量，都有自己的作用域，调用时要把实参的值传递给形参；而在带参数的宏中，只是符号的替换，不存在值传递的问题。

例13.4 输入n，输出（n+1）^{2}的值。

```
#include <stdio.h>
#define SQ(y)  (y)*(y)
int main()
{
    int a,sq;
    printf(" 请输入一个数字 : ");
    scanf_s("%d",&a);
    sq=SQ(a+1);
    printf("sq=%d\n",sq);
    return 0;
}
```

程序运行结果如图13.4所示。

图 13.4 例 13.4 程序运行结果

上述程序中，第2行为宏定义，形参为y。第8行宏调用中实参为a+1，是一个表达式，在宏展开时，用a+1代换y，再用(y)*(y)代换SQ，得到如下语句：

```
sq=(a+1)*(a+1);
```

这与函数的调用是不同的，函数调用时要把实参表达式的值求出来再传递给形参，而宏展开中对实参表达式不做计算，直接按照原样替换。

（3）在宏定义中，字符串内的形参通常要用括号括起来以避免出错。例如，上面的宏定义中(y)*(y)表达式的y都用括号括起来，因此结果是正确的。如果去掉括号，把程序改为以下形式：

```
#include <stdio.h>
#define SQ(y)  y*y
int main()
{
    int a,sq;
    printf(" 请输入一个数字 : ");
    scanf_s("%d",&a);
    sq=SQ(a+1);
    printf("sq=%d\n",sq);
    return 0;
}
```

同样输入9，但结果却是不一样的。这是由于替换只做符号替换而不做其他处理而造成的。宏替换后将得到以下语句：

```
sq=a+1*a+1;
```

由于a为9故sq的值为19。这显然与题意相违，因此参数两边的括号是不能少的。即使在参数两边加括号还是不够的，例如下面的程序：

```
#include <stdio.h>
#define SQ(y) (y)*(y)
int main()
{
    int a,sq;
    printf("请输入一个数字：");
    scanf("%d",&a);
    sq=200/SQ(a+1);
    printf("sq=%d\n",sq);
    return 0;
}
```

与前面的代码相比，只是把宏调用语句改为：

```
sq=200/SQ(a+1);
```

运行程序后，如果仍然输入9，希望的结果为2。但实际情况并非如此，如图13.5所示。

图 13.5　程序运行结果

为什么会得这样的结果？分析宏调用语句，在宏展开之后变为：

```
sq=200/(a+1)*(a+1);
```

a为9时，由于“/”和“*”运算符优先级和结合性相同，所以先计算200/(9+1)，结果为20，再计算20*(9+1)，最后得到200。为了得到正确答案，应该在宏定义中的整个字符串外加括号：

```
#include <stdio.h>
#define SQ(y) ((y)*(y))
int main()
{
    int a,sq;
    printf("请输入一个数字：");
    scanf_s("%d",&a);
    sq=200/SQ(a+1);
```

```
    printf("sq=%d\n",sq);
    return 0;
}
```

由此可见，对于带参宏定义不仅要在参数两侧加括号，还应该在整个字符串外加括号。

13.1.4 条件编译

可以通过定义不同的宏来决定编译程序对哪些代码进行处理。条件编译指令将决定那些代码被编译，而哪些是不被编译的。可以根据表达式的值或者某个特定的宏是否被定义来确定编译条件。

1. if 命令

#if命令的完整格式如下：

```
#if 整型常量表达式 1
    程序段 1
#elif 整型常量表达式 2
    程序段 2
#elif 整型常量表达式 3
    程序段 3
#else
    程序段 4
#endif
```

意思是：如果常量“表达式1”的值为真（非0），就对“程序段1”进行编译，否则就计算“表达式2”，结果为真就对“程序段2”进行编译，为假就继续往下匹配，直到遇到值为真的表达式，或者遇到 #else。这一点和 if else 非常类似。需要注意的是，#if 命令要求判断条件为“整型常量表达式”，也就是说，表达式中不能包含变量，而且结果必须是整数；而 if 后面的表达式没有限制，只要符合语法就行。这是 #if 和 if 的一个重要区别。

#elif和#else也可以省略，例如：

```
#include <stdio.h>
int main()
{
    #if _WIN32
        printf("这是 Windows 系统 !\n");
    #else
        printf("未知平台 !\n");
    #endif
    #if __linux__
        printf("这是 Linux 系统 !\n");
    #endif
    return 0;
}
```

2. ifdef 命令

#ifdef 命令的格式如下：

```
#ifdef 宏名
    程序段 1
#else
    程序段 2
#endif
```

意思是：如果当前的宏已被定义过，则对“程序段1”进行编译，否则对“程序段2”进行编译。

也可以省略 #else：

```
#ifdef 宏名
   程序段
#endif
```

VS/VC有两种编译模式，Debug和Release。在学习过程中，通常使用Debug模式，这样便于程序的调试；而最终发布的程序，要使用Release模式，这样编译器会进行很多优化，提高程序运行效率，删除冗余信息。为了能够清楚地看到当前程序的编译模式，可在程序中增加提示，例如：

```
#include <stdio.h>
#include <stdlib.h>
int main()
{
    #ifdef _DEBUG
        printf("正在使用 Debug 模式编译程序...\n");
    #else
        printf("正在使用 Release 模式编译程序...\n");
    #endif
    system("pause");
    return 0;
}
```

当以Debug模式编译程序时，宏_DEBUG会被定义，预处理器会保留第6行代码，删除第8行代码。反之会删除第6行，保留第8行。

3. ifndef 命令

#ifndef 命令的格式如下：

```
#ifndef 宏名
    程序段 1
#else
    程序段 2
#endif
```

与#ifdef相比，仅仅是将#ifdef改为了#ifndef。意思是，如果当前的宏未被定义，则对“程序段1”进行编译，否则对“程序段2”进行编译，这与#ifdef的功能正好相反。

最后需要注意的是，#if后面跟的是“整型常量表达式”，而#ifdef和#ifndef后面跟的只能是一个宏名。

4. typedef 命令

typedef的作用是为一种数据类型定义一个新名字。这里的数据类型包括内部数据类型（如int、char等）和自定义的数据类型（如struct等）。

其基本用法如下：

```
typedef 数据类型 自定义数据类型
```

例如，用户可以使用以下语句：

```
typedef unsigned long uint32;
```

这样，就把标识符uint32声明为无符号长整型的类型。之后，用户就可以用它来定义变量。例如

```
uint32 a;
```

等价于：

```
unsigned long a;
```

在大型程序开发中，typedef的应用非常广泛。目的有两点：一是给变量一个易记且意义明确的新名字；二是简化一些比较复杂的类型声明。

在嵌入式的开发中，由于涉及可移植性的问题，typedef的功能更加引人注目。通过typedef可以为标识符取名为一个统一的名称，这样，在需要对这些标识符进行修改时，只需要修改typedef的内容即可。

下面是“/include/asm-arm/type.h”中的内容。

```
#ifndef __ASSEMBLY__
/* 为有符号字符型取名为 s8 */
typedef signed char s8;
/* 为无符号字符型取名为 u8 */
typedef unsigned char u8;
/* 为有符号短整型取名为 s16 */
typedef signed short s16;
/* 为无符号短整型取名为 u16 */
typedef unsigned short u16;
/* 为有符号整型取名为 s32 */
typedef signed int s32;
/* 为无符号整型取名为 u32 */
typedef unsigned int u32;
/* 为有符号长长整型取名为 s64 */
typedef signed long long s64;
/* 为无符号长长整型取名为 u64 */
typedef unsigned long long u64;
```

【任务 1】封装常用输入功能函数为头文件

视 频

封装常用输入功能函数为头文件

1. 任务情景

在大型项目中，通常会由多个开发人员同时进行开发。使用头文件来组织函数声明可以确保每个人都知道哪些函数是可用的，以及如何使用它们。这有助于减少沟通成本，提高开发效率，也可以大幅降低维护成本。红星小学的教务系统开发已经接近尾声，现要将所有输入相关的功能函数放到一个头文件中，然后在需要使用的地方进行导入。

2. 任务描述

将教务系统中常用的整型数据录入、浮点型数据录入、字符串录入等函数放到一个头文件中，然后在需要用到的源文件中导入。

3. 任务分析

任务分析见表13.2。

表 13.2　任务分析

任务准备	（1）工具准备：Visual Studio 2022
	（2）知识准备：宏定义、条件编译、文件包含
任务步骤	（1）在头文件中定义整型数据录入、浮点型数据录入以及字符串录入等函数
	（2）在源文件中进行相关函数调用测试

4. 任务实施

（1）打开Visual Studio 2022软件，新建项目，然后在如图13.6所示位置右击，在弹出的快捷菜单中选择“新建项”命令。

图 13.6　头文件存储位置示意图

（2）在如图13.7所示的界面上单击“显示所有模板”按钮。

图 13.7　添加新项

（3）在打开的“添加新项”对话框中选择“头文件”，修改文件名称，(如input.h)，然后单击“添加”按钮，如图13.8所示。

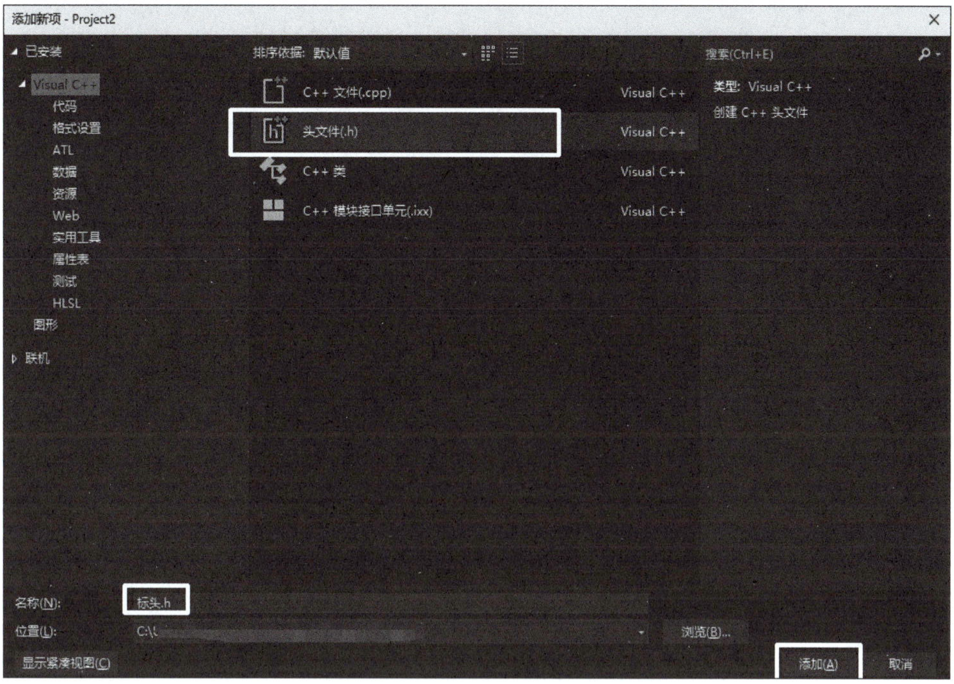

图 13.8　选择“头文件”模板

（4）在新建的头文件中，编写如下代码，完成录入函数的编写。

```
#ifndef INPUT_H
#define INPUT_H
#include <stdio.h>
#include <stdlib.h>
#include <string.h>
//录入整型数据
int get_integer_input(const char* prompt);
//录入浮点型数据
double get_double_input(const char* prompt);
//录入字符串数据
char* get_string_input(const char* prompt,char* buffer,size_t buffer_size);
#endif                          //INPUT_H
//录入整型数据
int get_integer_input(const char* prompt){
    int num;
    char input[100];
    while (1){
        printf("%s",prompt);
        if (fgets(input,sizeof(input),stdin)==NULL){
            fprintf(stderr,"读取输入时发生错误。\n");
```

```
            exit(EXIT_FAILURE);
        }
        //去除可能的换行符
        input[strcspn(input,"\n")]=0;
        if (sscanf_s(input,"%d",&num)==1){
            return num;
        }
        else {
            printf("输入无效。请输入一个整数。\n");
        }
    }
}
//录入浮点型数据
double get_double_input(const char* prompt){
    double num;
    char input[100];
    while(1){
        printf("%s",prompt);
        if (fgets(input,sizeof(input),stdin)==NULL){
            fprintf(stderr,"读取输入时发生错误。\n");
            exit(EXIT_FAILURE);
        }
        //去除可能的换行符
        input[strcspn(input,"\n")]=0;
        if(sscanf_s(input,"%lf",&num)==1){
            return num;
        }
        else {
            printf("输入无效。请输入一个浮点数。\n");
        }
    }
}
//录入字符串数据
char* get_string_input(const char* prompt,char* buffer,size_t buffer_size){
    printf("%s",prompt);
    if(fgets(buffer,buffer_size,stdin)==NULL){
        fprintf(stderr,"读取输入时发生错误。\n");
        exit(EXIT_FAILURE);
    }
    //去除可能的换行符
    buffer[strcspn(buffer,"\n")]=0;
    return buffer;
}
```

（5）新建源文件，编写如下代码：

```
#include"include.h"                    //引入头文件，注意用双引号
int main()
{
    int score=get_integer_input("请输入成绩");
    printf("您输入的成绩为：%d",score);
    return 0;
}
```

（6）运行程序，结果如图13.9所示。

图 13.9　程序运行结果

5. 任务总结

本任务中自定义了头文件用来封装常用的录入函数，然后在源文件中导入，这样就可以使用自定义头文件中的函数。需要注意，常用的头文件stdio.h在自定义的头文件中导入后，在源文件中就不需要再次导入。

13.2　内存管理分区

13.2.1　内存分区简介

在计算机系统中，特别是嵌入式系统，内存资源是非常有限的，如何有效管理内存资源，是作为开发者在程序设计时要考虑的。

在C语言中，关于内存管理的知识点比较多，如函数、变量、作用域、指针等，在探究C语言内存管理机制时，先简单复习下这几个基本概念。

变量需要搞清楚这几种变量类型：

（1）全局变量（外部变量）：出现在代码块{}之外的变量就是全局变量。

（2）局部变量（自动变量）：一般情况下，代码块{}内部定义的变量就是自动变量，也可使用auto显示定义。

（3）静态变量：指内存位置在程序执行期间一直不改变的变量，用关键字static修饰。代码块内部的静态变量只能被这个代码块内部访问，代码块外部的静态变量只能被定义这个变量的文件访问。

在C语言中，定义了4个内存区间：代码区、全局变量与静态变量区、局部变量区（即栈区）、动态存储区（即堆区）。下面分别对这4个区进行介绍。

（1）代码区：所有可执行代码，属性是只读的。程序被操作系统加载到内存时，所有的可执行代码（程序代码指令、常量字符串等）都加载到代码区，这块内存在程序运行期间是

不变的。代码区是平行的，里面装的是指令，在程序运行期间是不能改变的。函数也是代码的一部分，故函数都被放在代码区，包括main()函数。

注意：“int a=0;”语句可拆分成“int a;”和“a=0”，定义变量a的“int a;”语句并不是代码，它在程序编译时就执行了，并没有放到代码区，放到代码区的只有“a=0”这条语句。

（2）全局变量与静态变量区：也称为静态存储区域。内存在程序编译时就已经分配好，这块内存在程序的整个运行期间都存在。例如，全局变量、静态变量和字符串常量。分配在这个区域中的变量，当程序结束时，才释放内存。因此，经常利用这样的变量在函数间传递信息。

（3）栈区：栈是一种先进后出的内存结构，所有的自动变量、函数形参都存储在栈中，这个操作都是由编译器自动完成的，开发者不需要考虑。每个线程都有自己专属的栈，栈的最大尺寸是固定的，超出则会引起栈溢出，变量离开作用域后栈上的内存就会自动释放。

（4）堆区：堆（heap）和栈一样，也是一种在程序运行过程中可以随时修改的内存区域，但没有栈那样先进后出的顺序。更重要的是堆是一个大容器，它的容量要远远大于栈，有些操作对象只有在程序运行时才能确定，这样编译器在编译时就无法为它们预先分配空间，只能在程序运行时分配，所以称为动态分配。

13.2.2 动态内存的申请和分配

当程序运行到需要一个动态分配的变量时，必须向系统申请取得堆中的一块所需大小的存储空间，用于存储该变量。当不再使用该变量时，也就是它的生命结束时，要显式释放它所占用的存储空间，这样系统就能对该堆空间进行再次分配，做到重复使用有限的资源。下面将介绍动态内存申请和释放的函数。

1. malloc() 函数

要实现根据程序的需要动态分配存储空间，就必须用到以下几个函数，这些函数位于stdlib.h中。

在C语言中，使用malloc()函数申请内存，函数原型如下：

```
#include <stdlib.h>
void *malloc(size_t size);
```

其作用是在内存的动态存储区中分配一个长度为size的连续空间。其参数是一个无符号整型数，返回值是一个指向所分配的连续存储域的起始地址的指针。还有一点必须注意的是，当函数未能成功分配存储空间（如内存不足）时，就会返回一个NULL指针。所以，在调用该函数时应该检测返回值是否为NULL并执行相应的操作。

例13.5 动态分配内存空间。

```
#include <stdio.h>
#include <stdlib.h>
void main()
{
int i,*array;                    /* i 是循环变量，array 是一个整型指针
array=(int *) malloc(10*sizeof(int));
if(array==NULL)
```

```
    {
        printf(" 不能成功分配存储空间。");
        exit(1);
    }
    for(i=0;i<10;i++)                       //* 给数组赋值
    {
        array[i]=i;
    }
    for(i=0;i<10;i++)                       //* 打印数组元素
    {
        printf("%2d",array[i]);             // 等价于 printf("%2d",*(array+i));
    }
        printf("\n");
    }
```

程序运行结果如图13.10所示。

图 13.10　例 13.5 程序运行结果

上例中动态分配了10个整型存储区域，然后进行赋值并打印。其中，array=(int *)malloc（10*sizeof（int））；语句可以分为以下两步：

（1）分配10个整型的连续存储空间，并返回一个指向其起始地址的整型指针。

（2）把此整型指针地址赋给array。

2. free() 函数

在堆区上分配的内存，需要用free()函数显示释放，函数原型如下：

```
#include <stdlib.h>
void free(void *ptr);
```

函数的参数ptr，指的是需要释放的内存的起始地址，该函数没有返回值。使用该函数，也有下面几点需要注意：

（1）必须提供内存的起始地址。调用该函数时，必须提供内存的起始地址，不能提供部分地址，释放内存中的一部分是不允许的。因此，必须保存好malloc返回的指针值，若丢失，则所分配的堆空间无法回收，称为内存泄漏。

（2）malloc()和free()配对使用。编译器不负责动态内存的释放，需要程序员显示释放。因此，malloc()与free()是配对使用的，避免内存泄漏。

例13.6 内存空间释放。

```
#include <stdio.h>
#include <stdlib.h>
#include <string.h>
```

```
int *get_memory(int n)
{
    int *p,i;
    if((p=(int *)malloc(n*sizeof(int)))==NULL)
    {
        printf("malloc error\n");
        return p;
    }
    memset(p,0,n*sizeof(int));
    for (i=0; i<n; i++)
        p[i]=i+1;
    return p;
}
int main(int argc,const char*argv[])
{
    int n,*p,i;
    printf("输入一个数字:");
    scanf("%d",&n);
    if((p=get_memory(n))==NULL)
       return 0;
    for(i=0; i<n; i++)
        printf("%d ",p[i]);
    printf("\n");
    free(p);
    p=NULL;
    return 0;
}
```

程序运行结果如图13.11所示。

图 13.11　例 13.6 程序运行结果

注意：该程序演示了动态内存的标准用法。动态内存的申请，通过一个指针函数来完成。申请内存时，判断是否申请成功，成功后，对内存初始化。在主调函数中，动态内存依然可以访问，不再访问内存时，用free()函数释放。

（3）不允许重复释放。同一空间的重复释放也是危险的，因为该空间可能已另分配。在例13.6的程序中，如果释放堆空间两次（连续调用两次free(p)），会出现崩溃，控制台打印很多内存指令。

（4）free只能释放堆空间。像代码区、全局变量与静态变量区、栈区上的变量，都不需要程序员显示释放，这些区域上的空间，不能通过free()函数来释放，否则执行时，会出错。

例13.7 释放内存报错示例。

```
#include <stdio.h>
#include <string.h>
#include <stdlib.h>
int main(int argc,const char*argv[])
{
    int a[10]={0};
    free(a);
    return 0;
}
```

程序运行结果如图13.12所示。

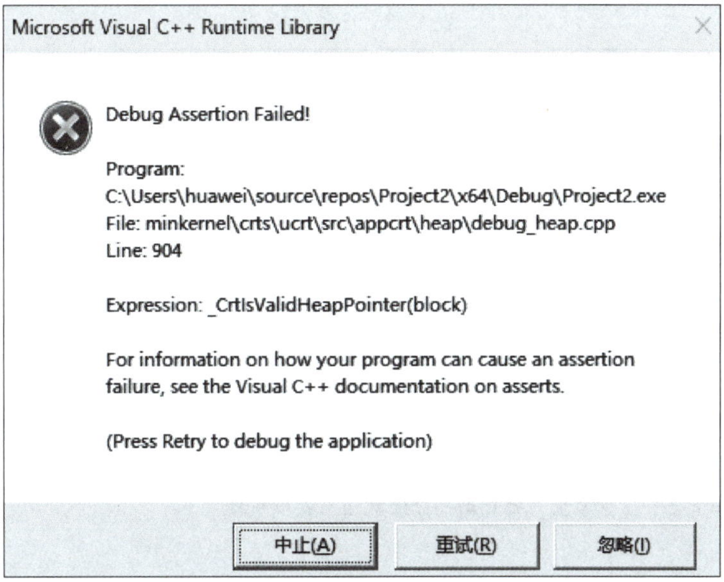

图 13.12 例 13.7 程序运行结果

13.2.3 野指针

野指针指的是指向“垃圾”内存的指针，不是NULL指针，不受程序控制。出现“野指针”主要有以下原因：

（1）指针定义时未被初始化：指针在被定义时，如果程序不对其进行初始化，它会随机指向一个区域，因为任意指针变量（除了static修饰的指针）的默认值都是随机的。

（2）指针被释放时没有置空：在用malloc()开辟空间时，要检查返回值是否为空，如果为空，则开辟失败；如果不为空，则指针指向的是开辟的内存空间的首地址。指针指向的内存空间在用free()和delete释放后，如果程序员没有对其进行置空或者其他赋值操作，就会成为一个野指针。

（3）指针操作超越变量作用域：不要返回指向栈内存的指针或者引用，因为栈内存在函数结束时会被释放。

【任务 2】动态分配学生成绩数组

视频

动态分配学生成绩数组

1. 任务情景

红星小学的教务系统在测试过程中发现，用于存储班级学生成绩的数组为固定大小，不能满足所有班级的需要。如果将数组大小增大到与班级最多人数相同，则会有内存浪费。现在需要改进，将学生成绩数组的大小改为根据班级人数进行动态分配。

2. 任务描述

用动态分配的方式实现学生成绩数组的创建，并测试输出每个学生的成绩。

3. 任务分析

任务分析见表13.3。

表 13.3 任务分析

任务准备	（1）工具准备：Visual Studio 2022
	（2）知识准备：动态内存管理
任务步骤	（1）根据输入的学生人数动态分配成绩数组的内存空间
	（2）操作完成之后释放相关内存

4. 任务实施

（1）打开Visual Studio 2022软件，新建项目，然后新建源文件。在源文件中编写如下代码：

```
#include <stdio.h>
#include <stdlib.h>
//假设不知道会有多少学生，因此动态分配数组来存储成绩
int main(){
    int numStudents;
    printf("请输入学生的数量：");
    scanf_s("%d",&numStudents);
    //动态分配内存以存储学生成绩
    int* scores=(int*)malloc(numStudents*sizeof(int));
    if (scores==NULL){
        printf("内存分配失败。\n");
        return 1;
    }
    //输入每个学生的成绩
    printf("请输入每个学生的成绩：\n");
    for (int i=0; i<numStudents; i++){
        scanf_s("%d",&scores[i]);
    }
    //打印所有成绩
```

```
    printf("学生的成绩是: \n");
    for (int i=0; i<numStudents; i++){
        printf("%d ",scores[i]);
    }
    printf("\n");
    //释放分配的内存
    free(scores);
    return 0;
}
```

（2）运行程序，根据提示输入学生人数和成绩，结果如图13.13所示。

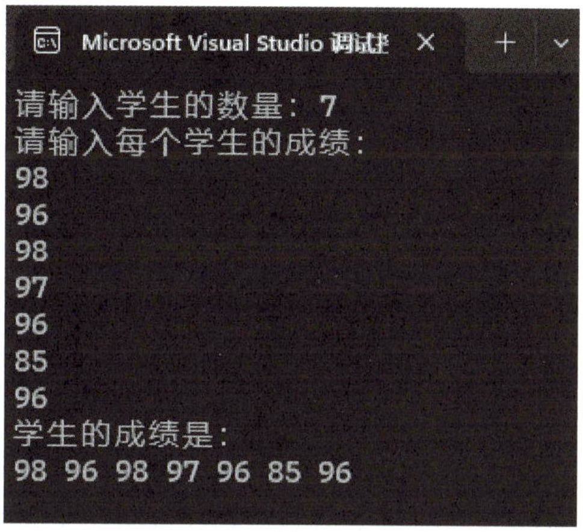

图 13.13　程序运行结果

5. 任务总结

当前任务中，利用malloc()函数动态申请了一段空间存储成绩数组，使用完成之后使用free()函数进行内存释放。需要注意，内存应该在使用完之后进行释放。

13.3　堆和栈

13.3.1　堆

堆是用于动态内存分配的区域，与栈不同，堆上的内存分配和释放需要程序员显式地进行。堆内存的管理更加灵活，但也需要程序员更加小心，以避免内存泄漏或野指针等问题。

通过调用如malloc()等函数，在堆上分配指定大小的内存块。通过调用free()函数释放之前分配的内存。

堆的大小通常比栈大得多，但也受到系统可用内存的限制。堆上内存的生命周期完全取决于程序员的管理，如果忘记释放或错误释放，可能导致内存泄漏或其他问题。

13.3.2　栈

栈是一种后进先出（last in first out, LIFO）的数据结构，用于存储局部变量和函数调用的信息。栈内存由编译器自动分配和释放，其操作方式类似于一摞盘子：新盘子放在最上面，取盘子时也是从最上面开始取。

当函数被调用时，其参数和局部变量会被压入栈中。当函数执行完毕返回时，这些变量会自动从栈中弹出，释放内存。

栈的大小通常是有限的，由操作系统或编译器决定。栈上变量的生命周期与它们所在的函数或代码块的生命周期相同。

13.3.3　堆和栈的区别

1. 分配与释放方式

（1）堆内存需要程序员显式地分配和释放。

（2）栈内存由编译器自动分配和释放。

2. 生命周期

（1）堆上内存的生命周期完全取决于程序员的管理。

（2）栈上变量的生命周期与它们所在的函数或代码块的生命周期相同。

3. 使用场景

（1）堆内存用于需要动态内存分配的场景，如动态数据结构、大型数据块或跨函数/跨生命周期的数据。

（2）栈内存主要用于存储局部变量和函数调用信息。

在使用堆和栈时，需要注意以下几点：

（1）避免栈溢出：由于栈的大小有限，过多递归调用或过大的局部变量可能导致栈溢出。

（2）仔细管理堆内存：忘记释放或错误释放堆内存可能导致内存泄漏或野指针等问题。

（3）注意线程安全：在多线程环境下，需要特别注意堆内存的线程安全性。

【任务 3】录入并输出班级名单

视频

录入并输出班级名单

1. 任务情景

红星小学的教务系统中，需要开发一个功能用于录入班级名单。各班人数是不固定的，学生姓名的字数也不确定。

2. 任务描述

先实现在程序中完成需求的功能，测试通过后再封装为函数，供使用时调用。本任务仅在程序中实现即可，不需要封装为函数。

3. 任务分析

任务分析见表13.4。

表 13.4　任务分析

任务准备	（1）工具准备：Visual Studio 2022
	（2）知识准备：动态内存管理
任务步骤	（1）根据输入的学生人数动态分配姓名数组的内存空间
	（2）操作完成之后释放相关内存

4. 任务实施

（1）打开Visual Studio 2022软件，新建项目，然后新建源文件。在源文件中编写如下代码：

```
#include <stdio.h>
#include <stdlib.h>
#include <string.h>
#define MAX_NAME_LENGTH 50                //假设学生名字的最大长度为 50 个字符
#define MAX_STUDENTS 100                  //假设班级最大学生数为 100
int main(){
    int numStudents;                      //实际的学生数量
    char** studentNames;                  //指向学生名字指针的指针
    int i;
    //获取学生数量
    printf("请输入班级学生数量：");
    scanf_s("%d",&numStudents);
    if (numStudents<=0 || numStudents>MAX_STUDENTS){
        printf("学生数量不正确，请在 1 到 %d之间输入。\n",MAX_STUDENTS);
        return 1;
    }
    //在堆上分配学生名字指针数组
    studentNames=(char**)malloc(numStudents*sizeof(char*));
    if (studentNames==NULL){
        printf("内存分配失败。\n");
        return 1;
    }
    //录入每个学生的名字
    for (i=0; i<numStudents; i++){
        printf("请输入第 %d 个学生的名字：",i+1);
        studentNames[i]=(char*)malloc(MAX_NAME_LENGTH*sizeof(char));
        if(studentNames[i]==NULL){
           printf("内存分配失败。\n");
            //释放已分配的学生名字内存
            for(int j=0; j<i; j++){
                free(studentNames[j]);
            }
            //释放学生名字指针数组的内存
            free(studentNames);
            return 1;
        }
        scanf_s("%s",studentNames[i],MAX_NAME_LENGTH);
    }
    //输出班级名单
    printf("班级名单如下:\n");
```

```
    for (i=0; i<numStudents; i++){
        printf("%d.%s\n",i+1,studentNames[i]);
    }
    //释放所有分配的堆内存
    for (i=0; i<numStudents; i++){
        free(studentNames[i]);
    }
    free(studentNames);
    return 0;
}
```

（2）运行程序，根据提示输入学生人数和成绩，结果如图13.14所示。

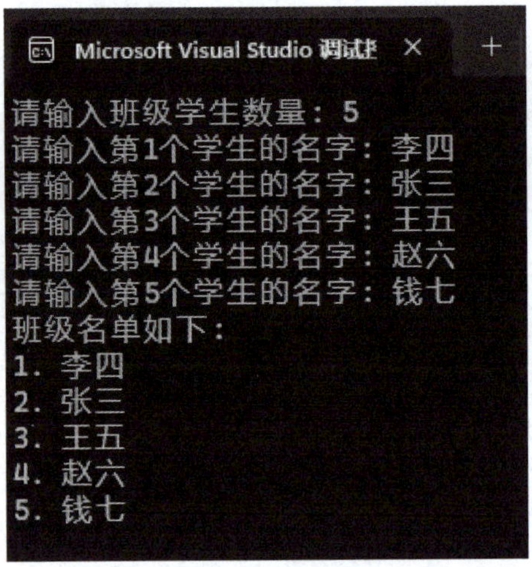

图 13.14　程序运行结果

5. 任务总结

本任务中，采用动态内存分配的方式，根据输入的班级人数分配了相应的字符串数组空间，然后在使用完之后对内存空间进行释放。

【智慧之光】

关键词：严谨与精确　创新与探索　可持续发展与资源利用

切入点：C语言对语法和数据类型有着严格的要求，任何微小的错误都可能导致程序崩溃或运行异常，这就要求程序员具备严谨的思维和精确的操作能力。这种严谨性和精确性也适用于我们的日常生活和工作，提醒我们在处理问题时要细心、认真，避免出现差错或遗漏。

C语言作为一种基础编程语言，其预处理和内存管理机制为程序员提供了广阔的创新空间。程序员可以通过优化算法、改进数据结构等方式，提高程序的性能和稳定性。这就鼓励我们在学习和工作中保持创新精神和探索意识，不断寻求新的解决方案和方法，推动社会的进步和发展。

在内存管理中，合理利用和释放内存资源对于程序的稳定性和性能至关重要。这体现了可持续发展和资源利用的理念，即我们应该珍惜和利用有限的资源，避免浪费和破坏环境。

此外，还启示我们在日常生活中要关注环境保护和资源利用问题，积极践行可持续发展的理念。

小结

预处理是C语言编译过程中的一个早期阶段，主要负责处理源代码中的预处理指令。这些指令以“#”开头，包括#include、#define、#ifdef、#ifndef、#if、#else、#elif 和 #endif、#undef。内存管理是C语言编程中的一个重要方面，它涉及如何在程序中分配、使用和释放内存。C语言提供了以下主要的内存管理工具：变量动态内存分配、内存释放等。

作业

一、选择题

1. 预处理命令用于（　　）。

A. 在编译阶段执行代码优化

B. 在连接阶段解析符号连接

C. 在源代码编译前进行文本替换和宏展开

D. 在运行时检查内存泄漏

2. C语言中定义一个字符串"abc"，"abc"应该存放在（　　）。

A. 只读数据段　　B. 代码段

C. 初始化数据段　　D. 未初始化数据段

3. 以下（　　）选项可能产生野指针。（选择多项）

A. 指针定义时为初始化　　B. 指针被释放时没有置空

C. 函数返回值给一个指针　　D. 以上都不正确

二、编程题

1. 定义一个宏来计算三个数的最大值，并在主程序中测试这个宏。例如，可以定义一个名为MAX的宏，它接收三个参数a、b和c，并返回三者中的最大值。

2. 编写一个C程序，使用malloc()函数动态分配一个小数数组，并使用循环为用户输入一些小数。然后，使用另一个循环打印出这些小数。最后，使用free()函数释放分配的内存。

单元14 结构体、枚举及共用体

本单元将对C语言的结构体、枚举和共用体几种常用的复合数据类型进行讲解。结构体是一种复合数据类型，它允许组合不同类型的数据项（包括基本数据类型和其他结构体类型）到一个单一的实体中。枚举是一种用户定义的类型，它包含了一组命名的整数常量。每个枚举常量都关联一个唯一的整数值。共用体也是一种复合数据类型，它允许在相同的内存位置存储不同的数据类型。但是，共用体在任何给定时刻只能保存其成员中的一个值。

本单元关键词

请在预习前学习下列单词，将其写在横线上。

（1）struct（定义结构体）:____________________

（2）typedef（为结构体创建别名）:____________________

（3）member（成员）:____________________

（4）enum（定义枚举类型）:____________________

（5）initialization（初始化）:____________________

预习任务

定义一个结构体，用来存储车辆信息，包括品牌、颜色、排量、价格等信息。

学习导图

- 结构体、枚举和共用体
  - 单元任务
    - 任务1　完成教务系统成绩排名
    - 任务2　学生认证考试结果状态管理
    - 任务3　完成教务系统教师和学生信息管理
  - 学习目标
    - 知识目标
      - 了解结构体的基本概念
      - 掌握结构体的声明和调用
      - 了解枚举的基本概念
      - 掌握枚举的声明及调用
      - 了解共用体的基本概念
      - 掌握共用体的声明及使用
      - 理解结构体和共用体在内存中的存储方式
    - 能力目标
      - 能够使用枚举存储复杂数据
      - 能够使用枚举类型提高代码的可读性和可维护性
      - 能够利用共用体实现内存资源节约
    - 素养目标
      - 培养学生多元包容的价值观
      - 培养学生的系统化思维
      - 培养学生的选择价值观
  - 知识点
    - 结构体
      - 结构体定义
      - 结构体变量
      - 结构体数组
      - 结构体指针
    - 枚举
      - 枚举简介
      - 枚举类型的定义
      - 枚举变量的声明
      - 枚举变量的使用
    - 共用体
      - 共用体简介
      - 共用体的声明与调用
      - 共用体与结构体的区别

14.1　结构体

14.1.1　结构体定义

在实际问题中，一组数据往往具有不同的数据类型。例如，在学生登记表中，姓名应为字符型，学号可为整型或字符型，年龄应为整型，性别应为字符型，成绩可为整型或实型。

显然不能用一个数组来存放这一组数据。因为数组中各元素的类型和长度都必须一致，以便于编译系统处理。为了解决这个问题，C语言中给出了另一种构造数据类型——“结构”，也称为“结构体”

“结构”是一种构造类型，它是由若干“成员”组成的。每一个成员可以是一个基本数据类型或者是一个构造类型。

“结构”既然是一种“构造”而成的数据类型，那么在说明和使用之前必须先定义，如同在说明和调用函数之前要先定义函数一样。

例如，可以定义一个学生student结构体，在这个结构体中包括学生学号、姓名、性别、年龄、家庭住址、联系电话。这样就可以用一个结构体数据类型的变量来存放某个学生的所有相关信息。并且，用户自定义的数据类型student也可以与int、double等基本数据类型一样，用来作为定义其他变量的数据类型。

定义一个结构体类型的一般形式如下：

```
struct  结构体名
{
    数据类型      成员名 1;
    数据类型      成员名 2;
    ...
    数据类型      成员名 n;
};
```

例14.1 定义存储学生信息的结构体。

```
struct student{
long number;
 char name[20];
 char gender;
 int age;                          //age 是成员名
 float salary;
 char address[80];
};                                 // 注意分号不能省略
int  age=10;                       //age 是变量名
```

结构体类型中的成员名可以与程序中的变量名相同，二者并不代表同一对象，编译程序可以自动对它们进行区分。

结构体成员的数据类型可以是任何类型，可能是基本变量类型、数组类型、结构体类型、共用体类型或枚举类型等。结构体类型的特点如下：

（1）结构体类型是用户自行构造的。

（2）它由若干不同的基本数据类型的数据构成。

它属于C语言的一种数据类型，与整型、浮点型相当。因此，定义它时不分配空间，只有用它定义变量时才分配空间。

14.1.2 结构体变量

1. 结构体变量的声明

声明结构变量有以下3种方法，以上面定义的student为例来加以说明。

（1）先定义结构，再声明结构变量。一般形式：

```
struct 结构体类型名
{
    成员列表
};
struct 结构体类型名    变量名表；
```

例如：

```
struct student
{
    int num;
    char name[20];
    char sex;
    float score;
};                                  //注意，分号不能少，如果少了分号编译时就会报错
struct student stu1,stu2;
```

声明了两个变量stu1和stu2为student结构类型。

（2）定义结构类型的同时声明结构变量。一般形式：

```
struct 结构体类型名
{
    成员列表
}变量名表；
```

例如：

```
struct student
{
    int num;
    char name[20];
    char sex;
    float score;
}stu1,stu2;
```

（3）直接声明结构变量。一般形式：

```
struct
{
    成员列表
} 变量名表；
```

例如：

```
struct
```

```
{
    int num;
    char name[20];
    char sex;
    float score;
}stu1,stu2;
```

第三种方法与第二种方法的区别在于第三种方法中省去了结构名，而直接给出结构变量。声明了stu1、stu2变量为student类型后，即可向这两个变量中的各个成员赋值。在上述student结构定义中，所有的成员都是基本数据类型或数组类型。其实，成员也可以是一个结构，即构成嵌套的结构。例如：

```
struct date{
    int month;
    int day;
    int year;
};
struct{
    int num;
    char name[20];
    char sex;
    struct date birthday;
    float score;
}stu1,stu2;
```

首先定义一个结构date，由month（月）、day（日）、year（年）3个成员组成。在定义并说明变量stu1和stu2时，其中的成员birthday被说明为date结构类型。结构的成员名可与程序中其他变量同名，互不干扰。

2. 结构体所占内存空间大小

一个结构体变量占用内存的实际大小，可以利用sizeof求出。其运算表达式如下：

```
sizeof（结构体或者结构体变量）
```

此时，就可以求出给定的运算量占用内存空间的字节数。

```
sizeof(struct person);
sizeof(student);
```

3. 结构体变量的使用

结构体变量是结构体的使用体现，在程序中使用结构体变量时，一般情况下不能把它作为一个整体参加数据处理，而参加各种运算和操作的是结构体变量的各个成员项数据。

结构体变量的成员用以下形式表示：

```
结构体变量名 . 成员名
```

例14.2 录入并输出学生信息。

```
#include <stdio.h>
```

```
#include <string.h>
int main(int argc,const char* argv[]){
    struct person {
        char name[20];
        int  age;
        double height;
    }per;
    memset(&per,0,sizeof(per));
    printf("姓名:");
    scanf_s("%s",per.name,20);
    printf("年龄:");
    scanf_s("%d",&per.age);
    printf("身高:");
    scanf_s("%lf",&per.height);
    printf("%s\n  %d\n %lf\n",per.name,per.age,per.height);
    return 0;
}
```

程序运行结果如图14.1所示。

图 14.1 例 14.2 程序运行结果

例14.3 制作学生成绩表。

```
#include <stdio.h>
void main()
{
    struct stu
    {
        int num;
        const char* name;
        char sex;
        float score;
    }stu1,stu2;
    stu1.num=1001;
    stu1.name="zhangsan";
    stu1.sex='0';
```

```
    stu1.score=68;
    stu2.num=1002;
    stu2.name="lisi";
    stu2.sex='1';
    stu2.score=86;
    printf("\n\t\t学 生 成 绩 信 息\n\t");
    printf("-------------------------------------\n\t");
    printf("|  编号  |  姓名  |  性别  |  分数  |\n\t");
    printf("-------------------------------------\n\t");
    printf("|%8d|%8s|%8s|%8.2f|\n\t",stu1.num,stu1.name,stu1.sex=='1' ?
"男": "女",stu1.score);
    printf("-------------------------------------\n\t");
    printf("|%8d|%8s|%8s|%8.2f|\n\t",stu2.num,stu2.name,stu2.sex=='1' ?
"男": "女",stu2.score);
    printf("-------------------------------------\n\t");
}
```

程序运行结果如图14.2所示。

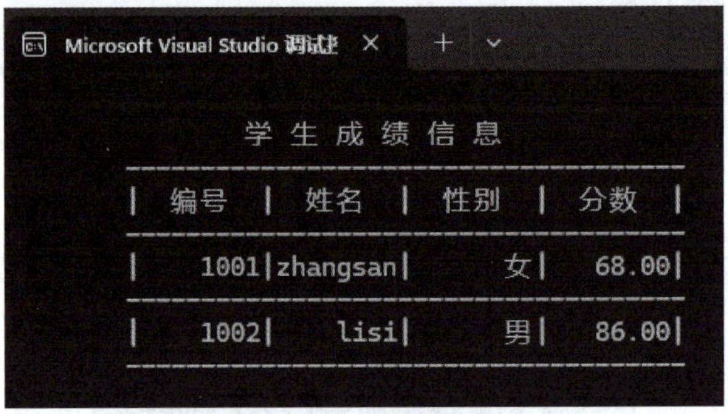

图 14.2　例 14.3 程序运行结果

4. 结构体变量的使用

定义结构变量时，可以同时指定初始值。指定初始值时，应注意所指定的数据的顺序必须与结构类型内的结构成员顺序保持一致。

例14.4　全局的变量初始化。

```
#include <stdio.h>
/*定义结构 stu*/
struct stu
{
    int num;
    const char* name;
    char sex;
    float score;
}stu2,stu1={ 1002,"zhangsan",'1',87.5 };
void main()
```

```
{
    stu2=stu1;                              // 将 stu1 的值整体赋给 stu2
    // 输出 stu2
    printf("\n\t|   编号   |   姓名   |   性别   |   分数   |\n\t");
    printf("--------------------------------------\n\t");
    printf("|%8d|%8s|%8s|%8.2f|\n\n",stu2.num,stu2.name,stu2.sex=='1' ?
" 男 " : " 女 ",stu2.score);
}
```

本例中，stu1、stu2均被定义为全局的结构变量，并对stu1做了初始化赋值。在main()函数中，把stu1的值整体赋予stu2，然后输出stu2各成员的值。

程序运行结果如图14.3所示。

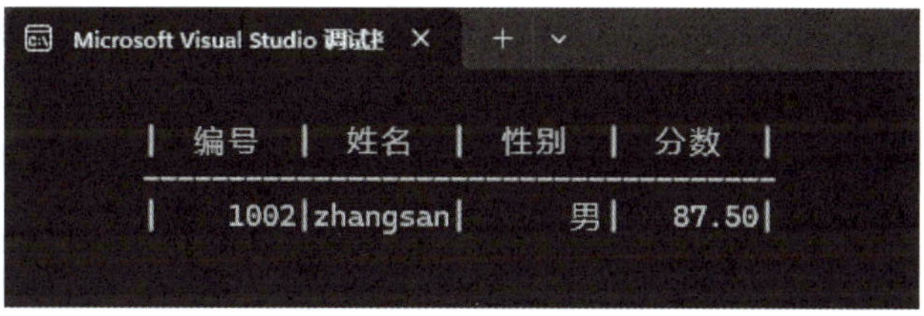

图 14.3　例 14.4 程序运行结果

例14.5 静态结构变量初始化。

```
#include <stdio.h>
/* 定义静态结构变量，全局的 */
static struct stu
{
    int num;
    char *name;
    char sex;
    float score;
}stu2,stu1={102,"Zhang san",'M',78.5};
void main()
{
    /* 定义静态结构变量，局部的 */
    static struct stu
    {
        int num;
        char *name;
        char sex;
        float score;
    }stu2,stu1={102,"Zhang si",'1',72.5};
    stu2=stu1;
    printf(" 编号 =%d\n 姓名 =%s\n",stu2.num,stu2.name);
    printf(" 性别 =%s\n 分数 =%f\n",stu2.sex=='1'?" 男 ":" 女 ",stu2.score);
}
```

本例是把stu1、stu2都定义为静态局部的结构变量，同样可以进行初始化赋值。

程序运行结果如图14.4所示。

图 14.4　例 14.5 程序运行结果

14.1.3　结构体数组

1. 结构体数组的定义

具有相同结构体类型的结构体变量也可以组成数组，称为结构体数组。结构体数组的每一个数组元素都是结构体类型的数据，都分别包括各个成员（分量）项。

定义结构体数组的方法和定义结构体变量的方法相仿，只需要说明其为数组即可，可以采用以下方法。

（1）通过结构体类型定义结构体数组，定义形式如下：

```
struct 结构体名
{
    类型 成员名;
    类型 成员名;
};
struct 结构体名 数组名[元素个数];
```

例14.6 定义结构体数组。

```
#define N 64
struct employee{
    char name[N];
    int age;
    char gender;
    char address[N];
    float salary;
};
struct employee e[10];
```

（2）直接定义结构体数组，定义形式如下：

```
struct 结构体名
{
    类型 成员名;
    类型 成员名;
    …
}数组名[元素个数];
```

例14.7 直接定义结构体数组（声明结构体名称）。

```
#define N 64
struct employee{
    char name[N];
    int age;
    char gender;
    char address[N];
    float salary;
} e[10];
```

这种情况，定义结构体数组不用重复写结构体类型，很简洁。一般来说，当需要声明一个全局的结构体数组时，使用这种方式。

（3）直接定义结构体数组，定义形式如下：

```
struct
{
    类型 成员名；
    类型 成员名；
    …
} 数组名 [ 元素个数 ]；
```

例14.8 直接定义结构体数组（不声明结构体名称）。

```
#define N 64
struct{
    char name[N];
    int age;
    char gender;
    char address[N];
    float salary;
} e[10];
```

2. 结构体数组初始化

结构体数组在定义的同时也可以进行初始化，并且与结构体变量的初始化规定相同。

结构体数组初始化的一般形式如下：

```
struct 结构体名
{
    类型 成员名；
    类型 成员名；
    …
};
struct 结构体名 数组名 [ 元素个数 ]={ 初始数据表 };
```

或者

```
struct 结构体名
```

```
{
    类型 成员名;
    类型 成员名;
    …
} 数组名 [ 元素个数 ]={ 初始数据表 };
```

或者

```
struct
{
    类型 成员名;
    类型 成员名;
    …
} 数组名 [ 元素个数 ]={ 初始数据表 };
```

3. 结构体数组的使用

一个结构体数组的元素相当于一个结构体变量，因此前面介绍的有关结构体变量的规则也适用于结构体数组元素。

（1）引用某一元素中的成员。

（2）可以将一个结构体数组元素值赋予同一结构体类型数组中的另一个元素，或赋予同一类型的变量。

（3）不能把结构体数组元素作为一个整体直接进行输入/输出。

例11.9 结构体数组使用示例。

```
#include <stdio.h>
struct stu
{
    int num;
    const  char* name;
    char sex;
    float score;
}student[5]={
     {101,"张三",'1',45},
     {102,"李四",'1',76.5},
     {103,"王五",'1',92.5},
     {104,"赵六",'1',87},
     {105,"王八",'1',58}
};

int main()
{
    int i,count=0;                    //count 为未及格人数
    float avg,sum=0;
    for (i=0; i<5; i++)
    {
```

```
            sum +=student[i].score;
            if (student[i].score<60)
            {
                count +=1;
            }
        }
        printf("总分数=%.2f\n",sum);
        avg=sum/5;
        printf("平均成绩=%.2f\n未及格人数=%d\n",avg,count);
        return 0;
    }
```

程序运行结果如图14.5所示。

图 14.5　例 14.9 程序运行结果

14.1.4　结构体指针

可以设置一个指针变量用来指向一个结构体变量。此时该指针变量的值是结构体变量的起始地址，该指针称为结构体指针。

结构体指针与前面介绍的各种指针变量在特性和方法上是相同的。与前述相同，在程序中结构体指针也是通过访问目标运算“*”访问它的对象。结构体指针在程序中的一般定义形式如下：

```
struct 结构体名  *结构指针名；
```

其中的结构体名必须是已经定义过的结构体类型。

例如，对于结构体类型struct employee，可以说明使用这种结构体类型的结构指针如下：

```
struct employee *p;
```

其中，p是指向struct employee结构体类型的指针。结构体指针的说明规定了它的数据特性，并为结构体指针本身分配了一定的内存空间。但是，指针的内容尚未确定，即它指向随机的对象，需要为指针变量赋初值。

例14.10 结构体指针使用示例。

```
#include <stdio.h>
#include <string.h>
#define N 64
struct employee{
    char name[N];
```

```
    int age;
    char gender;
    char address[N];
    float salary;
};

void input(struct employee* p){
    printf("姓名:");
    scanf_s("%s",p->name,N);
    printf("年龄:");
    scanf_s("%d",&p->age);
    rewind(stdin);
    printf_s("年级:");
    scanf_s("%c",&p->gender,1);
    printf("地址:");
    scanf_s("%s",p->address,N);
    printf("成绩:");
    scanf_s("%f",&p->salary);
}

void output(struct employee* p){
    printf("个人信息:\n姓名: %s\t年龄:  %d\t 年级: %c\t 地址:  %s\t成绩:
%.2f\n",p->name,p->age,
        p->gender,p->address,p->salary);
}

int main(){
    struct employee e1;
    memset(&e1,0,sizeof(e1));
    input(&e1);
    output(&e1);
    return 0;
}
```

程序运行结果如图14.6所示。

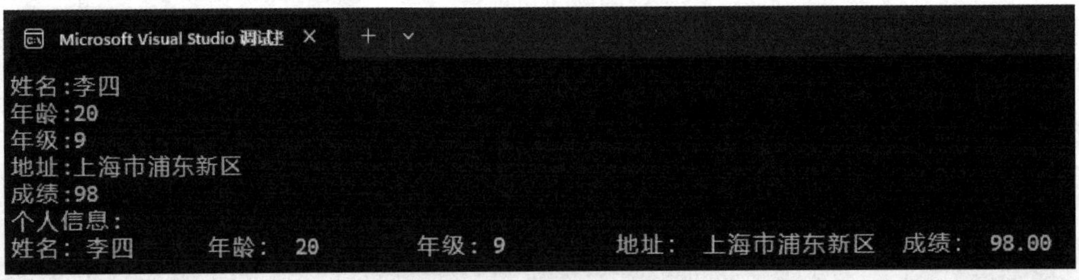

图 14.6 例 14.10 程序运行结果

【任务 1】完成教务系统成绩排名

1. 任务情景

红星小学的教务系统中，前面开发的成绩排序功能仅对成绩进行了排列，无法体现学生和成绩的关系，现要进行改进。

视 频

完成教务系统成绩排名

2. 任务描述

定义结构体存储学生姓名、学号和成绩信息，然后用结构体数组存储班级学生的信息，最后对成绩进行排序。

3. 任务分析

任务分析见表14.1。

表 14.1　任务分析

任务准备	（1）工具准备：Visual Studio 2022
	（2）知识准备：结构体、结构体数组
任务步骤	（1）定义学生信息结构体
	（2）根据录入的学生人数定义结构体数组
	（3）接收录入的学生信息
	（4）根据学生成绩排序后输出成绩列表

4. 任务实施

（1）打开Visual Studio 2022软件，新建项目，新建源文件，编写如下代码：

```
#include <stdio.h>
#include <stdlib.h>
#include <string.h>
#define MAX_STUDENTS 100
typedef struct{
    char name[50];
    int id;
    float score;
} Student;
//比较函数，用于按成绩排序
int compareByScore(const void* a,const void* b){
    const Student* stuA=(const Student*)a;
    const Student* stuB=(const Student*)b;
    return stuB->score - stuA->score;              //降序排序
}
//输入学生信息
void inputStudent(Student* stu,int index){
```

```
    printf("请输入第 %d 个学生的姓名: ",index+1);
    scanf_s("%s",stu->name,50);
    printf("请输入第 %d 个学生的学号: ",index+1);
    scanf_s("%d",&stu->id);
    printf("请输入第 %d 个学生的成绩: ",index+1);
    scanf_s("%f",&stu->score);
}
//显示学生信息
void showStudent(const Student* stu){
    printf("姓名: %s\n",stu->name);
    printf("学号: %d\n",stu->id);
    printf("成绩: %.2f\n",stu->score);
}
//显示排序后的学生列表
void showSortedStudents(const Student students[],int count){
    printf("按成绩排序后的学生信息:\n");
    for (int i=0; i<count; i++){
        showStudent(&students[i]);
        printf("\n");
    }
}
int main(){
    Student students[MAX_STUDENTS];
    int studentCount;
    printf("请输入学生个数: ");
    scanf_s("%d",&studentCount);
    while (getchar()!='\n');         //清除输入缓冲区
    if (studentCount<=0 || studentCount>MAX_STUDENTS){
        printf("学生个数无效,请输入一个有效的学生个数(1-%d)。\n",MAX_STUDENTS);
        return 1;
    }
    //录入学生信息
    for (int i=0; i<studentCount; i++){
        inputStudent(&students[i],i);
    }
    //按成绩排序
    qsort(students,studentCount,sizeof(Student),compareByScore);
    //显示排序后的学生列表
    showSortedStudents(students,studentCount);
    return 0;
}
```

（2）运行程序，结果如图14.7、图14.8所示。

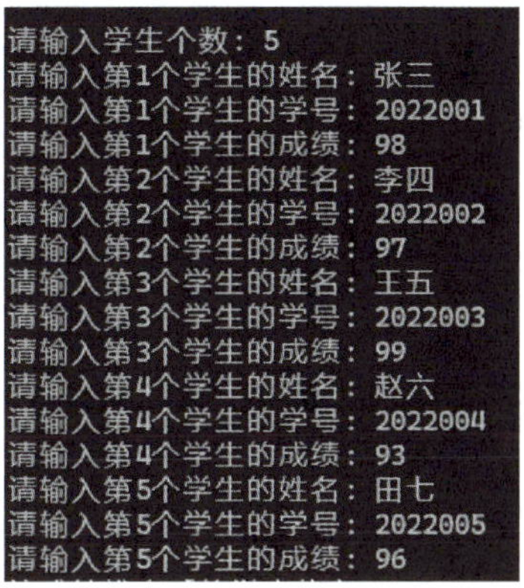

图 14.7　信息录入

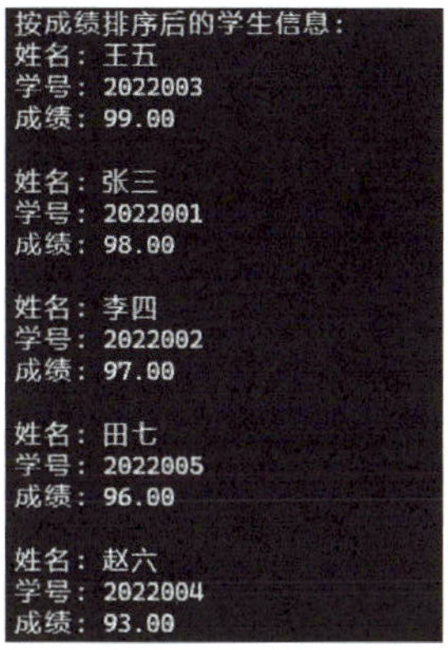

图 14.8　运行结果

5. 任务总结

当前任务中，使用结构体数组进行学生成绩排名操作，通过对比学生的成绩交换学生信息在数组中的位置，最后实现成绩排名。

14.2　枚举

14.2.1　枚举简介

在程序中，可能需要为某些整数定义一个别名，可以利用预处理指令#define来完成这项工作。在C语言中还有一种构造数据类型——枚举，其中在前面介绍数据类型时，对于枚举也简单地提到过，枚举类型变量的值只限于列举出来的值的范围内。

14.2.2　枚举类型的定义

枚举类型的定义形式如下：

```
enum 枚举名 { 枚举成员列表 };
```

在枚举成员列表中列出所有可能的取值，以分号结尾。注意和结构体、共用体类似，“enum 枚举名”是新定义的类型名。例如：

```
enum dayOfTime
{
    morning,
    afternoon,
    evening
};
```

其中，枚举名为dayOfTime，对于其取值共有3种。在通过枚举变量进行赋值时，每次只能从取值范围取一个。

14.2.3　枚举变量的声明

对于枚举变量的声明，其实和结构体变量声明基本一样，一共有3种方式。

方式一：通过枚举类型定义变量。

```
enum dayOfTime
{
    morning,
    afternoon,
    evening
};
enum dayOfTimea,b;
```

方式二：定义的同时声明变量。

```
enum dayOfTime
{
    morning,
    afternoon,
    evening
} a,b;
```

方式三：省略枚举名直接定义。

```
enum
{
     morning,
     afternoon,
     evening
} a,b;
```

14.2.4 枚举变量的使用

例14.11 枚举变量简单使用示例。

```
#include <stdio.h>
enum dayOfTime{
    morning=3,
    afternoon,
    evening
}a;

int main(){
    enum dayOfTime b,c;
    a=morning;
    b=afternoon;
    c=evening;
    printf("a=%d b=%d c=%d\n",a,b,c);
    return 0;
}
```

程序运行结果如图14.9所示。

图 14.9 例 14.11 程序运行结果

实际上，枚举变量也是一种整型变量。因此，也可以使用switch...case结构。

【任务 2】学生认证考试结果状态管理

1. 任务情景

学生在日常的学习中，除了常规科目考试，还有一些认证考试。认证考试与普通科目考试不同，只需要显示通过与否，不需要显示具体分数。

视 频

学生认证考试结果状态管理

2. 任务描述

实现功能，根据录入的成绩，显示学生的认证考试结果。通过分数为60及以上，低于60分为未通过，0分为缺考。

3. 任务分析

任务分析见表14.2。

表 14.2 任务分析

任务准备	（1）工具准备：Visual Studio 2022
	（2）知识准备：枚举定义、枚举变量的使用
任务步骤	（1）定义通过状态枚举
	（2）根据录入的学生分数为枚举变量赋值
	（3）根据枚举变量的值，输出结果

4. 任务实施

（1）打开Visual Studio 2022软件，新建项目，新建源文件，编写如下代码：

```
#include <stdio.h>
//定义考试结果枚举
enum ExamResult{
    PASSED,              //通过
    FAILED,              //未通过
    ABSENT               //缺考
};
int main(){
    ExamResult result;
    int score;
    printf("请输入分数:");
```

```
        scanf_s("%d",&score);
        if(score>=60){
            result=PASSED;
        }
        else if(score>0 && score<60){
            result=FAILED;
        }
        else if(score==0){
            result=ABSENT;
        }
            switch(result){
            case PASSED:
                printf("恭喜，通过考试。\n");
                break;
            case FAILED:
                printf("很遗憾，考试未通过\n");
                break;
            case ABSENT:
                printf("未参加考试\n");
                break;
            default:
                break;
            }
        return 0;
    }
```

（2）运行程序，录入分数后，结果如图14.10所示。

图14.10　程序运行结果

5. 任务总结

当前任务简单地使用枚举类型来存储通过状态，然后根据分数给状态赋值，最后输出结果。实际应用中，会将通过状态保存到文件或数据库中，便于后期查阅。同时，也会进行多个学生的分数处理，可以自行尝试一下数组的处理。

14.3　共用体

结构体（struct）是一种构造类型或复杂类型，它可以包含多个类型不同的成员。在C语言中，还有另外一种和结构体非常类似的语法，叫作共用体（union）。

定义一个共用体类型的一般形式如下：

```
union 共用体名
{
    成员表列；
    …；
};
```

例如：

```
union grame
{
    int i;
    char c;
    float f;
};
```

这里定义了一个共用体类型union grame，它由3个成员组成，这3个成员在内存中使用共同的存储空间。由于共用体中各成员的数据长度往往不同，所以共用体变量在存储时总是按其成员中数据长度最大的成员占用内存空间。在这一点上共用体与结构体不同，结构体类型变量在存储时总是按各成员的数据长度之和占用内存空间。因此，当多个数据需要共享内存或者多个数据每次只取其一时，可以用共用体。

例如，定义了一个结构体类型。

```
struct grame
{
    int i;
    char c;
    float f;
};
```

则结构体类型struct grame的变量占用的内存大小为2+1+4=7字节（不考虑字节对齐）。当然，共用体也可以和位域结合起来使用。

例14.12 共用体的简单应用示例。

```
#include <stdio.h>
union A
{
    struct
    {
        unsigned int a;
        unsigned int b;
        unsigned int c;
    }stu;
    char m;
}data;
```

```
int main()
{
    data.stu.a=2;
    data.stu.b=5;
    data.stu.c=1;
    printf("%d\n",data.m);
    return 0;
}
```

程序运行结果如图14.11所示。

图 14.11　例 14.12 程序运行结果

在该程序中，由于m和前面的结构体共用内存，虽然没有给m赋值，但它会直接使用stu.a的值。

结构体和共用体的区别在于：结构体的各个成员会占用不同的内存，互相之间没有影响；而共用体的所有成员占用同一段内存，修改一个成员会影响其余所有成员。

结构体占用的内存大于等于所有成员占用的内存的总和（成员之间可能会存在缝隙），共用体占用的内存等于最长的成员占用的内存。共用体使用了内存覆盖技术，同一时刻只能保存一个成员的值，如果对新的成员赋值，就会把原来成员的值覆盖掉。

【任务3】完成教务系统教师和学生信息管理

视频

完成教务系统教师和学生信息管理

1. 任务情景

在教务系统中，学生信息和教师信息的管理是非常重要的一个模块。现要开发一个信息管理模块，包含学生和教师信息的添加和显示。

2. 任务描述

由于学生信息管理和教师信息管理功能一般不会同时操作，可以采用共用体来进行处理。

3. 任务分析

任务分析见表14.3。

表 14.3　任务分析

任务准备	（1）工具准备：Visual Studio 2022
	（2）知识准备：共用体、结构体的使用
任务步骤	（1）定义教师、学生信息结构体
	（2）定义人员信息共用体
	（3）完成其他操作

4. 任务实施

（1）打开Visual Studio 2022软件，新建项目，新建源文件，编写如下代码：

```
#include <stdio.h>
#include <string.h>
//定义学生结构体
typedef struct{
    char name[50];
    int age;
    int studentID;
    float score;
} Student;
//定义教师结构体
typedef struct{
    char name[50];
    int age;
    int teacherID;
    float salary;
} Teacher;
//定义共用体，可以存储学生或教师信息
typedef union{
    Student student;
    Teacher teacher;
} Person;
//定义函数原型
void addStudent(Person* person);
void addTeacher(Person* person);
void displayStudent(Person person);
void displayTeacher(Person person);
int main(){
    #include<stdio.h>#include<string.h>intmain(){if(strlen("abcd")-
strlen("abcdef")>0)  {printf(">\n");}else{printf("<=\n");}return 0;}
    int choice;
    Person person;
    do {
        printf("\n*** 教务系统 ***\n");
        printf("1.添加学生信息\n");
        printf("2.添加教师信息\n");
        printf("3.显示学生信息\n");
        printf("4.显示教师信息\n");
        printf("5.退出系统\n");
        printf("请选择操作: ");
        scanf_s("%d",&choice);
        switch(choice){
```

```
        case 1:
            addStudent(&person);
            break;
        case 2:
            addTeacher(&person);
            break;
        case 3:
            displayStudent(person);
            break;
        case 4:
            displayTeacher(person);
            break;
        case 5:
            printf("退出教务系统。\n");
            break;
        default:
            printf("无效的选择，请重新输入。\n");
        }
    } while(choice!=5);
    return 0;
}
//添加学生信息
void addStudent(Person* person){
    printf("请输入学生姓名：");
    scanf_s("%s",person->student.name,50);
    printf("请输入学生年龄：");
    scanf_s("%d",&person->student.age);
    printf("请输入学生学号：");
    scanf_s("%d",&person->student.studentID);
    printf("请输入学生成绩：");
    scanf_s("%f",&person->student.score);
}
//添加教师信息
void addTeacher(Person* person){
    printf("请输入教师姓名：");
    scanf_s("%s",person->teacher.name,50);
    printf("请输入教师年龄：");
    scanf_s("%d",&person->teacher.age);
    printf("请输入教师编号：");
    scanf_s("%d",&person->teacher.teacherID);
    printf("请输入教师工资：");
    scanf_s("%f",&person->teacher.salary);
}
//显示学生信息
```

```
void displayStudent(Person person){
    printf("\n 学生信息: \n");
    printf(" 姓名: %s\n",person.student.name);
    printf(" 年龄: %d\n",person.student.age);
    printf(" 学号: %d\n",person.student.studentID);
    printf(" 成绩: %.2f\n",person.student.score);
}
// 显示教师信息
void displayTeacher(Person person){
    printf("\n 教师信息: \n");
    printf(" 姓名: %s\n",person.teacher.name);
    printf(" 年龄: %d\n",person.teacher.age);
    printf(" 编号: %d\n",person.teacher.teacherID);
    printf(" 工资: %.2f\n",person.teacher.salary);
}
```

（2）运行程序，根据提示输入相关数据，结果如图14.12所示。

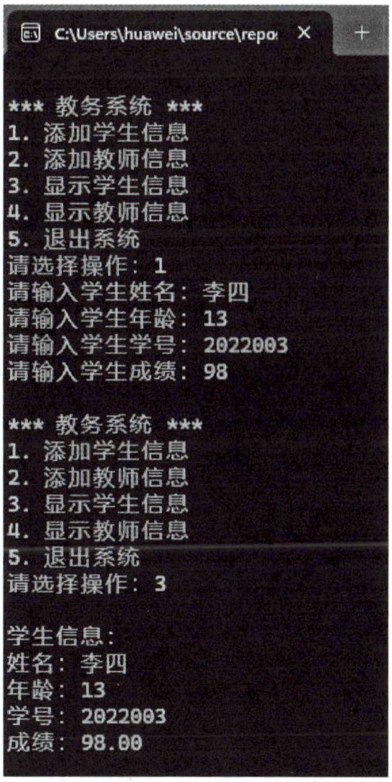

图 14.12　程序运行结果

5. 任务总结

本任务中，使用共用体和结构体进行了学生信息和教师信息的管理，主要是为了演示共用体的使用，实际操作中，需要将录入的信息进行保存，否则在录入新的信息后，原数据会被覆盖，导致数据丢失。

【智慧之光】

关键词：多元包容　系统化思维　选择价值观

切入点：共用体在C语言中允许在相同的内存位置存储不同的数据类型，这体现了对多样性的包容和共存。可以引申为多元包容思想，即在一个社会或团体中，不同的观点、文化、信仰等应该得到尊重和包容，共同促进和谐与发展。

结构体在C语言中通过组织数据成员，实现了一种系统化的数据管理方式。这种结构化思维可以推广到解决现实问题的过程中。即在处理问题时，要全面考虑问题的各个方面，将问题分解为不同的组成部分，并找到它们之间的联系，从而形成完整的解决方案。

枚举在C语言中用于定义一组命名的整型常量。这些常量代表一组有限的值，选择其中一个即代表选择了该值所代表的意义。可以类比为人生中的价值观选择，每个人都需要在众多的价值观中选择一个或多个作为自己的信仰和行为准则。强调选择正确价值观的重要性，以及这些价值观对个人和社会的影响。

小结

结构体用于组合多个不同类型的数据成员为一个整体，方便组织和管理相关的数据项。枚举为整型常量分配名称，增加代码的可读性和类型安全性，用于表示一组固定的值。共用体允许在相同的内存位置存储不同的数据类型，主要用于节省内存，但需要注意共用体成员之间的内存共享关系。

作业

一、选择题

1. 在C语言中，可用（　　）访问结构体中的成员。

   A. Person.name="Alice";　　　B. person.name="Alice";

   C. Person->name="Alice";　　　D. struct Person.name="Alice";

2. 在枚举中，如果没有显式地给枚举成员赋值，则它们的值是（　　）。

   A. 从0开始递增　　　B. 从1开始递增

   C. 随机值　　　D. 编译器定义的特定值

3. 下拉选项中说法正确的是（　　）。（选择多项）

   A. 结构体类型是用户自行构造的

   B. 结构体类型可以由任意数据类型的数据构成

   C. 结构体类型定义时不分配空间

   D. 结构体类型中的成员变量可以和程序中的变量相同

二、编程题

1. 编写一个结构体Student，包含姓名、年龄和成绩，然后定义一个Student类型的变量并初始化。

2. 定义一个枚举Color，包含红、绿、蓝3种颜色，然后编写一个函数，该函数接收一个Color类型的参数并打印对应的颜色名称。

单元 15

位运算

本单元将对C语言的位运算这一特殊的运算方式进行详细讲解，主要包括与、或、异或、取反以及左移右移等运算，这些运算一般在嵌入式开发中使用，在普通应用开发中使用率不高。

本单元关键词

请在预习前学习下列单词，将其写在横线上。

（1）binary（[ˈbaɪnəri] 二进制）:______

（2）octal（[ˈɒktəl] 八进制）:______

（3）decimal（[ˈdekɪməl] 十进制）:______

（4）hexadecimal（[ˌheksəˈdesɪməl] 十六进制）:______

（5）base（[beɪs] 基数）:______

（6）digit（[ˈdɪdʒɪt] 数位/数字）:______

（7）conversion（[kənˈvɜːrʒn] 转换）:______

（8）bitwise（[ˈbɪtwaɪz] 位运算）:______

预习任务

编写函数，实现十进制转换为八进制。

学习导图

- 位运算
  - 单元任务
    - 任务1　实现十进制转换为二进制
    - 任务2　编写函数检查一个数是否是2的次幂
    - 任务3　设计一套带密钥的加密算法
    - 任务4　计算一个整数的二进制表示中的1的个数
    - 任务5　完成权限管理
  - 学习目标
    - 知识目标
      - 了解进制的基本概念
      - 了解原码、反码和补码
      - 掌握二进制与其他进制之间的转换
      - 掌握按位与运算和按位或运算
      - 掌握按位异或运算和按位取反运算
      - 掌握左移和右移运算
      - 掌握置位和清零操作
    - 能力目标
      - 能够完成各种常用进制之间的转换
      - 能够完成常用的位运算操作
      - 能够利用置位和清零操作解决实际问题
    - 素养目标
      - 锻炼逻辑与推理的能力
      - 培养学生的创新与探索精神
      - 培养学生变与不变的思维模式
  - 知识点
    - 进制与进制之间的转换
      - 进制简介
      - 常用的几种进制
      - 进制之间的转换
      - 二进制的算术运算的特点
      - 原码、反码、补码
    - 按位与和按位或运算
      - 位运算简介
      - 按位与运算
      - 按位或运算
    - 按位异或和按位取反运算
      - 按位异或运算
      - 按位取反运算
    - 左移和右移运算
      - 左移运算
      - 右移运算
    - 置位和清零
      - 置位运算
      - 清零运算

15.1 进制与进制之间的转换

15.1.1 进制简介

通常数字信号都是用数码形式表示，而不同的数码可以用来表示数量的不同大小，但有时用一位数码表示是无法满足需求的，这时就需要用进位计数制的方式来表示。通常把多位数码中每一位的构成方法及从低位到高位的进位规则称为数制，在实际开发中除了经常使用的十进制以外，更多的是使用二进制和十六进制，当然有时也会用到八进制。

不同的数码可以用来表示数量的不同大小，同时也能表示不同形态的事物及形态等。但是，在实际应用时，为了便于记忆和查找，在编制代码时要遵守一定的规则，这样的规则就称为码制。每个开发者都可以根据自己的需求选择编码规则，但是如果每个人用得都不相同，就会在信息交互时出现麻烦，所以相关组织就制定了一些大家共同使用的通用代码，例如国际上通用的ASCII码。

15.1.2 常用的几种进制

1. 十进制

十进制在日常生活很常见，且应用得最多。十进制数的每一位的取值范围只能是0～9，所以计数的基数就是10，如果某一位超过9，则必须用多位数进行表示，其中低位和相邻高位之间的运算关系遵守“逢十进一”，故称为十进制。例如：

$$147.75=1\times10^2+4\times10^1+7\times10^0+7\times10^{-1}+5\times10^{-2}$$

从以上表达式可以看出，任何一个十进制数D均可以展开为：

$$D=\sum n_i x10^i$$

表达式中的n_i是第i位的系数，它可以是0～9这10个数中的任何一个。如果整数部分的位数是k，小数部分的位数是m，则表达式中为k−1~0的所有正整数和−1~−m的所有负整数。

如果上面表达式中用N来表示10，则任意十进制数的展开公式为：

$$D=\sum k_i N^i$$

其中，i的取值和上面的取值是一样的，都是从0～9中取任何一个数值，N称为计数的基数，k_i为第i位的系数，N^i称为第i位的权。

判断一个数是否为十进制，主要判断其每一位是否都在0～9范围内，如18、20、995、8854等这些都是十进制数。

2. 二进制

二进制是目前在各个领域应用非常广泛的一种数制，在二进制数中，每一位只能从0和1取值，所以二进制数的基数是2。其中低位和相邻高位之间的运算关系遵守“逢二进一”，故称为二进制。例如：

$$(101.1)_2=1\times2^2+0\times2^1+1\times2^0+1\times2^{-1}=(5.5)_{10}$$

从上面的表达式可以得出，任何一个二进制数的展开公式为：

$$D=\sum k_i 2^i$$

注意：上式中的用到的2和10角标分别表示的是二进制数和十进制数。

判断一个数是否为二进制数，可通过两部分看：第一前缀，二进制的前缀是以0b或者b开头；第二就是看数值，数字只能是0或者1。例如，0b1001、0b01101等。

3. 八进制

八进制用的地方不是很多，通过对比前面介绍的两种进制来分析，八进制数的每一位只能从0~7中取一位，并且计数的基数是8，其中低位和相邻高位之间的运算关系遵守“逢八进一”，故称为八进制。任何一个八进制数可以按照十进制数展开为：

$$D = \sum k_i 8^i$$

通过上式可以把一个八进制数转换为与之等价的十进制数值，例如：

$$(12.4)_8=1\times 8^1+2\times 8^0+4\times 8^{-1}=(10.5)_{10}$$

式中，下角标8表示八进制数，有的时候也用O表示。

判断一个数是否为八进制，可通过两部分：第一是前缀，八进制的前缀为O；第二就是看数值，每一位都在0 ~ 8区间。例如，O157、O445等。

4. 十六进制

十六进制数的每一位有16个不同的数码，分别用0 ~ 9、A(10)、B(11)、C(12)、D(13)、E(14)、F(15)表示，并且计数的基数是16。其中低位和相邻高位之间的运算关系遵守“逢十六进一”，故称为十六进制。任何一个十六进制数都可以按照十进制数展开为：

$$D = \sum k_i 16^i$$

通过上式可以把一个十六进制数转换为与之等价的十进制数值，例如：

$$(2A.7F)_{16}=2\times 16^1+10\times 16^0+7\times 16^{-1}+15\times 16^{-2}=(42.496\ 093\ 7)_{10}$$

式中的下角标16表示十六进制数，有时也用H表示。

目前在微型计算机中普遍采用16位、32位、64位二进制并行运算，而16位、32位、64位的二进制可以用4位、8位、16位的十六进制数进行表示，书写程序十分方便，这在嵌入式开发领域得到了很好的体现。

不同进制的对照表见表15.10。

表 15.1　不同进制的对照表

十进制	二进制	八进制	十六进制
00	0000	00	0
01	0001	01	1
02	0010	02	2
03	0011	03	3
04	0100	04	4
05	0101	05	5
06	0110	06	6
07	0111	07	7

续表

十进制	二进制	八进制	十六进制
08	1000	10	8
09	1001	11	9
10	1010	12	A
11	1011	13	B
12	1100	14	C
13	1101	15	D
14	1110	16	E
15	1111	17	F

15.1.3 进制之间的转换

1. 二进制与十进制

（1）二进制转十进制：任何进制计数，高位都是在左边，右边为低位，在高位前补零对于整个数值来说是没有变化的，对于整数来说，不能在低位后面补零。小数在低位后补零则没有影响。

二进制转十进制的规则：以2为底，从低位向高位每一位进行2的幂运算，在与之对应的位进行乘再求和。例如：

0　1　0　1　1　0　1　1（八位的一个二进制数）

2^7　2^6　2^5　2^4　2^3　2^2　2^1　2^0

转化为十进制：直接把上面的以2为底的幂进行每一位相乘求和：

$$0\times2^7+1\times2^6+0\times2^5+1\times2^4+1\times2^3+0\times2^2+1\times2^1+1\times2^0=91$$

（2）十进制转二进制：就是对十进制数的一个以2为除数的求余过程，在这里只讨论整数部分，小数部分暂时不讨论。具体计算过程如下：

例如，把十进制数57转化成等价的二进制数。

57/2=28......1 ↑
28/2=14......0
14/2=7...... 0
7/2=3...... 1
3/2=1...... 1
1/2=0...... 1

在写二进制结果时，顺序是倒着写，即沿箭头方向按顺序写，转换结果（8位）为00111001。

2. 二进制与八进制

（1）二进制转八进制：把二进制从低位向高位每3位二进制为一个单位进行划分，也就是说3位二进制数对应1位八进制数。例如：

二进制　010　001　101
　　　　↓　　↓　　↓
八进制　2　　1　　5

在进行二进制转八进制时，必须从右往左进行，以3位二进制数为一个断点。在高位时，如果不足3位，需要在最高位的前面补零。

（2）八进制转二进制：八进制转二进制同二进制转八进制类似，通过逆向思维不难发现，1位八进制数对应3位二进制数。例如：

八进制　2　　1　　5
　　　　↓　　↓　　↓
二进制　010　001　101

在写结果时，一般写成10001101，习惯上把最高位的0省略。

3. 二进制与十六进制

（1）二进制转十六进制：将二进制转化为等价的十六进制数称为二进制转十六进制，由于4位二进制数恰好有16种状态，而把这4位二进制数看作一个整体时，它的进位输出又正好是逢十六进一，所以只要从低位到高位将整数部分每4位二进制数分为一组并代之以等值的十六进制数，同时从高位到低位将小数部分以4位为一组等值替换为十六进制数。

例如：将二进制数01011110转化为十六进制数。

0101　1110
↓　　↓
5　　E

所以，$(01011110)_2=(5E)_{16}$。

（2）十六进制转二进制：对于十六进制转二进制，只需要将1位十六进制数转化为4位二进制数即可。例如：

8　　F　　A
↓　　↓　　↓
1000　1111　1010

所以，$(8FA)_{16}=(100011111010)_2$。

4. 其他进制相互转化

对于八进制转十六进制、八进制转十进制、十六进制转十进制等，利用二进制作为中间的桥梁，先将其转化为二进制，再通过二进制进行转化。

15.1.4　二进制的算术运算的特点

当两个二进制数码表示数量大小时，它们之间是可以进行数值运算的，这种运算称为算术运算，二进制算术运算和十进制算术运算的规则基本相同，唯一的区别就是二进制是“逢二进一”，而十进制数是“逢十进一”。

例如，两个二进制数1010和0011的加减运算如下。

加法运算：

```
  1 0 1 0
+ 0 0 1 1
---------
  1 1 0 1
```

减法运算：

```
  1 0 1 0
- 0 0 1 1
---------
  0 1 1 1
```

乘法与除法运算算法和十进制运算规则一样。二进制数的乘法运算可以通过若干次的“被乘数左移1位”和“被乘数与部分乘积相加”这两种操作完成，同理，除法运算能通过若干次“除数右移1位”和“从除数或余数中减去除数”这两种操作完成。所以，这些加减乘除运算可以通过“移动”和“相加”两种操作实现，这在嵌入式领域用得比较广泛。这也是数字电路中普遍采用二进制算术运算的重要原因之一。

15.1.5 原码、反码、补码

1. 机器数

一个数在计算机中的二进制表示形式，称为这个数的机器数。机器数是带符号的，在计算机用一个数的最高位存放符号，正数为0，负数为1。例如，十进制中的数+3，计算机字长为8位，转换成二进制就是0000011。如果是-3，就是10000011。这里的00000011和10000011就是机器数。

2. 真值

因为第一位是符号位，所以机器数的形式值就不等于真正的数值。例如，上面的有符号数10000011，其最高位1代表负，其真正数值是-3而不是形式值131（10000011转换成十进制等于131）。所以，为了有所区别，将带符号位的机器数对应的真正数值称为机器数的真值。例如，0000 0001的真值=+000 0001=+1，1000 0001的真值=-000 0001=-1。

3. 原码

原码就是符号位加上真值的绝对值，即用第一位表示符号，其余位表示值。数字电路中的用逻辑电路输出高、低电平表示二进制数1和0，然而数值一般分为正数和负数，当然在进制这里也不例外，以二进制为例，在二进制数最前面加上一位二进制数，其中1就是代表的负数，表明这个数值是一个负的，0就是代表的正数，表明这个数值是一个正值。例如：

+1（原码）=0000 0001

-1（原码）=1000 0001

通过这个例子可以看到，对于一个二进制来说，最高位就是符号位，1就是代表的负数，0就是代表的正数。因此，可以算出一个8位的二进制数能表达的取值范围就应该是[11111111，01111111]；即[-127，127]；一个char类型，占一个字节，即8位二进制，取值范围是[-128，127]。

4. 反码

正数的原码、反码是一样的；负数的反码是符号位不变，其他位在原码的基础上取反，即0变为1，1变为0。

	原码	反码
+1	0000 0001	0000 0001
-1	1000 0001	1111 1110
+0	0000 0000	0000 0000
-0	1000 0000	1111 1111

可见如果一个反码表示的是负数，无法直观地看出它的数值.通常要将其转换成原码再计算。

在计算机中对于0这个数存在两种格式，然而在大众的认知领域里，0就是0，只有一种表达形式。如果计算机用反码的形式存储就不能解决+0和-0以及0的问题。所以，计算机不能用反码的形式存储。

5. 补码

正数的原码、反码、补码就是其本身；负数的补码是在其原码的基础上，符号位不变，其余各位取反，最后+1（即在反码的基础上+1）。

例如：

	原码	反码	补码
+1	0000 0001	0000 0001	0000 0001
-1	1000 0001	1111 1110	1111 1111
+0	0000 0000	0000 0000	0000 0000
-0	1000 0000	1111 1111	10000 0000

在最后一行中，-0的补码得出来是一个9位的二进制数，由于测试的是8位，所以，应该把最高位舍去所以，-0的补码应该是0000 0000。

从上面的例子中可以清楚地看到+0和-0这两个存储的结果是一样的，即0000 0000，所以，如果用补码的形式存储解决了出现的问题。

结论：在计算机存储数据时，计算机是采用二进制补码的形式进行存储。

【任务 1】实现十进制转换为二进制

视 频

实现十进制转换为二进制

1. 任务情景

在嵌入式系统、操作系统、设备驱动程序等低级编程中，程序员经常需要直接与硬件交互，这就需要理解并能够在二进制、八进制和十六进制之间进行转换。为了更加深入地理解进制之间的转换，需要采用C语言编写一个用于将十进制数转换为二进制数的函数，然后进行调用测试。

2. 任务描述

根据十进制转二进制的计算方式，需要每次除以二然后取余数，最后得到的余数从后往前即为结果。

3. 任务分析

任务分析见表15.2。

表 15.2 任务分析

任务准备	（1）工具准备：Visual Studio 2022
	（2）知识准备：十进制转二进制的方式
任务步骤	（1）定义函数，实现十进制转换为二进制
	（2）调用测试

4. 任务实施

（1）打开Visual Studio 2022软件，新建项目，新建源文件，编写如下代码：

```
#include <stdio.h>
void decToBin(int num){
    const  char* digits="01";
    if (num==0){
        printf("0\n");
        return ;
    }
    char buffer[33];            //足够大以存储32位整数的最大表示
    int index=0;
    while (num>0){
        buffer[index++]=digits[num % 2];
        num/=2;
    }
    buffer[index]='\0'; //添加字符串结束符
    //反转字符串以得到正确的顺序
    for (int i=0; i<index/2; i++){
        char temp=buffer[i];
        buffer[i]=buffer[index - i - 1];
        buffer[index - i - 1]=temp;
    }
    printf("转换后的结果为: %s",buffer);
}
int main(){
    int num;
    printf("请输入一个十进制整数 : ");
    scanf_s("%d",&num);
    decToBin(num);
    return 0;
}
```

（2）运行程序，结果如图15.1所示。

图 15.1 程序运行结果

5. 任务总结

当前任务中，使用字符串来存储每次除以2之后的结果，计算完成后逆序排列，得到最后的结果。完成此任务后，可以根据十进制转八进制以及十进制转十六进制的计算方式，分别编写“十转八”和“十转十六”两个函数。最后，将十进制转换为其他进制合并为一个函数。

15.2 按位与和按位或运算

15.2.1 位运算简介

计算机存储是以二进制的补码进行存储，位运算则是对二进制进行一系列的变化，也可以通过二进制的加减乘除得到。系统提供了方便快捷的运算符，常用的运算符有：位与（&）、位或（|）、异或（^）、取反（~）、左移（≪）、右移（≫）。

15.2.2 按位与运算

一个位（bit）只有0和1两个取值，只有参与&运算的两个位都为1时，结果才为1，否则为0。例如，1&1为1，0&0为0，1&0也为0，这和逻辑运算符&&非常类似。

C语言中不能直接使用二进制，&两边的操作数可以是十进制、八进制、十六进制，它们在内存中最终都是以二进制形式存储，&就是对这些内存中的二进制位进行运算。其他位运算符道理相同。

例如，9&5可以转换成如下的运算：

0000 0000 -- 0000 0000 -- 0000 0000 -- 0000 1001	（9 在内存中的存储）
& 0000 0000 -- 0000 0000 -- 0000 0000 -- 0000 0101	（5 在内存中的存储）

0000 0000 -- 0000 0000 -- 0000 0000 -- 0000 0001	（1 在内存中的存储）

因此，按位与运算会对参与运算的两个数的所有二进制位进行&运算，9&5的结果为1。

注意：&是根据内存中的二进制位进行运算的，而不是数据的二进制形式；其他位运算符也一样。以-9&5为例，-9 的在内存中的存储和 -9 的二进制形式截然不同：

1111 1111 -- 1111 1111 -- 1111 1111 -- 1111 0111	（-9 在内存中的存储）
-0000 0000 -- 0000 0000 -- 0000 0000 -- 0000 1001	（-9 的二进制形式）

按位与运算通常用来对某些位清0，或者保留某些位。例如，要把*n*的高16位清0，保留低16位，可以进行n&0XFFFF运算。

(0XFFFF 在内存中的存储形式为 0000 0000 -- 0000 0000 -- 1111 1111 -- 1111 1111)。

例15.1 按位与运算示例。

```
#include <stdio.h>
int main(){
    int n=0X8FA6002D;
    printf("%d,%d,%X\n",9&5,-9&5,n&0XFFFF);
    return 0;
}
```

程序运行结果如图15.2所示。

图 15.2 例 15.1 程序运行结果

15.2.3 按位或运算

参与位或（|）运算的两个二进制位有一个为1时，结果就为1，两个都为0时结果才为0。例如，1|1为1，0|0为0，1|0为1，这和逻辑运算中的||非常类似。

例如，9|5可以转换成如下的运算：

```
  0000 0000--0000 0000 -- 0000 0000 -- 0000 1001          （9 在内存中的存储）
| 0000 0000--0000 0000 -- 0000 0000 -- 0000 0101          （5 在内存中的存储）
--------------------------------------------------------
  0000 0000--0000 0000 -- 0000 0000 -- 0000 1101          （13 在内存中的存储）
```

按位或运算可以用来将某些位置1，或者保留某些位。例如，要把n的高16位置1，保留低16位，可以进行n|0XFFFF0000运算（0XFFFF0000 在内存中的存储形式为1111 1111 -- 1111 1111 -- 0000 0000 -- 0000 0000）。

例15.2 按位或运算示例。

```
#include <stdio.h>
int main(){
int n=0X2D;
    printf("%d,%d,%X\n",9|5,-9|5,n|0XFFFF0000);
    return 0;
}
```

程序运行结果如图15.3所示。

图 15.3 例 15.2 程序运行结果

【任务2】编写函数检查一个数是否是2的次幂

视频 编写函数检查一个数是否是2的次幂

1. 任务情景

在计算机系统中，内存通常以2的次幂大小进行分配和管理。当请求了一个特定内存大大小的内存块时，系统可能会向上取整到界面2的次幂大小来分配内存，保证内存页面对齐，以此来提高内存访问效率。现在要编写一个函数来判断一个数字是否是2的次幂。

2. 任务描述

根据二进制数的特点，2的次幂的二进制表示有且仅有1位为1，可以通过该数与自身减1进行按位与运算来实现，如果结果是0，则该数是2的次幂。

3. 任务分析

任务分析见表15.3。

表 15.3　任务分析

任务准备	（1）工具准备：Visual Studio 2022
	（2）知识准备：按位与运算的特性
任务步骤	（1）定义函数，通过计算传入数字与该数减 1 的按位与运算结果来判断该数是否为 2 的次幂
	（2）调用测试

4. 任务实施

（1）打开Visual Studio 2022软件，新建项目，新建源文件，编写如下代码：

```
#include <stdio.h>

int isPowerOfTwo(int n){
    return (n>0) && ((n & (n-1))==0);
}
int main(){
    printf("%d是不是2的次幂：%s\n",4,isPowerOfTwo(4) ? "是的" : "不是");
    printf("%d是不是2的次幂：%s\n",6,isPowerOfTwo(6) ? "是的" : "不是");
    return 0;
}
```

（2）程序运行结果如图15.4所示。

图 15.4　程序运行结果

5. 任务总结

当前任务中，利用按位与运算的特性判断一个数是否是2的次幂。完成本任务，需要充分理解2的次幂数的特性以及与运算的特性。

15.3　按位异或和按位取反运算

15.3.1　按位异或运算

参与异或（^）运算两个二进制位不同时，结果为1，相同时结果为0。例如，0^1为1，0^0为0，1^1为0。

例如，9^5可以转换成如下的运算：

```
 0000 0000 -- 0000 0000 -- 0000 0000 -- 0000 1001      （9 在内存中的存储）
^0000 0000 -- 0000 0000 -- 0000 0000 -- 0000 0101      （5 在内存中的存储）
-----------------------------------------------------------
 0000 0000 -- 0000 0000 -- 0000 0000 -- 0000 1100      （12 在内存中的存储）
```

按位异或运算可以用来将某些二进制位反转。例如，要把n的高16位反转，保留低16位，可以进行n^0XFFFF0000运算（0XFFFF0000 在内存中的存储形式为1111 1111 -- 1111 1111 -- 0000 0000 -- 0000 0000）。

例15.3 按位异或运算示例。

```
#include <stdio.h>
int main(){
    unsigned n=0X0A07002D;
    printf("%d,%d,%X\n",9^5,-9^5,n^0XFFFF0000);
    return 0;
}
```

程序运行结果如图15.5所示。

图 15.5　例 15.3 程序运行结果

15.3.2　按位取反运算

取反运算符（~）为单目运算符，具有右结合性，其作用是对参与运算的二进制位取反。例如，~1为0，~0为1，这和逻辑运算中的“!”非常类似。

例如，~9可以转换为如下运算：

```
~ 0000 0000 -- 0000 0000 -- 0000 0000 -- 0000 1001                                        （9 在内存中的存储）
------------------------------------------------------------1111 1111 -- 1111 1111 -- 1111 1111 -- 1111 0110 （-10 在内存中的存储）
```

例15.4 按位取反运算示例。

```
#include <stdio.h>
int main(){
    printf("%d,%d\n",~9,~-9 );
    return 0;
}
```

程序运行结果如图15.6所示。

图 15.6　例 15.4 程序运行结果

【任务 3】设计一套带密钥的加密算法

视 频

设计一套带密钥的加密算法

1. 任务情景

在前面的任务中，采用字符的算术运算设计了一套加密算法，但是由于计算方式很简单，很容易根据字符规律破解。现在要设计一套包含自定义密钥的加密算法，并且支持解密。

2. 任务描述

利用异或运算的自反性，即可通过同一密钥完成加解密。

3. 任务分析

任务分析见表15.4。

表 15.4 任务分析

任务准备	（1）工具准备：Visual Studio 2022
	（2）知识准备：按位异或运算的特性
任务步骤	（1）定义函数，将传入的需要加密的数据和密钥进行异或运算，返回结果
	（2）调用测试

4. 任务实施

（1）打开Visual Studio 2022软件，新建项目，新建源文件，编写如下代码：

```
#include <stdio.h>
unsigned char encryptDecrypt(unsigned char data,unsigned char key){
    return data ^ key;
}

int main(){
    unsigned char message='A';          //假设要加密的字符是'A'
    unsigned char key=0xAA;             //加密密钥
    //加密
    unsigned char encrypted=encryptDecrypt(message,key);
    printf("加密后：%02X\n",encrypted);
    //解密
    unsigned char decrypted=encryptDecrypt(encrypted,key);
    printf("解密后：%c\n",decrypted);
    return 0;
}
```

（2）程序运行结果如图15.7所示。

图 15.7 程序运行结果

5. 任务总结

当前任务利用按位异或运算的自反性完成了使用密钥对字符进行加解密的功能，虽然处理方式比较简单，但在不知晓密钥的情况下是很难对加密后的密文进行破解的。通过完成本任务，可以更加深入地理解异或运算的特性。

15.4　左移和右移运算

15.4.1　左移运算

左移运算符（≪）用来把操作数的各个二进制位全部左移若干位，高位丢弃，低位补0。

例如，9≪3可以转换为如下的运算：

≪ 0000 0000 -- 0000 0000 -- 0000 0000 -- 0000 1001	（9 在内存中的存储）
--	
0000 0000 -- 0000 0000 -- 0000 0000 -- 0100 1000	（72 在内存中的存储）

如果数据较小，被丢弃的高位不包含1，那么左移n位相当于乘以2的n次方。

例15.5 左移运算示例。

```
#include <stdio.h>
int main(){
    printf("%d,%d\n",9<<3,(-9)<<3 );
    return 0;
}
```

程序运行结果如图15.8所示。

图 15.8　例 15.5 程序运行结果

15.4.2　右移运算

右移运算符（≫）用来把操作数的各个二进制位全部右移若干位，低位丢弃，高位补 0 或 1。如果数据的最高位是0，就补0；如果最高位是1，就补1。

例如，9≫3可以转换为如下的运算：

≫ 0000 0000--0000 0000--0000 0000--0000 1001	（9 在内存中的存储）
--	
0000 0000--0000 0000--0000 0000--0000 0001	（1 在内存中的存储）

如果被丢弃的低位不包含1，右移n位就相当于除以2的n次方（但被移除的位中经常会包含1）。

例15.6 右移运算示例。

```
#include <stdio.h>
int main(){
    printf("%d,%d\n",9>>3,(-9)>>3 );
    return 0;
}
```

程序运行结果如图15.9所示。

图 15.9 例 15.6 程序运行结果

【任务 4】计算一个整数的二进制表示中 1 的个数

视 频

计算一个整数的二进制表示中1的个数

1. 任务情景

在加密算法中，经常需要对数据进行异或操作。通过计算整数的二进制表示中1的个数，可以评估异或操作的安全性，从而选择合适的加密算法。

2. 任务描述

编写函数，统计一个整数的二进制表示中1的个数。

3. 任务分析

任务分析见表15.5。

表 15.5 任务分析

任务准备	（1）工具准备：Visual Studio 2022
	（2）知识准备：左移运算、与运算
任务步骤	（1）循环使用左移运算符和 1 进行运算，得到一个只在第 i 位为 1 的数字，然后与 num 进行与运算，通过得到的结果是否大于 1 来判断第 i 位是否为 1
	（2）在第 i 位为 1 时给累计的变量加 1

4. 任务实施

（1）打开Visual Studio 2022软件，新建项目，新建源文件，编写如下代码：

```
#include <stdio.h>
int count_bits(int num){
    int count=0;
    for(int i=0; i<sizeof(int)*8; i++){
        if(num & (1 << i)){
            count++;
        }
    }
    return count;
}
int main(){
    int num=55;
    printf("%d 中 1 的个数为 : %d",num,count_bits(num));
    return 0;
}
```

（2）程序运行结果如图15.10所示。

图 15.10 程序运行结果

5. 任务总结

本任务中利用左移运算和与运算的特性，对整数的二进制表示中1的个数进行统计。

15.5 置位和清零

在单片机（通常是嵌入式系统或微控制器）开发中，位操作是非常常见的，因为它们提供了一种高效的方式来修改内存中的单个位。在C语言中，对单个位进行置位（设置为1）和清零（设置为0）通常通过位操作来完成。这些操作直接对硬件寄存器或变量的特定位进行读/写，而不需要对整个字节或字进行读/写。

15.5.1 置位运算

置位操作通常使用按位或操作符（|）来实现。为了将某个特定位设置为1，可以将该位对应的掩码（mask）与原始值进行按位或操作。掩码是一个二进制数，其中只有要修改的那一位是1，其余位都是0。

例如，假设有一个8位的变量value，并且想要将其第3位（从右往左数，最低位是第0位）设置为1，可以按例15.7来做。

例15.7 置位运算示例。

```
#define BIT3 (1<<3)                  //创建一个掩码，第 3 位是 1，其余位是 0
 value |=BIT3;                       //通过按位或操作将第 3 位设置为 1
```

15.5.2 清零运算

清零操作通常使用按位与操作符（&）和按位取反操作符（~）来实现。为了将某个特定位清零，可以先将该位对应的掩码取反（即该位变为0，其余位变为1），然后将取反后的掩码与原始值进行按位与操作。

例15.8 清零运算示例。

```
#define BIT3 (1<<3)                  //创建一个掩码，第 3 位是 1，其余位是 0
 value &=~BIT3;                      //通过按位与操作将第 3 位清零
```

在此，~BIT3是将BIT3按位取反，得到一个所有位都是1除了第3位是0的二进制数。然后，将这个数与value进行按位与时，value的第3位会被清零，而其他位保持不变。

视 频

完成权限管理

【任务 5】完成权限管理

1. 任务情景

在操作系统或文件系统中，权限控制通常涉及对特定位的操作。例如，一个文件或目录的权限可能由几个位字段组成，分别表示读、写、执行等权限。

2. 任务描述

编写权限管理相关函数，对读、写、执行等权限进行授权及撤销，然后调用测试。

3. 任务分析

任务分析见表15.6。

表 15.6 任务分析

任务准备	(1) 工具准备：Visual Studio 2022
	(2) 知识准备：置位运算、清零运算
任务步骤	(1) 分别定义读、写、执行 3 个权限的位掩码
	(2) 编写读、写、执行 3 个权限的授权和撤销权限函数
	(3) 在 main() 函数中调用测试

4. 任务实施

(1) 打开Visual Studio 2022软件，新建项目，新建源文件，定义3个权限的位掩码，代码如下：

```
#define READ_PERMISSION    (1<<0)                    //读权限位
#define WRITE_PERMISSION   (1<<1)                    //写权限位
#define EXECUTE_PERMISSION (1<<2)                    //执行权限位
```

(2) 使用一个变量来存储文件或目录的权限。

```
unsigned char file_permissions=0;                    //初始化为无权限
```

(3) 编写函数来授予和撤销特定权限。

```
//授予读权限
void grant_read_permission(unsigned char* permissions){
    *permissions |=READ_PERMISSION;                  //使用位或操作来置位读权限位
}

//授予写权限
void grant_write_permission(unsigned char* permissions){
    *permissions |=WRITE_PERMISSION;                 //使用位或操作来置位读权限位
}

//撤销读权限
void revoke_read_permission(unsigned char* permissions){
    *permissions &=~READ_PERMISSION;                 //使用位与和取反操作来清零写权限位
}
//撤销写权限
void revoke_write_permission(unsigned char* permissions){
    *permissions &=~WRITE_PERMISSION;                //使用位与和取反操作来清零写权限位
```

```
}

//授予执行权限
void grant_execute_permission(unsigned char* permissions){
    *permissions |=EXECUTE_PERMISSION;//使用位或操作来置位执行权限位
}
//撤销执行权限
void revoke_execute_permission(unsigned char* permissions){
    *permissions &=~EXECUTE_PERMISSION;//使用位与和取反操作来清零写权限位
}
//撤销所有权限
void revoke_all_permissions(unsigned char* permissions){
    *permissions=0;                        //直接将权限变量设置为0，撤销所有权限
}
```

（4）编写检查权限的函数。

```
//检查读权限是否被授予
int has_read_permission(unsigned char permissions){
    return (permissions & READ_PERMISSION)!=0;//使用位与操作并检查结果是否非0
}
//检查写权限是否被授予
int has_write_permission(unsigned char permissions){
    return (permissions & WRITE_PERMISSION)!=0;  //同上
}
//检查执行权限是否被授予
int has_execute_permission(unsigned char permissions){
    return (permissions & EXECUTE_PERMISSION)!=0; //同上
}
```

（5）在main()函数中调用测试。

```
int main(){
    file_permissions=0;                              //初始化无权限
    printf("初始权限: %x\n",file_permissions);        //输出初始权限
    grant_read_permission(&file_permissions);        //授予读权限
    printf("授予读权限后: %x\n",file_permissions);     //输出授权后的权限
    grant_write_permission(&file_permissions);       //授予写权限
    printf("授予写权限后: %x\n",file_permissions);     //输出授权后的权限
    revoke_read_permission(&file_permissions);       //撤销读权限
    printf("撤销写权限后: %x\n",file_permissions);     //输出撤销后的权限
    revoke_write_permission(&file_permissions);      //撤销写权限
    printf("撤销写权限后: %x\n",file_permissions);     //输出撤销后的权限
    grant_execute_permission(&file_permissions);     //授予执行权限
    printf("授予执行权限后: %x\n",file_permissions);//输出授权后的权限
    if (has_read_permission(file_permissions)){
```

```
        printf("已授予读权限。\n");
    }
    if (has_write_permission(file_permissions)){
        printf("已授予写权限。\n");
    }
    if (has_execute_permission(file_permissions)){
        printf("已授予执行权限。\n");
    }
    revoke_all_permissions(&file_permissions);        //撤销所有权限
    printf("撤销所有权限后: %x\n",file_permissions);//输出撤销后的权限
    return 0;
}
```

（6）程序运行结果如图15.11所示。

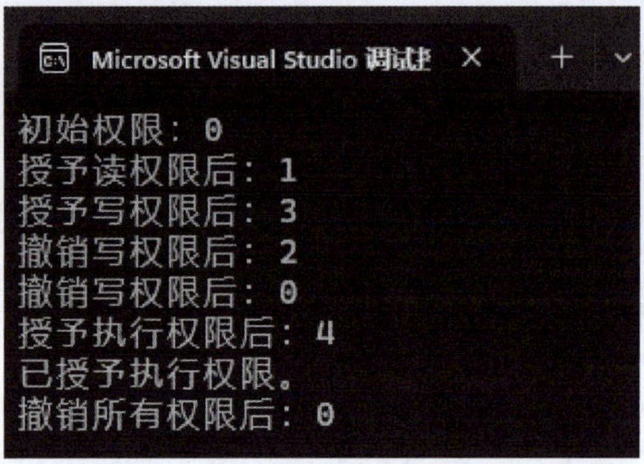

图 15.11　程序运行结果

5. 任务总结

本任务中，利用置位操作对特定位的权限进行授权，使用清零操作对特定位的权限进行撤销。然后，利用与操作判断当前权限位是否已授权。调用测试的过程可以自行修改，然后查看结果。

【智慧之光】

关键词：逻辑与推理　创新与探索　变与不变

切入点：位运算涉及复杂的逻辑运算，如与、或、非、异或等。这些运算需要严密的逻辑思考和推理能力。在素质教育中，也应该培养学生的逻辑思维和推理能力，帮助他们形成清晰的思考路径和正确的价值观。

位运算虽然是基础，但也可用于解决一些复杂的问题，如数据加密、图形处理等，这体现了创新和探索精神。在素质教育中，也应该鼓励学生勇于探索和创新，不断挑战自我、超越自我。

在位运算中，数据的某些位可能会发生变化，而其他位则保持不变，这可以引发我们对于变化与不变的思考。在社会发展中，有些事物是不断变化的，而有些则是相对稳定不变的。我们应该学会在变化中寻找不变的本质，坚守自己的信仰和原则。

小结

C语言的位运算提供了对整型数据底层二进制表示的直接操作能力，这些操作在底层系统编程、图形处理、网络通信、数据压缩与加密等领域具有广泛的应用。

C语言支持以下位运算符：

（1）&（按位与）：对两个操作数的二进制位进行与运算，只有当两个操作数的对应位都为1时，结果位才为1。

（2）|（按位或）：对两个操作数的二进制位进行或运算，只要两个操作数的对应位中有一个为1，结果位就为1。

（3）^（按位异或）：对两个操作数的二进制位进行异或运算，当两个操作数的对应位相异时，结果位为1。

（4）~（按位取反）：对操作数的二进制位进行取反操作，即0变1，1变0。

（5）≪（左移）：将操作数的二进制位向左移动指定的位数，右侧空出的位用0填补。

（6）≫（右移）：将操作数的二进制位向右移动指定的位数，对于无符号数，左侧空出的位用0填补；对于有符号数，左侧空出的位用符号位填补（算术右移）。

同时，还能将|、&、~、≪、≫等联合使用，完成置位操作和清零操作。

作业

一、选择题

1. 对于int x=0b1010;（二进制表示），执行x=x ≪ 1;后，x的值是（　　）。

A. 0b101　　B. 0b10100　　C. 0b0101　　D. 0b10101

2. 在一个32位系统上，int a=0xFFFFFFFF;，执行a=a ≫ 1;后，a的值是（　　）。

A. 0xFFFFFFFE　　B. 0x7FFFFFFF

C. 0xFFFFFFFF　　D. 编译错误

3. 下列（　　）表达式能清除整数x的最低位。

A. x & 0　　B. x & ~1　　C. x | 1　　D. x ^ 1

二、编程题

1. 编写函数，接收一个整数作为参数，使用位运算来判断这个数是奇数还是偶数，奇数返回1，偶数返回0。

2. 编写函数，计算一个数的二进制表示中，连续1的最大长度。例如，7的二进制表示为111，则连续1的最大长度为3；13的二进制表示为1101，则连续1的最大长度为2。

附录A　ASCII字符集

1. 标准ASCII字符集

ASCII值	控制字符	ASCII值	控制字符	ASCII值	控制字符	ASCII值	控制字符
000	NULL	032	space	064	@	096	`
001	SOH	033	!	065	A	097	a
002	STX	034	"	066	B	098	b
003	ETX	035	#	067	C	099	c
004	EOT	036	$	068	D	100	d
005	ENQ	037	%	069	E	101	e
006	ACK	038	&	070	F	102	f
007	BEL	039	'	071	G	103	g
008	BS	040	(	072	H	104	h
009	HT	041	)	073	I	105	i
010	LF	042	*	074	J	106	j
011	VT	043	+	075	K	107	k
012	FF	044	,	076	L	108	l
013	CR	045	-	077	M	109	m
014	SO	046	.	078	N	110	n
015	SI	047	/	079	O	111	o
016	DLE	048	0	080	P	112	p
017	DC1	049	1	081	Q	113	q
018	DC2	050	2	082	R	114	r
019	DC3	051	3	083	S	115	s
020	DC4	052	4	084	T	116	t
021	NAK	053	5	085	U	117	u
022	SYN	054	6	086	V	118	v
023	ETB	055	7	087	W	119	w
024	CAN	056	8	088	X	120	x
025	EM	057	9	089	Y	121	y
026	SUB	058	:	090	Z	122	z
027	ESC	059	;	091	[	123	{
028	FS	060	<	092	\	124	¦
029	GS	061	=	093	]	125	}
030	RS	062	>	094	^	126	~
031	US	063	?	095	_	127	DEL

2. 扩充ASCII字符集

ASCII值	控制字符	ASCII值	控制字符	ASCII值	控制字符	ASCII值	控制字符
128	Ç	160	á	192	└	224	α
129	ü	161	í	193	┴	225	β
130	é	162	ó	194	┬	226	Γ
131	â	163	ú	195	├	227	π
132	ä	164	ñ	196	─	228	Σ
133	à	165	Ñ	197	┼	229	σ
134	å	166	ª	198	╞	230	μ
135	ç	167	º	199	╟	231	τ
136	ê	168	¿	200	╚	232	ϕ
137	ë	169	⌐	201	╔	233	θ
138	è	170	(	202	╩	234	Ω
139	ï	171	½	203	╦	235	δ
140	î	172	¼	204	╠	236	∞
141	ì	173	¡	205	═	237	∮
142	Ä	174	«	206	╬	238	∈
143	Å	175	»	207	╧	239	∩
144	É	176	░	208	╨	240	≡
145	æ	177	▒	209	╤	241	±
146	Æ	178	▓	210	╥	242	⩾
147	ô	179	│	211	╙	243	⩽
148	ö	180	┤	212	╘	244	⌠
149	ò	181	╡	213	╒	245	⌡
150	û	182	╢	214	╓	246	÷
151	ù	183	╖	215	╫	247	≈
152	ÿ	184	╕	216	╪	248	°
153	Ö	185	╣	217	┘	249	(
154	Ü	186	║	218	┌	250	·
155	¢	187	╗	219	█	251	√
156	£	188	╝	220	▄	252	n
157	¥	189	╜	221	▌	253	²
158	Pt	190	╛	222	▐	254	■
159	ƒ	191	┐	223	▀	255	blank

附录B　常用的库函数

1. 输入/输出函数

使用下列库函数要求在源文件中包含头文件<stdio.h>。

函 数 名	函数与形参类型	功　能	说　明
clearerr	void clearerr（FILE *fp）;	清除文件指针错误	
close	int close（FILE *fp）;	关闭文件指针 fp 指向的文件。成功，返回 0，不成功，返回 -1	非 ANSI 标准
creat	int creat（char filename，int mode）;	以 mode 所指定的方式建立文件。成功则返回正数，否则返回 -1	非 ANSI 标准
eof	int eof（int fd）;	检查文件是否结束。遇文件结束，返回 1，否则返回 0	非 ANSI 标准
fclose	int fclose（FILE *fp）;	关闭文件指针 fp 所指向的文件，释放缓冲区。有错误返回非 0，否则返回 0	
feof	int feof（FILE *fp）;	检查文件是否结束。遇文件结束符返回非零值，否则返回 0	
fgetc	int fgetc（FILE *fp）;	返回所得到的字符。若读入出错，返回 EOF	
fgets	char *fgets（char *buf，int n，FILE *fp）;	从 fp 指向的文件读取一个长度为（n-1）的字符串，存放起始地址为 buf 的空间。成功返回地址 buf，若遇文件结束或出错，返回 NULL	
fopen	FILE *fopen（char *filename，char *mode）;	以 mode 指定的方式打开名为 filename 的文件。成功时返回一个文件指针，否则返回 NULL	
fprintf	int fprintf（FILE *fp，char *format，args，…）;	把 args 的值以 format 指定的格式输出到 fp 指向的文件中	
fputc	int fputc（char ch，FILE *fp）;	将字符 ch 输出到 fp 指向的文件中。成功则返回该字符，否则返回非 0	
fputs	int fputs（char *str，FILE *fp）;	将 str 指向的字符串输出到 fp 指向的文件中。成功则返回 0，否则返回非 0	
fread	int fread（char *pt，unsigned size，unsigned n，FILE *fp）;	从 fp 指向的文件中读取长度为 size 的 n 个数据项，存到 pt 指向的内存区。成功则返回所读的数据项个数，否则返回 0	
fscanf	int fscanf（FILE *fp，char format，args，…）;	从 fp 指向的文件中按 format 给定的格式将输入数据送到 args 所指向的内存单元	
fseek	int fseek（FILE *fp，long offset，int base）;	将 fp 指向的文件的位置指针移到以 base 所指出的位置为基准，以 offset 为位移量的位置。成功则返回当前位置，否则返回 -1	
ftell	long ftell（FILE *fp）;	返回 fp 所指向的文件中的当前读写位置	

续表

函数名	函数与形参类型	功能	说明
fwrite	int fwrite（char *ptr，unsigned size，unsigned n，FILE *fp）;	将 ptr 所指向的 n*size 个字节输出到 fp 所指向的文件中。返回写到 fp 文件中的数据项个数	
getc	int getc（FILE *fp）;	从 fp 所指向的文件中读入一个字符。返回所读的字符，若文件结束或出错，返回 EOF	
getchar	int getchar（void）;	从标准输入设备读取下一个字符。返回所读字符，若文件结束或出错，则返回 -1	
gets	char *gets（char *str）;	从标准输入设备读取字符串，存放由 str 指向的字符数组中。返回字符数组起始地址	
getw	int getw（FILE *fp）;	从 fp 指向的文件读取下一个字（整数）。返回输入的整数，若遇文件结束或出错，返回 -1	非 ANSI 标准函数
open	int open（char *filename，int mode）;	以 mode 指出的方式打开已存在的名为 fil-ename 的文件。返回文件号（正数），若打开失败，返回 -1	非 ANSI 标准函数
printf	int printf（char *format，args，…）;	按 format 指向的格式字符串所规定的格式，将输出表列 args 的值输出到标准输出设备。返回输出字符的个数，出错返回负数	format 是一个字符串或字符数组的起始地址
putc	int putc（int ch，FILE *fp）;	将一个字符 ch 输出到 fp 所指的文件中。返回输出的字符 ch，出错返回 EOF	
putchar	int putchar（char ch）;	将字符 ch 输出到标准输出设备。返回输出的字符 ch，出错返回 EOF	
puts	int puts（char *str）;	把 str 指向的字符串输出到标准输出设备，将 '\0' 转换为回车换行。返回换行符，失败返回 EOF	
putw	int putw（int w，FILE *fp）;	将一个整数 w（即一个字）写入 fp 指向的文件中。返回输出的整数，出错返回 EOF	非 ANSI 标准函数
read	int read（int fd，char *buf，unsigned count）;	从文件号 fd 所指示中读 count 个字节到由 buf 指示的缓冲区中。返回真正读入的字节个数。若遇文件结束返回 0，出错返回 -1	非 ANSI 标准函数
rename	int rename（char *oldname，char *newname）;	把由 oldname 所指的文件名，改为由 ne-wname 所指的文件名。成功时返回 0，出错返回 -1	
rewind	void rewind（FILE *fp）;	将 fp 指向的文件中的位置指针移到文件开头位置，并清除文件结束标志和错误标志	
scanf	int scanf（char *format，args，…）;	从标准输入设备按 format 指向的格式字符串规定的格式，输入数据给 args 所指向的单元。成功时返回赋予 args 的数据个数，出错时返回 0	args 为指针
write	int write（int fd，char *buf，unsigned count）;	从 buf 指示的缓冲区输出 count 个字符到 fd 所标志的文件中。返回实际输出的字节数。若出错返回 -1	非 ANSI 标准函数

2. 数学函数

使用下列库函数要求在源文件中包含头文件<math.h>。

函数名	函数与形参类型	功能	说明
abs	int abs（int x）;	计算并返回整数 x 的绝对值	

续表

函数名	函数与形参类型	功能	说明
acos	double acos（double x）;	计算并返回 arccos（x）的值	要求 x 在 1 和 -1 之间
asin	double asin（double x）;	计算并返回 arcsin（x）的值	要求 x 在 1 和 -1 之间
atan	double atan（double x）;	计算并返回 arctan（x）的值	
atan2	double atan2(double x, double y);	计算并返回 arctan（x/y）的值	
atof	double atof（char *nptr）;	将字符串转化为浮点数	
atoi	int atoi（char *nptr）;	将字符串转化为整数	
atol	long atoi（char *nptr）;	将字符串转化为长整形数	
cos	double cos（double x）;	计算 cos（x）的值	x 为单位弧度
cosh	double cosh（double x）;	计算双曲余弦 cosh（x）的值	
exp	double exp（double x）;	计算 exp 的值	
fabs	double fabs（double x）;	计算 x 的绝对值	x 为双精度数
floor	double floor（double x）;	求不大于 x 的最大双精度整数	
fmod	double fmod(double x, double y);	计算 x/y 后的余数	
frexp	double frexp（double val，double *eptr）;	将 val 分解为尾数 x，以 2 为底的指数 n，即 val=x*2n，n 存放到 eptr 所指向的变量中	返回尾数 x，x 在 0.5 与 1 之间
labs	long labs（long x）;	计算并返回长整型数 x 的绝对值	
log	double log（double x）;	计算并返回自然对数值 ln（x）	x>0
log10	double log10（double x）;	计算并返回常用对数值 log10（x）	x>0
modf	double modf（double val，double *iptr）;	将双精度数分解为整数部分和小数部分。小数部分作为函数值返回；整数部分存放在 iptr 指向的双精度型变量中	
pow	double pow（double x, double y）;	计算并返回 x^y 的值	
pow10	double pow10（int x）;	计算并返回 10^x 的值	
rand	int rand（void）;	产生 -90~32 767 间的随机整数	rand()%100 就是返回 100 以内的整数
random	int random（int x）;	在 0~x 范围内随机产生一个整数	使用前必须用 randomize() 函数
randomize	void randomize（void）;	初始化随机数发生器	
sin	double sin（double x）;	计算并返回正弦函数 sin（x）的值	x 为单位弧度
sinh	double sinh（double x）;	计算并返回双曲正弦函数 sinh（x）的值	
sqrt	double sqrt（double x）;	计算并返回 x 的算术平方根	x 要大于等于 0
tan	double tan（double x）;	计算并返回正切值 tan（x）	x 为单位弧度
tanh	double tanh（double x）;	计算并返回双正切值 tanh（x）	

3. 字符判别和转换函数

使用下列库函数，要求在源文件中包含头文件<ctype.h>。

函数名	函数与形参类型	功　能	说　明
isalnum	int isalnum（int ch）;	检查 ch 是否为字母或数字	是，返回 1，否则返回 0
isalpha	int isalpha（int ch）;	检查 ch 是否为字母	是，返回 1，否则返回 0
isascii	int isascii（int ch）;	检查 ch 是否为 ASCII 字符	是，返回 1，否则返回 0
iscntrl	int iscntrl（int ch）;	检查 ch 是否为控制字符	是，返回 1，否则返回 0
isdigit	int isdigit（int ch）;	检查 ch 是否为数字	是，返回 1，否则返回 0
isgraph	int isgraph（int ch）;	检查 ch 是否为可打印字符，即不包括控制字符和空格	是，返回 1，否则返回 0
islower	int islower（int ch）;	检查 ch 是否为小写字母	是，返回 1，否则返回 0
isprint	int isprint（int ch）;	检查 ch 是否为可打印字符（含空格）	是，返回 1，否则返回 0
ispunch	int ispunch（int ch）;	检查 ch 是否为标点符号	是，返回 1，否则返回 0
isspace	int isspace（int ch）;	检查 ch 是否为空格水平制表符（'\t'）、回车符（'\r'）、走纸换行（'\f'）、垂直制表符（'\v'）、换行符（'\n'）	是，返回 1，否则返回 0
isupper	int isupper（int ch）;	检查 ch 是否为大写字母	是，返回 1，否则返回 0
isxdigit	int isxdigit（int ch）;	检查 ch 是否为十六进制数字	是，返回 1，否则返回 0
tolower	int tolower（int ch）;	将 ch 中的字母转换为小写字母	返回小写字母
toupper	int toupper（int ch）;	将 ch 中的字母转换为大写字母	返回大写字母
atof	double atof（const char *nptr）;	将字符串转换成浮点数	返回浮点数（double 型）
atoi	int atoi（const char *nptr）	将字符串转换成整型数	返回整数
atol	long atol（const char *nptr）;	将字符串转换成长整型数	返回长整型数

4. 字符串函数

使用下列库函数要求在源文件中包含头文件<string.h>。

函数名	函数与形参类型	功　能	说　明
strcat	char *strcat（char *str1，const char *str2）;	将字符串 str2 连接到 str1 后面	返回 str1 的地址
strchr	char *strchr（const char *str，int ch）;	找出 ch 字符在字符串 str 中第一次出现的位置	返回 ch 的地址，若找不到返回 NULL
strcmp	int strcmp（const char *str1，const char *str2）;	比较字符串 str1 和 str2	str1<str2 返回负数，str1=str2 返回 0，str1>str2 返回正数
strcpy	char *strcpy（char *str1，const char *str2）;	将字符串 str2 复制到 str1 中	返回 str1 的地址
strlen	int strlen（const char *str）;	求字符串 str 的长度	返回 str1 包含的字符数（不含 '\0'）

续表

函 数 名	函数与形参类型	功 能	说 明
strlwr	char *strlwr（char *str）;	将字符串 str 中的字母转换为小写字母	返回 str 的地址
strncat	char *strncat（char *str1，const char *str2，size_t count）;	将字符串 str2 中的前 count 个字符连接到 str1 后面	返回 str1 的地址
strncpy	char *strncpy（char *dest，const char *source，size_t count）;	将字符串 str2 中的前 count 个字符复制到 str1 中	返回 str1 的地址
strstr	char *strstr（const char *str1，const char *str2）;	找出字符串 str2 的字符串 str 中第一次出现的位置	返回 str2 的地址，找不到返回 NULL
strupr	char *strupr（char *str）;	将字符串 str 中的字母转换为大写字母	返回 str 的地址

5. 动态分配存储空间函数

使用下列库函数要求在源文件中包含头文件<stdlib.h>。

函 数 名	函数与形参类型	功 能	说 明
calloc	void *calloc（size_t num，size_t size）;	为 num 个数据项分配内存，每个数据项大小为 size 个字节	返回分配的内存空间起始地址，分配不成功返回 0
free	void *free（void *ptr）;	释放 ptr 指向的内存单元	
malloc	void *malloc（size_t size）;	分配 size 个字节的内存	返回分配的内存空间起始地址，分配不成功返回 0
reallc	void *realloc（void ptr，size_t newsize）;	将 ptr 指向的内存空间改为 newsize 字节	返回新分配的内存空间起始地址，分配不成功返回 0
ecvt	char ecvt（double value，int ndigit，int *decpt，int *sign）;	将一个浮点数转换为字符串	
fcvt	char *fcvt（double value，int ndigit，int *decpt，int *sign）;	将一个浮点数转换为字符串	
gcvt	char *gcvt（double value，int ndigit，char *buf）;	将浮点数转换成字符串	
itoa	char *itoa（int value，char *string，int radix）;	将一个整型数转换为字符串	
strtod	double strtod（char *str，char **endptr）;	将字符串转换为 double 型	
strtol	long strtol（char *str，char **endptr，int base）;	将字符串转换为长整型数	
ultoa	char *ultoa（unsigned long value，char *string，int radix）;	将无符号长整型数转换为字符串	